2012—2013

照明科学与技术
学科发展报告

REPORT ON ADVANCES IN
LIGHTING SCIENCE AND TECHNOLOGY

中国科学技术协会　主编
中国照明学会　编著

中国科学技术出版社
·北　京·

图书在版编目（CIP）数据

2012—2013照明科学与技术学科发展报告／中国科学技术协会主编；中国照明学会编著．—北京：中国科学技术出版社，2014.2

（中国科协学科发展研究系列报告）

ISBN 978-7-5046-6533-1

Ⅰ．①2… Ⅱ．①中… ②中… Ⅲ．①照明技术－学科发展－研究报告－中国－2012—2013 Ⅳ．①TU113.6-12

中国版本图书馆CIP数据核字（2014）第006380号

策划编辑 吕建华　赵　晖
责任编辑 夏凤金
责任校对 赵丽英
责任印制 王　沛
装帧设计 中文天地

出　　版 中国科学技术出版社
发　　行 科学普及出版社发行部
地　　址 北京市海淀区中关村南大街16号
邮　　编 100081
发行电话 010-62103354
传　　真 010-62179148
网　　址 http://www.cspbooks.com.cn

开　　本 787mm×1092mm　1/16
字　　数 250千字
印　　张 14.5
版　　次 2014年4月第1版
印　　次 2014年4月第1次印刷
印　　刷 北京市凯鑫彩色印刷有限公司
书　　号 ISBN 978-7-5046-6533-1/TU·105
定　　价 49.00元

2012—2013
照明科学与技术学科发展报告

REPORT ON ADVANCES IN LIGHTING SCIENCE AND TECHNOLOGY

首席科学家 甘子光 刘木清

顾　　问 徐　淮　窦林平

专 家 组

组　长　刘木清

成　员（按姓氏拼音排序）

陈超中　陈　飞　陈弘达　陈雄斌　崔旭高
付　星　韩彦军　华树明　江风益　李洪涛
李水明　李为军　李泽清　梁华兴　林延东
林燕丹　刘　慧　刘木清　刘　胜　刘世平
刘晓英　刘孝刚　刘志强　罗　毅　马　平
牟同升　潘建根　泮进明　钱可元　阮　军
邵嘉平　沈海平　施晓红　孙　伟　陶喜霞
田　燕　王国宏　王建平　王军喜　王书晓
徐志刚　杨　樾　姚梦明　张　连　张晓林
章海骢　赵建平　赵志力　郑　怀　周　详
周小丽

学术秘书 郑炳松

序

科技自主创新不仅是我国经济社会发展的核心支撑，也是实现中国梦的动力源泉。要在科技自主创新中赢得先机，科学选择科技发展的重点领域和方向、夯实科学发展的学科基础至关重要。

中国科协立足科学共同体自身优势，动员组织所属全国学会持续开展学科发展研究，自 2006 年至 2012 年，共有 104 个全国学会开展了 188 次学科发展研究，编辑出版系列学科发展报告 155 卷，力图集成全国科技界的智慧，通过把握我国相关学科在研究规模、发展态势、学术影响、代表性成果、国际合作等方面的最新进展和发展趋势，为有关决策部门正确安排科技创新战略布局、制定科技创新路线图提供参考。同时因涉及学科众多、内容丰富、信息权威，系列学科发展报告不仅得到我国科技界的关注，得到有关政府部门的重视，也逐步被世界科学界和主要研究机构所关注，显现出持久的学术影响力。

2012 年，中国科协组织 30 个全国学会，分别就本学科或研究领域的发展状况进行系统研究，编写了 30 卷系列学科发展报告（2012—2013）以及 1 卷学科发展报告综合卷。从本次出版的学科发展报告可以看出，当前的学科发展更加重视基础理论研究进展和高新技术、创新技术在产业中的应用，更加关注科研体制创新、管理方式创新以及学科人才队伍建设、基础条件建设。学科发展对于提升自主创新能力、营造科技创新环境、激发科技创新活力正在发挥出越来越重要的作用。

此次学科发展研究顺利完成，得益于有关全国学会的高度重视和精心组织，得益于首席科学家的潜心谋划、亲力亲为，得益于各学科研究团队的认真研究、群策群力。在此次学科发展报告付梓之际，我谨向所有参与工作的专家学者表示衷心感谢，对他们严谨的科学态度和甘于奉献的敬业精神致以崇高的敬意！

是为序。

2014年2月5日

前言

照明学科的研究对象是人类的光需求，包括视觉器官的感知和非视觉相关的光需求。光源是照明的物质基础。到目前为止，人类熟知的电光源包括热辐射光源（普通白炽灯、卤钨灯）和气体放电光源（荧光灯、高压钠灯、高压汞灯、金卤灯等）及固态光源（包括发光二极管、有机发光二极管等）。其中，热辐射光源与气体放电光源已经走过较长的历史，技术已经相对成熟，进一步提升的空间有限。而固态光源即发光二极管（LED）和有机发光二极管（OLED）是20世纪末新出现的半导体照明光源，该项技术目前还处在高速发展时期。特别是LED的出现给照明领域带来了深刻的变革。照明学科近年的发展主要体现在LED技术发展之中。因此，本书作为《2012—2013照明科学与技术学科发展报告》（以下简称《报告》），将以LED为代表的半导体照明技术为主要内容，根据《中国科协学科发展研究项目管理实施办法（试行）》的精神和要求，组织国内近百名半导体照明领域专家、学者研究写成。

《报告》介绍了当前半导体照明科学与技术的现状和发展趋势；总结了近年来我国半导体照明科学与技术的主要进展和取得的新成果；在国家大力提倡绿色照明的背景下，提出了发展我国半导体照明科学与技术的目标和对策建议。

《报告》由1份综合报告及7份专题报告组成，包括半导体照明材料与芯片的发展研究、半导体照明封装发展研究、半导体照明系统技术的发展研究、半导体照明视觉应用发展研究、半导体照明非视觉应用发展研究、半导体照明的计量与测试技术研究、半导体照明标准发展研究等。本报告旨在从促进半导体照明科学健康发展的高度上开展综合研究，分析半导体照明的发展现状和发展趋势，对近年来照明学科的研究进展和研究方向进行综述。报告提出了半导体照明的未来发展，即在研究方向上，要充分发挥半导体照明的优势；在研究内容上，进一步提升LED特别是绿光LED的光效、改善Droop效应是未来LED技术的两个重要突破；而在应用层面，加强控制技术的研究、注重光的品质是未来的重要关注点，并进一步拓展LED在视觉与非视觉等领域的应用，同时继续完善半导体照明有关标准和检测方法。

当前，半导体照明技术方兴未艾，且处在高速发展期。半导体照明已在交通信号、景观照明、影视舞台照明和道路照明等方面取得了一定的成功应用，但由于其色品质及眩光等问题需进一步深入研究，在室内照明领域尚处于大规模应用的前期或初始阶段。《报告》

认为，随着半导体照明光效的上升与价格的下降，半导体照明会不断拓展新的应用，终会为人们生活、工作和学习提供安全、舒适的光环境。节能是半导体照明的最大优势之一，其为节约能源、保护环境做出的贡献会日益凸显。

借此机会，对参与撰写、修改、审定本报告的各位专家、学者致以崇高的敬意和衷心的感谢。由于水平和时间有限，报告中疏漏和错误之处，诚望读者批评指正。

中国照明学会

2013 年 10 月

目　录

综合报告

专题报告

ABSTRACTS IN ENGLISH

Comprehensive Report

Reports on Special Topics

综合报告

照明科学与技术学科发展研究

一、引言

（一）照明学科的内涵

人类的生活离不开光，光照射物体，使人类通过眼睛的感光细胞以感知世界，这就是照明的概念。照明的物质基础是光源，人类每天近一半的时间生活在太阳光下，这是自然光源；但在茫茫的深夜，人类需要人造光源进行照明。人造光源经历了从燃烧木头、油脂、煤气而产生光的漫长阶段，到 1879 年爱迪生发明白炽灯，人造光源从此进入电光源时代，实现了质的飞跃。现有的电光源包括以白炽灯、卤钨灯为代表的热辐射光源以及以荧光灯、高压汞灯、高压钠灯、金卤灯等为代表的气体放电光源。以 LED、OLED 为代表的固态照明是近年来照明学科快速发展的技术，这也是本报告的主要内容。

照明的对应英文词为 illumination，其词根为 lum，光的意思。但 illumination 常指视觉照明，即前文所说的光照射物体，通过人眼的感光细胞感知世界。这里的光是指波长在 380 ~ 780nm 的范围内，因为在此范围外是人眼无法感知的。

广义的照明概念与英文的 lighting 对应，在这里人眼不是唯一的光感受对象。如，太阳的照射既使人眼感知世界，也照射万物使其生长。近年来 LED 等人造光源也被用于植物生产的补光、将光照用于医学治疗等，在这些应用中，光的目的都不是 illumination 的概念，但仍然是 lighting 的概念。

（二）照明学科的概貌及人文历史简述

很长时间内照明是自然的，都来自太阳的光。人类社会的发展，也曾走过火炬、蜡烛、油灯等作为人工光源的历史。直至 1879 年，美国发明家爱迪生发明了白炽灯，人类开始了电光源时代，照明作为一门学科才得到真正的发展。成立于 1913 年的国际照明委员会（简称 CIE）对照明学科的发展起了极大的推动作用。因应对照明学科的发展，CIE 设立多个分部。目前为 8 个分部，包括视觉与颜色（Vision and Color），光辐射与测量（Physical Measurement of Light and Radiation），室内光环境与照明设计（Interior Environment and Lighting Design），交通运输照明与光信号（Lighting and Signaling for Transport），室外及其他照明应用（Exterior Lighting and Other Applications），光生物学与光化学（Photobiology and Photochemistry），照明的一般方面（General Aspects of Lighting，已停止工作）及图像技术（Image Technology）。应该说，这些涵盖了照明学科的绝大部分方面。历史上及当今照明领域的主要照明科学家都通过各种方式参与 CIE 的活动，也正是这些活动奠定了CIE在照明学科的权威地位。中国照明领域的科学家积极参与CIE的活动，目前中国照明学会是我国在 CIE 中的唯一代表，也正发挥着越来越重要的作用。

照明的物质基础是光源，但在 1879 年爱迪生发明白炽灯之后的几十年，光源没有大的进展。直到 20 世纪 30 年代之后才陆续出现荧光灯、低压钠灯、高压汞灯。在 60 年代之后出现的金卤灯、高压钠灯及三基色荧光灯等光源，推动了电光源的快速发展。因此，于 1975 年诞生了国际电光源科技研讨会即“International Symposium on the Science and Technology of Light Sources”（简称 LS 系列会），该会议主要探讨电光源的科学与技术问题。该系列会议一直受到国际上主要照明公司包括 Philips、GE、Osram 等的支持。为进一步扩大 LS 会议的行业影响，并保持 LS 会议的延续性，在 LS 系列会议的基础上，于 2006 年正式在英国注册 FAST-LS 组织，FAST-LS 全称为 Foundation for the Advancement of the Science and Technology of Light Sources，中文直译为国际光源科技促进基金会，可简译为国际电光源委员会。该组织目前主要关注 LED、金卤灯等的发展与应用。

目前，国际上与照明学科相关的还有多个组织包括 ISO、IEC 等。近年来固态照明技术快速发展，也诞生了多个会议及民间组织，如 2010 年由我国 LED 工作者发起的 ISA（International Solid State Lighting Alliance）等。

（三）照明学科的现实意义

照明学科的研究对象是人类的光需求，包括视觉相关的光需求与非视觉相关的光需求，这两者都是通过光照来达到一定的目的。为达到这个应用目的我们关注所花费的光的数量与实现的照明效果。前者就是照明节能，后者就是照明的评价。由于照明的应用都是大规模的，因此，照明的节能目前是重要的课题。

近年来，由于不可再生能源的日益消耗，节能受到全世界的重视。据统计，照明用电占世界用电的近 20%。在我国，按照近年来国家发改委公布的数据，大约 13.6% 左右。这两个数据都是指用于人眼视觉功能的狭义照明。可见，照明节能是节约能源的重要手段之一。为此，我国从 1996 年开始，实施绿色照明工程，即通过科学的照明设计，采用效率高、寿命长、安全可靠且性能稳定的照明电器产品，在可能的情况下充分利用自然光以实现满足视觉功能的高效、舒适、安全、经济的光环境，减少照明的能源消耗，降低 CO_2 等的排放。2009 年 12 月 31 日，国务院常务会议决定：到 2020 年我国单位 GDP 二氧化碳排放比 2005 年下降 40% ~ 45%，作为约束性指标纳入国民经济和社会发展中长期规划。照明节电也是实现这一目标的措施之一。同时，由于照明用电属于峰荷用电，照明节电也有助于改善用电环境，提高人们的居住条件和生活环境。

发展照明学科是实现照明节能的重要基础。照明学科的发展，将有益于提高我们的照明器具的能效，达到合理科学的照明效果，并从可持续发展战略考虑优先发展环境友好的照明产业。我国既是照明器具的使用大国，更是照明器具的生产大国，发展照明学科对这两者都有较大的现实意义。

发展照明学科的另一个重要方面是拓展光源的非视觉照明应用。随着 LED 等新的照明技术的逐步成熟，光源在非视觉领域的应用将是照明的另一个广阔天地。近年来，随着 LED 光效的提高及价格的下降，已在农业补光、医疗治疗及通讯等领域获得很大的应用，本报告也将涉及这部分。

（四）照明光源概述

用于照明的光源主要有荧光灯、白炽灯、金卤灯、高压钠灯、卤钨灯及 LED 等。LED 外的其他光源均已有数十年的发展历史，技术相对成熟，因而目前还占市场的大多数。但是 LED 以其潜在的节能、易控制等优点受到全世界的关注。美国、日本、韩国、欧盟等相继推出自己的国家计划，并投入大量的人力、物力。在这种形势下，LED 技术持续快速进步，包括光效每年的快速上升与价格的快速下降。这同时快速推进了 LED 在多种领域的应用，包括指示灯、显示、背光源、普通照明等。这些均是与人眼视觉相关的照明技术。但 LED 的特点决定了它具备除视觉之外还有广泛的应用，即 LED 的非视觉应用。本文从光效等方面将 LED 与传统光源进行比较，并分析了 LED 的一些应用前景。

1. 几种传统光源简述

（1）热辐射光源

包括普通白炽灯、卤钨灯等。这些光源都是以黑体辐射为基础的，光谱主要是普朗克曲线或近似普朗克曲线。这类光源往往含有大量的红外线，因而限制了它效率的提高与使用。这类光源价格便宜，但是在全世界范围内正逐步被淘汰。

（2）低气压放电灯

目前以荧光灯为主。这是一类光源，包括日光灯、节能灯（紧凑型荧光灯）、冷阴极荧光灯等。这类光源以低气压汞辐射为基础，发射 253.7nm 的紫外线（也有杀菌等特种用途的 365nm），经过荧光粉二次辐射发射可见光。由于技术上一个紫外线光子只能二次发射一个可见光光子，因此，接近 55% 的斯托克斯（stokes）损失在所难免，这是这类光源的能量效率的理论极限。无极荧光灯也是这一类，只是技术上它没有电极而已。

与第一类光源相比，这类光源具有很大的优势，即 5 倍以上的光效及近 10 倍的寿命。因此，这类光源目前是照明的主要光源，特别是在室内照明领域占主导地位。这也造就了 LED 在与它竞争市场时，采用形状、性能接近的所谓替代模式，如球泡灯、LED 灯管等。

（3）HID 光源

HID 是一大类，是高强度放电灯的缩写。包括高压钠灯、金卤灯、微波硫灯等。这类光源有一个共同的特点是，其高强度放电是建立在高气压基础上的，而高温度是引发高气压的必要因素。如高压钠灯放电管温度超过 1000℃，金卤灯超过 2000℃。这样高的温度必然造成与周边温度的梯度，而高的温度梯度引起散热能量损失。这是这类光源的能量效率提高的瓶颈。但是这类灯与 LED 光源相比有一个很大的特点，即灯的价格与光源的功率没有大的关系。

以上三种是目前在用的主要传统光源。其中第一类光源，其光效及寿命都大大低于其他光源，但这类光源由于其光谱为普朗克光谱，具有在可见光范围内的全部连续光谱成分，因而光色柔和。因此，仍然在一些场合有一定的应用。在发光效率上，尽管近年来有研究采用红外反射膜的方法实现光谱中红外成分的一定程度的再利用，效率也有一定程度的提高，但是仍然不高，且进一步提高的空间有限。因此，作为一个整体的光源类，在节能减排是世界的一个重要方向的情况下，热辐射光源在全世界范围内正被逐步淘汰。

第二类低气压放电光源，主要是低气压荧光灯类光源，包括节能灯、管型荧光灯及冷阴极荧光灯。这类光源与白炽灯相比优势明显，包括光效与寿命。但是光效与寿命都比 LED 差，且这类光源的机理决定了它们的发光效率很难超过 LED，而寿命也受荧光粉等材料的限制不可能有很大的提高。另一方面，汞是这类光源必不可少的，而汞是污染环境的，对人体有毒。因此，近年来这类光源在研究与产业化方面的工作主要集中于如下三个方面：①低汞荧光灯，即减少单位功率所需的汞含量，并获得一定的进展，但彻底摆脱汞材料在理论上是不可能的；②通过改善工艺，提高光源的寿命，这方面的工作有一定的进展，有国外报道 3 万小时以上的荧光灯寿命；③影响荧光灯类光源光效的理论瓶颈 253.7nm 的紫外线光子二次激发可见光光子有 55% 左右的 stokes 损失，因此，所谓的“双光子”技术一直是一个梦寐以求的技术线路，即希望一个紫外线光子打出 2 个可见光光子。但是，无论是在理论上还是实际中都没有大的进展。目前在与 LED 的竞争中，冷阴极荧光灯已经接近被淘汰，而节能灯、日光灯也受到 LED 的强有力挑战。

第三类光源 HID 实际上包含很多种光源，陶瓷金卤灯是其中的优秀代表，具有较高的光效与很好的显色性。与 LED 相比，在大功率灯具上，具有较大的价格优势，这主要是因为 LED 价格几乎与功率成正比，而 HID 光源价格对功率是很不敏感的。但是，HID 光源与 LED 相比，光效低，且发展空间有限，同时寿命与光谱灵活性是没法与 LED 相比的。因此，目前的研究主要集中于提高光效、提高寿命，同时通过改变灯泡内部的发光材料以获得不同光谱的光源，以适合不同的需要。但研究进展缓慢。

2. 固态光源简述

以上分析的几种光源，除白炽灯外，荧光灯、HID 等都属于气态光源，主要是因为其发光机理中发光物质都是处于气态。与之相对应，LED、OLED 及场致发光属于固态光源。其中，场致发光由于应用前景较小，已经不是研究热点。LED、OLED 是目前照明领域的研究热点。

（1）LED

LED是近年快速发展的光源。它的发光原理与传统光源完全不同。LED是通过电注入形成电子能级跃迁，这种跃迁有两种形式，辐射跃迁与非辐射跃迁，前者发光后者不发光。LED的发光效率由两部分组成，即电注入效率与能级跃迁中辐射发光的几率，两者的乘积即内量子效率。其中前者较高，可接近100%，在计算LED发光效率上可以不考虑，因此，很多时候就把后者叫作内量子效率。LED产生的光在逸出其器件时受到光学全反射的限制，只有部分光逸出LED而成为真正的发光。LED器件的流明光效可以计算如下：

$$\eta=IQE*LEE*FD*K$$

式中，IQE为内量子效率，LEE为出光效率，FD为馈给效率，K为光谱辐射光效，可以通过LED的光谱计算得到，对由R、G、B三种颜色混色而成白光的方法，在显色指数为80以上及接近标准白光的条件下，K值为350 ~ 370，对目前普遍采用的蓝光芯片通过荧光粉二次激发产生混合白光的方法，K值约为280。常用EQE表示LED的外量子效率，它是内量子效率（IQE）和出光效率（LEE）的乘积。

目前不同波长的LED的内量子效率不同，市场上用于产生白光的蓝光，其内量子效率为60% ~ 70%，出光效率约为50%左右的光。可以计算出外量子效率为30% ~ 40%。根据LED的光谱，可以计算出LED的辐射光效理论为350 ~ 370lm/W左右，这是LED所能达到的最大理论光效。可以预见，LED的最终光效不可能达到这个理论值，但如果可以到达理论值的60%，则为200lm/W左右。这是非常诱人的光效。而目前各种报道，显示这个指标是可以实现的。

（2）OLED

有机发光二极管（OLED）的发光原理与LED类似，它是在两个电极间夹有多个有机薄膜层，通过电极间施加电压而发光。OLED作为一种平面型光源，通过改变有机薄膜层，可以发出单色光或白光。作为一种面光源，同时具有多种单色光，这决定了它在显示领域有很大的发展空间。同时，由于OLED可采用传统半导体蒸镀工艺加工并能够制备在柔性衬底上，使得OLED具有其他任何发光技术所不具备的优点，这可能造就OLED新的应用方向。但是，总体上OLED目前效率较低，有报道白光OLED可以获得80lm/W的光效，且制作大面积OLED技术上有困难，价格比LED还高。这些都是OLED获得进一步应用需要解决的问题。

除显示领域外，OLED在照明领域也有很大的应用空间。但由于它是面光源，将不适合做定向照明的光源，这点与LED恰恰成为可以互补的两种光源。作为面光源，OLED将在室内大面积照明、装饰照明等具有很大的应用前景。

总体上，相对于LED来说，OLED技术发展相对滞后，因此，本学科发展报告将不涉及。

3. LED的亮点

人类的照明需求是多种多样的。有些是视觉的，有些是非视觉的。传统光源可以满足部分需求，但有些是不可以的，或者要付出很大的代价才可以的。如交通信号灯，由于没有单色光谱的光源，被迫采用白炽灯加滤光片的方式，以很低的能量效率实现。再如，胃镜检测，由于光源太大不足以放入体内，于是采用光纤并牺牲指标而实现。LED 除具备潜在光效高、环保、固态光源等优点外，还有如下三个优点，让 LED 具备广阔的应用前景：

（1）体积小

LED 的发光原理决定了 LED 体积可以做得很小，目前 0.5mm × 0.5mm 是很容易做到的。由于体积小，因此，在立体空间这个概念 LED 有望满足任何要求。几乎可以这样说，在立体空间里，LED 是一个基本的元素，用这个元素可以拼凑出任何形状的发光体。也就是说，LED 在立体形状上几乎是无限可能的。前面提到的胃镜，就是因为 LED 小，而可以放在胃镜前端。而如果需要用多个 LED 拼凑出一个完整的发光体的话，如 6 个，那么可以实现如图 1 所示的多种形状可能，还有更多。这还仅是平面的，还有立体三维的。

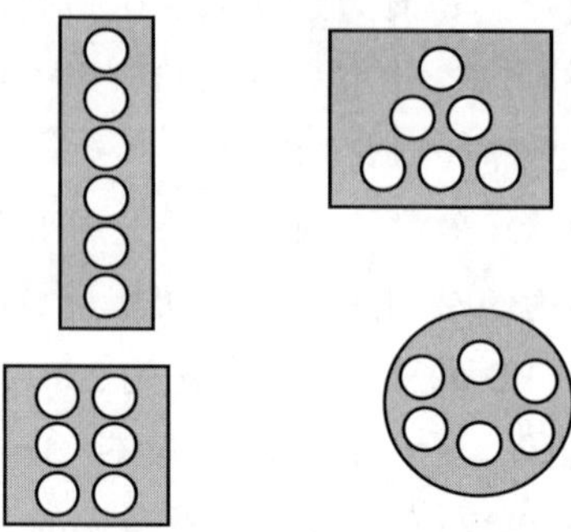

图 1　用 6 个 LED 设计平面光源的几种可能

LED 体积小的一个另外的优势是，发光点更小。这在光学设计上几乎可以理解为点光源，而点光源的二次光学设计是很方便的，因此，也就决定了 LED 几乎可以满足任何的配光要求。图 2 是 LED 加自由曲面光学透镜实现特使图案光斑。

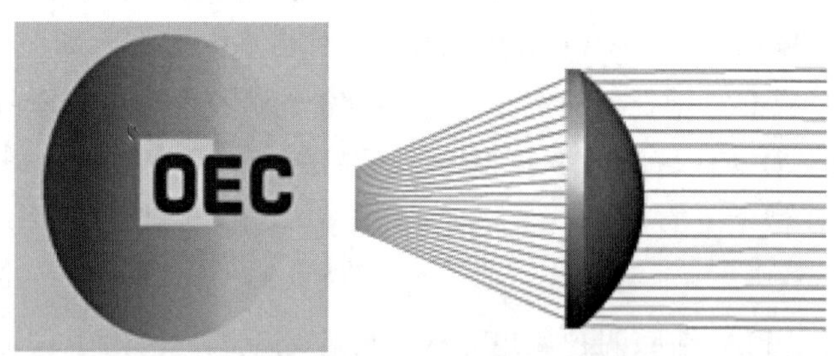

图 2　LED 加自由曲面光学透镜实现特使图案光斑

（2）光谱窄

从 LED 发光原理上说，LED 本质上是发射单色光谱的，但由于光谱展宽而有一定的宽度，一般为 20 ~ 30nm。且目前已经具备了各种波段的单色 LED，如图 3 所示。

由于 LED 的单色性，在光谱空间，采用多个 LED 几乎可以组出任何需要的光谱形

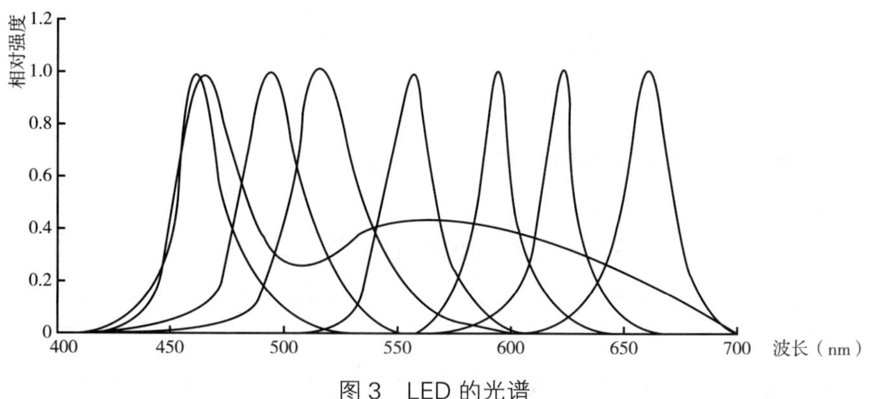

图 3　LED 的光谱

状，且这种组合是没有效率损失的。也就是说，在光谱这个一维空间，LED 具备了作为一个基本元素的概念，以无限的可能实现各种需求。交通信号灯、RGB 方式的背光源是典型的应用。

（3）LED 开关时间短

LED 的开关时间都是纳秒数量级，几乎可以认为是 0。这相当于在时间上，LED 具备了作为照明的基本元素的功能，也就是说，在时间刻度上，LED 是任意的。这在下文中的动物包括人类、植物的光介入中，会有很多应用。

以上分析了 LED 体积小、光谱纯、开关时间短的特点，这些是 LED 区别于传统光源的最大特点，正是这些优点，造就了 LED 无限的应用可能及未来作为主流光源的可能性。LED 行业著名的两位科学家 Roland Haitz 和 Jeffrey Y.Tsao 在固态电子行业有广泛影响的 Phys.Status Solid Ay 上撰文，回顾 LED 近十年的发展及对未来进行预测，文章最后一句话是“The series of revolutions in lighting covering the entire history of mankind from campfire to candles to light bulbs to SSL will come to an end.The revolutions in lighting will be over!”亦即 LED 将使照明技术的发展走到终点。这也是本书作为 LED 专辑的主要原因。

本报告按照 LED 的上中下游产业链，并结合应用、检测标准等，分为 7 个部分探讨 LED 的学科发展情况。这 7 个部分包括：

1）半导体照明材料与芯片的发展研究。

2）半导体照明封装发展研究。

3）半导体照明系统技术的发展研究。

4）半导体照明视觉应用发展研究。

5）半导体照明非视觉应用发展研究。

6）半导体照明的计量与测试技术发展研究。

7）半导体照明标准发展研究。

综合报告部分将分别简述这 7 个方面的技术现状，国内外的情况以及发展趋势，并在之后的 7 个专题报告中详细分析。

二、半导体照明技术发展现状

（一）外延材料及芯片技术现状

LED 的上端主要包括 LED 外延材料的制造与芯片制造技术，也包括设备和金属有机源材料等。目前 LED 外延材料主要靠外延技术制造，主要有液相外延（LPE）、氢化物气相外延（HVPE）和金属有机物化学气相沉积（MOCVD）。液相外延用于部分 GaAs 基红光 LED 材料外延，成本较低；氢化物气相外延用于少数 GaN 基材料外延；而 MOCVD 技术是生长 LED 的主流技术，不论是用于制备 GaAs 基红光 LED，还是 AlGaInP 红黄光 LED，还是 GaN 基蓝绿光 LED，具有综合优势。近年来，得益于 MOCVD 设备的进步，LED 材料外延的成本已经明显下降。目前市场上主要的设备提供商是德国的 Aixtron 和美国的 Veeco。除此以外，日本生产专供日本企业使用的常压 MOCVD，可以获得更好的结晶质量。美国应用材料公司独创了多反应腔 MOCVD 设备，并已经开始在产业界试用。

LED 外延技术中，衬底是支撑外延薄膜的基底，既属原材料也是外延技术路线。迄今，GaAs 基 LED 和 AlGaInP 基 LED 大部分采用 GaAs 单晶衬底，经过较长时间研究和产业应用，技术较成熟，将较简略说明；而对于 GaN 基 LED，材料制备还不完善，具有很大发展空间并在白光照明中有重要应用，将成为本报告重点。对于 GaN 基外延，由于缺乏同质衬底，外延材料一般生长在蓝宝石、SiC、Si 等异质衬底之上。发展至今，蓝宝石已经成为性价比最高的衬底，使用最为广泛。此外，由于 GaN 基材料折射率较大，利用普通平面蓝宝石基片外延 LED 的出光效率低，为提高光从 GaN 基 LED 芯片逸出并可能提高外延材料的质量，常用图形化蓝宝石衬底（PSS）技术。常见的图形衬底图案一般是按六边形密排的尺寸为微米量级的圆锥阵列，可以将 LED 的光提取效率提高至 60% 以上。目前，产业界中仍以 2 英寸蓝宝石衬底为主流，部分大厂商已经在使用 3 英寸甚至 4 英寸衬底，未来有望扩大至 6 英寸衬底。衬底尺寸的扩大有利于减小外延片的边缘效应，提高 LED 的成品率。三种主流衬底技术中，商用化 SiC 衬底技术一直被美国 Cree 公司垄断。蓝宝石衬底是目前使用最多的技术路线。

硅衬底材料具有高质量、低成本、易获得大尺寸、导电性能优良等特点，同时，在硅衬底上易于实现外延大功率垂直结构 LED 芯片，且可以利用大尺寸硅衬底成本低的优势，大幅度提高 LED 产线的自动化程度和生产效率，降低 LED 产品的综合成本。通过多种创新技术的集成，目前国内外不少企业突破了技术瓶颈，在硅衬底 LED 技术方面取得了许多令人振奋的进展。

各种颜色的 LED 中，绿光 LED 量子效率最低，被称作 Green Gap。美国加州大学圣芭芭拉分校（UCSB）中村小组在非极性 / 半极性面 LED 研制方面做出了许多开创性和代表性的工作，利用 GaN 基同质外延，制备绿光和黄绿光 LED，使绿光 LED 的稳定性比基于蓝宝石衬底外延的绿光 LED 稳定性有一定的提高，并还可以制备效率较高的黄绿光 LED，部分解决 Green Gap 问题，扩展 GaN 基 LED 应用光波段。然而，相对于蓝光、红光等，目前绿光 LED 的效率依然较低，是业界研究的重点。

在未来发展方面，两个技术方向受到重视：LED 在大电流下的 Droop 效应及无荧光粉单芯片白光 LED 技术。Droop 效应主要是在大电流下 LED 的光效快速下降，Droop 效应的改进有助于 LED 在大电流下使用，前面所述非极性 / 半极性面 LED 技术可以部分解决此问题。而单芯片白光 LED 技术很可能是未来白光 LED 应用的重要方向，其主要包括利用 LED 芯片量子阱中量子点效应发出各色光形成白光和利用在 LED 芯片外延过程中连续外延黄绿光、蓝光组合量子阱或其他波段组合量子阱实现多波长光发光形成白光。然而，这些技术都还在研究中，产业化应用都将面临多方面挑战。

在芯片工艺上，至今为止，包括正装、倒装与垂直结构工艺。正装芯片是目前市场上使用最多的芯片，日本日亚公司是该技术路线的典型代表。它一般是在蓝宝石图形衬底上生长 LED 材料，从 p 型 GaN 上表面出光。正装芯片的关键技术包括透明电极（主要为 ITO 薄膜）技术和表面粗化技术，两者都是为了提高光提取效率。垂直结构芯片是目前 LED 芯片采用的另一种技术路线，美国 Cree 公司是该技术路线的代表，其关键技术包括衬底剥离与表面粗化。倒装芯片是美国 Lumileds 公司率先在业界开发了基于 Si 基热沉的倒装芯片结构，与正装 LED 光从 p 型 GaN 表面相反的蓝宝石面出射，有利于提高光的取出效率和散热。目前依然受到重视。

在芯片技术层面，还有一个所谓的高压交 / 直流驱动 LED。但其前景有待进一步验证。

（二）半导体照明封装技术现状

在 LED 产业结构中，封装和应用位于产业链中下游，完成将 LED 产品由芯片（chip）向器件（device or components）转变并最终实现照明应用产品，是 LED 产品作为半导体照明光源真正进入市场并取代传统照明光源的直接环节。封装的功能除了常规的电气互连和机械性保护以确保管芯正常工作，更强调光提取效率与器件的散热特性。目前国际上最高的实验室光效水平已经达到 276 lm/W，芯片到散热铝基板的热阻已经小于 2K/W。

LED 封装形式从早期小功率直插式（through-hole）封装，逐渐发展出表贴式器件（surface mounting device，SMD）封装、功率型（high power）封装以及多芯片（multi chips on board，MCOB）及晶圆级封装等形式。根据芯片结构也可以分正装、倒装（flip chip）、垂直结构等封装形式。封装技术本身涉及材料、电学、光学、机械、热学等学科。LED 封装材料主要包括支架、基板、荧光粉、硅胶、固晶胶、透镜、键合金线（合金线）、散热热沉等。其中的热界面材料包括导热胶、导电银胶、金属焊膏等，这些材料主要应用于封装中材料粘接、电路导通，它们与封装器件的热特性及产品可靠性直接相关。对于大功率 LED 封装而言，理想的热界面材料除了具有高热导率（降低热阻）外，还要求具有与芯片衬底材料相匹配的热膨胀系数和弹性模量（降低界面热应力）。

灌封材料主要用于将 LED 完整保护、提高取光效率并实现 LED 的配光，通常利用环氧树脂、有机硅等。这些材料的热特性将影响 LED 的整体热特性。

LED 封装用导热基板主要是利用其材料本身具有的高热导率，将热量从 LED 芯片导出，实现与外界的电互连与热交换。目前常用的 LED 封装基板主要包括印刷电路板（printed circuit board，PCB）、金属基印刷电路板（metal core printed circuit board，MCPCB）、覆铜陶瓷基板、阳极氧化铝（anodic aluminum oxide，AAO）基板、硅基板等。目前在大功率器件中，陶瓷基板获得了很大的应用。

在白光 LED 的各种方案中，蓝光 LED 加黄光荧光粉是目前市场的主流白光 LED 方案。因此，在封装时，荧光粉也作为关键材料之一，它直接影响 LED 的光效、显色指数、光谱能量分布等，而蓝光 LED 加黄光荧光粉的白光 LED，光颜色不丰富，显色指数较低，已开发硅酸盐荧光粉，氮化物和氮氧化物荧光粉，及多波长荧光粉组合，用于提高白光 LED 显色性等。但目前 YAG 荧光粉仍然是主流方案。

在 LED 封装组合选择上，目前单颗 LED 是主流的方案，主要是因为其散热好，光效高，器件的光衰小。也有采用多个 LED 芯片封装于一个器件中，以增加单颗 LED 的总光通量，可以降低封装成本，但具有自身的缺陷。

为更好散热，板上封装（chip on board，COB）也被广泛采用，主要是这样做利于与应用技术相结合，并缩短散热路径，降低热阻。

为进一步改善封装结构，发展出了远程荧光粉技术，具有热稳定性好、光源的表面亮度低而眩光较小等优点。已经在多种灯具中被应用。

在荧光粉技术上，国内有企业采用长余辉荧光粉技术以降低输出光的纹波，采用这种技术制作的 LED 可以简化 LED 驱动电路。

（三）半导体照明系统技术的发展现状

半导体照明系统技术是半导体产业链中介于 LED 封装器件半导体照明工程应用之间的技术领域，是建立在包括光学、器件封装、机械加工、新材料、散热、驱动和控制等在内的基础技术之上的系统集成技术，其目的是使各类封装型式的 LED 器件及其组合构建成适合各类应用要求的照明系统。其最关键的技术主要包括光学技术、散热技术、驱动技术和控制技术，如图 4 所示。

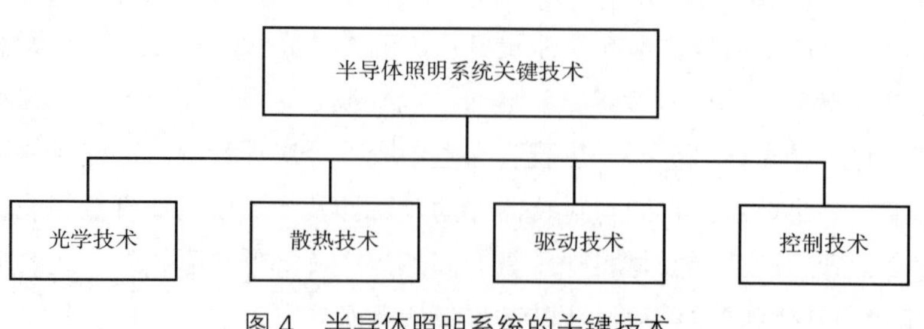

图 4　半导体照明系统的关键技术

1. 半导体照明系统的光学技术的发展现状

对于大功率LED应用，包括室外的道路照明、室内的厂矿灯等功能性照明，为提高照明效率并减少光污染，往往要求灯具实现一定形状的配光。这种情况下，自由曲面正被越来越广泛采用。自由曲面的设计方法主要是通过区域能量对应，用光线折射、反射定律微分求解单点曲率，获得点云，并在点云基础上进行自由曲面三维重构。完成的自由曲面有一定的误差，因此采用初步自由曲面－光线仿真－修正自由曲面的方法，进行多次反馈迭代优化。最终获得较为理想的自由曲面。由于自由曲面设计的灵活性，可以获得较为理想的配光要求，并照顾眩光等。自由曲面的越来越广泛应用主要得益于塑料光学加工技术的平民化。

室内照明方面，大多数为中小功率的灯具，但对色温、显色指数、眩光等有一定的要求。出于成本等考虑，简单的旋转对称光学透镜被大量采用以实现各种LED灯具的配光，而大部分的室内照明光源都是采用在光学系统表面进行磨砂或者是涂覆散光颗粒等方式来消除眩光，但这会对光学系统的效率产生一定的影响。因此，微透镜阵列及间接式照明的方式是用来消除眩光的很好方法。但出于成本等考虑，目前采用磨砂玻璃或所谓扩散片的方法仍然是主要的方法，其能够对任意发光方式的LED光源实现较好的匀光效果。

2. 半导体照明系统的散热技术的发展现状

LED灯具的效率、光衰与颜色的稳定性都与LED的结温有关。因此，控制LED的结温是LED灯具的重要方面。有分析指出，随着LED器件本身热阻性能的越来越好，灯具本身散热是影响LED结温的主要方面。

半导体照明系统散热要解决的问题主要是两个：芯片到散热器（片）的高效热传导和芯片到散热器到空气的高效热交换，主要技术也可以分为两类，即被动式散热和主动式散热。

被动式散热指在空气环境下自行散发热量，不需要其他辅助设施。传统的被动式散热包括自然对流散热、均温板散热、热管及回路热管散热等。新型的则有微通道式热沉以及使用新型导热材料等。

1）自然风冷散热常应用在对于功率不大的LED，只需要设计热沉的形状尺寸，便可以达到令人满意的效果。对于大功率灯具，需认真优化散热器结构。

2）热管散热即利用热管传热效率极高的特点来达到散热的效果。但是热管实际上只是实现热传递，最终热量还得依靠其他途径散发到空气中。

3）循环液冷散热是一种常用的液冷散热方式，目前，国内液冷方面的工艺技术水平有限，若在大功率LED上用液体循环致冷装置，则在器件的可靠性方面存在较大的问题。

4）微通道的冷凝板中的流体通道为直径为百微米量级的通道，增加了流体的接触面积，使散热更加均匀。

主动式散热是指消耗一定量的电能，采用风扇、泵等驱动散热介质受迫流过LED照明设备，或采用半导体制冷等制冷装置对其进行冷却的技术。具有冷却强度高、冷却效果好的优点，特别适用于超大型 LED 照明装置的冷却。主要包括加装风扇式、水冷式、热电制冷、离子风散热和合成射流等。

其一，加装风扇的散热方式散热效率虽明显提高，但添加风扇也会带来的尺寸、封装以及稳定性问题，影响其应用范围。

其二，热电制冷有体积小、无噪声、设计简单、维护方便等优点，但是也面临着诸如提高制冷效率以及降低成本的问题，目前还没有产业化。

其三，通过空腔的 Helmholtz（亥姆霍兹）共振效应，可以将声能最有效地转化为流体振动能量，从而实现对流动分离的控制。这项技术虽然比起加装风扇具有体积小、功耗低和寿命长等优点，但产生的空气弹能否覆盖整个 LED 热源区域还待研究。

3. 半导体照明系统的驱动和控制技术的发展现状

LED 的电压电流特性，决定了采用恒流驱动是较为科学的。这是目前实际应用中的主流方案。LED 驱动电路的主要功能是将交流电压转换为直流电压，并同时完成与 LED 电压和电流的匹配。中国在此方面有较多的研究与产业化积累，包括专利积累。

由于 LED 良好的调光与控制特性，LED 驱动很容易与控制技术进行结合实现灯具的智能监控。目前，市场上的 LED 控制系统主要是国内厂商自定义的控制协议，随着演艺行业 LED 厂商的加入，演艺行业的控制系统国际标准 DMX-512 也被大量采用。同时，电力线载波方案及无线控制方案（主要是 Zigbee）开始被越来越多地采用。随着 LED 光源的大量进入商业照明及家居照明，市场进入 LED 照明灯具与智能照明系统的结合和系统创新时代，传统的控制系统由于 LED 的加入而进入大发展阶段。

基于以上分析，LED 灯具系统包含 LED、光学元件、散热部件、驱动器及机械支撑部件，有些还包括控制部件。由于灯具除实现基本的照明功能外，还必须具有环境的适应能力，如 IP65 防护等。同时，还要考虑到灯具系统未来的维护。因此，目前有很多灯具形式，但主要是整体式、半整体式与模组式。其中整体式主要是将各种器件密封于一个完整的密封腔内，这样做的缺点是给未来的维护性造成困难。半整体式主要是将目前影响 LED 灯具系统寿命的短板即驱动器分离，而其他部件形成一个密封的整体。模组式灯具采用多个模组形成模组化灯具。目前小功率灯具普遍采用一体化灯具的形式。但大功率灯具有模组化趋势。

（四）半导体照明视觉应用现状

LED 作为第四代固态光源，由于其体积小、高光效、绿色环保的特点，可以在很多场合替代传统光源应用，甚至可以在很多传统光源无法实现的场合应用。在铁路信号灯、舞台灯光、普通照明领域等已经取得了一定的应用。LED 以丰富的色彩、多场景的动态表现在景观照明中被普遍采用，在政府的支持下，LED 道路照明也获得了长足发展，由于色品质、眩光等问题，在室内照明领域LED还没有得到大规模的应用，但是也是目前的研究热点，逐渐取代传统光源应用于普通照明领域也是未来发展趋势，但是要解决一系列的问题。

1. LED光源与灯具的发展

由于LED的特点，其灯具形式可以多种多样。但是由于LED发光体小，会带来较大的眩光，在灯具设计中需要考虑截光问题；LED单颗光输出较小，需要多颗拼装大的光输出满足应用需求；另外，LED存在光色空间分布不均匀、存在色漂移、在调光应用中会带来色参数的变化等问题。

2. LED景观照明应用的发展

在景观照明中，LED替代传统光源是大势所趋，已呈现出爆发式增长的态势。但在实际工程中也反映出产品稳定性不足、不同品牌灯具接口和控制协议不兼容等多种问题，产品在应用上依然存在技术瓶颈。LED产品具有丰富的表现性和极强的可控性，但目前国内市场上LED产品却存在同质化严重的问题，产品良莠不齐，标准也很不统一。各家厂商往往种类齐全却品质不精，缺乏真正满足设计要求的产品。国外部分大企业LED灯具产品品质高但价格昂贵，仅在精品项目适量采用。

3. LED隧道、道路照明应用的发展

由于LED带来的巨大节能潜力，在政府的支持下很多国家均建立了LED道路照明示范项目，LED用于道路照明也逐渐呈上升趋势。目前LED在道路和隧道照明应用中存在的主要问题是产品性能问题和照明质量问题。国内、国际上的各个组织和研究机构也正在研究LED产品的标准，以规范产品的性能和标准化，目前国内LED道路照明基本形成了共识：力推基于满足照明应用标准的LPD节能评价，强调用户的总体使用成本，平衡节能与视觉舒适的色温选择和二次光学设计，这对行业的规范发展起到了正确的引导作用和强大的推动作用。

4. LED室内功能照明应用及研究

半导体照明产品光效及单灯光通稳步提升，半导体照明产品光色品质也有了较大提高，光源显色指数有了较大提高，使得半导体照明产品在室内照明领域中的应用更加广泛。目前已经应用于住宅楼梯间、宾馆建筑等场所，取得了可观的节能效果。目前半导体室内照明产品的开发主要集中于散热研究、光学设计以及颜色均匀度等，由于室内照明要求色温不宜高于4000K，显色指数大于80，且特殊显色指数R9应大于0，目前白光LED会发生色漂，所以也有研究人员对LED涂覆的荧光粉进行研究来提高白光LED的色稳定性。

5. LED 交通信号照明应用的发展

LED 在交通信号照明中的应用包括汽车照明灯、铁路信号灯、LED 航标灯等。汽车外部灯具主要分为信号灯具和照明灯具。目前在汽车倒车灯、后雾灯、昼间行驶灯等，以及一些高端车型的汽车前大灯上也有一定的应用。LED 在铁路信号灯的大面积投入使用，大大减少了更换灯泡的工作量。在机车照明领域，最近有的企业开发出 LED 光源机车辅助照明灯和标志灯。LED 航标灯作为新型光源的航标灯，因其高效、省电、光色色谱准确和长寿命、免维护等优点，已被世界各国的航标管理当局广泛使用。

6. LED 舞台影视照明应用及研究

在国家“863”计划项目等项目的支持下，我国已经攻克了 100W 以上的大功率 LED 聚光灯，并成功应用于中央电视台新闻联播直播演播室中，到目前为止，专题和新闻类电视演播室已全面推广 LED 专业照明，传统的卤钨灯具和三基色荧光灯具正逐渐退出历史舞台。“十八大”前夕，LED 远程聚光灯应用到了人民大会堂现场直播的照明系统改造中，效果良好。LED 舞台影视专业照明已经进入电视演播室、剧场和大型会堂等重要场所，可以达到高标准的专业要求。

7. LED 的显示应用

作为显示应用，光源成为直接的观察对象。因此，亮度成为其重要指标，而高亮度恰恰是 LED 的优势，因此，LED 在显示领域具有很大的优势。目前，该领域 LED 成为主要的光源。该领域也是 LED 最成功的应用领域之一。

8. LED 的背光源应用

LED 良好的单色性等特性使得其在背光源应用中获得很快的发展。目前，在手机、小型电脑等产品中，LED 作为背光源已经具有绝对的优势。在大屏幕电视等领域的应用也快速发展，且成为 LED 目前的主要应用领域之一。

（五）半导体照明非视觉应用现状

光除了能够为人们带来直接的视觉照明，也是一切生物赖以生长繁衍的重要条件，比如光是植物生长中最重要的环境因子，它不仅是植物生长的必要能量，也是植物某些生命活动的信号，影响着植物的生命活动；光也是家禽生长过程中重要的环境条件之一，光照时间、照度、颜色会对家禽生长发育、繁殖等方面产生一定反应，使家禽日增重、性成熟、产蛋率等受到影响。

此外，光在医疗领域也有广泛的应用，不同颜色的光对心理和生理也有不同的影响；同时光也是一种电磁波，加以调制可以成为传输信息的载体。

尽管光在非视觉照明领域有广泛的应用，但是以往受限于光源的技术发展，大部分应用仍有一定局限性、难以普及，随着半导体照明技术的发展，半导体光源区别于传统光源的种种优势越来越突出，比如：体积小、寿命长、颜色纯、响应时间短等，这些优点将给光的非视觉照明领域带来广阔的应用前景，将产生巨大的社会效益和经济效益。

1. 半导体照明在植物应用中的发展

目前半导体照明在植物生产应用的技术和理论，一方面侧重于植物生理生态的研究，另一方面侧重于光控机理的研究。

植物对光环境响应的机理解释主要有两种学说，即光受体学说和植物激素学说。光受体学说认为：植物体内至少存在 3 种不同的光受体系统，较早发现的两种分别为红光 / 远红光受体又称光敏色素，感受红光和远红光区域的光；蓝光和长波紫外线受体，又称隐花色素，感受 UV–A 和蓝光，此外，近年研究显示可能存在，但尚未被鉴定的吸收 UV–B 短波紫外线（UV–B）受体，感受 UV–B。植物体内光受体的发现使人们对光与植物的关系认识不再局限于光合作用的能量反应，而是把光看作一个信号，由它去激发植物体内的光受体并通过一定的信号传递、放大过程，使植物的基因表达、蛋白质合成及细胞代谢产生变化。植物激素学说认为，光不但通过光受体接受的光来影响植物的生命过程，还影响植物体内的激素从而影响植物的生长发育。光对植物激素的影响目前尚无完整的理论。植物激素可间接影响基因表达，当植物体受到外界环境影响时，会影响植物激素的合成和运输。激素作用到一些的受体，如细胞质膜上受体，通过转换，诱发出第二信号系统，进行信号的多级放大，最终影响到酶蛋白的合成，导致植物生长、发育的变化。

2. 半导体照明在家禽养殖中的应用

光照是家禽生长发育过程中很重要的环境条件之一。实践证明光照时间、光照度，尤其是光照的颜色会对家禽生长发育、繁殖等方面产生一定反应，从而使家禽日增重、性成熟、产蛋率等受到影响。虽然目前家禽养殖行业从业者的节能意识正逐渐增强，但实际情况却不容乐观，家禽养殖业的主流光源仍为白炽灯和荧光灯。鸡的松果体在胚胎后期就可接受光信息的刺激而调节褪黑激素分泌，进而影响胚胎诸多节律性生物功能。

3. 半导体照明在皮肤医学方面的应用发展

LED 对皮肤医学的生物学效应取决于不同的光学参数，这包括不同的波长、流量、强度、辐照时间、连续波还是脉冲波以及在临床上的治疗次数、治疗间隔等。不同的波长可以到达皮肤组织的不同位置。一般来说，波长越长穿透能力越强，同时不同波长的光可以被组织中不同的色基所吸收。

LED 目前在皮肤科医学中的应用包括：光子嫩肤、痤疮的治疗、预防或治疗炎症后色素沉着、促进创面的愈合、减轻炎症、疤痕的预防、光动力治疗。此外，LED 还可作为一种不含紫外线的光疗仪器治疗脱发、减轻紫外线照射后的皮肤损伤等。

4. 半导体照明在通信方面的应用发展

对于可见光通信来说，除了用光强的明暗来分别表示“1”码和“0”码外，还可以用光波信号的频率、相位甚至偏振态的不同来分别表示“1”码和“0”码，实现光通信。为了提高可见光通信系统的传输容量，可采用空分复用、码分复用、波分复用、频分复用等多种复用方式。照明与通信融合的理论除了涉及调制技术跟人眼的视觉感受之外，还涉及LED器件最佳工作电流设定、调制信号预加重、LED光谱调整、接收机光学降噪、光学信号预处理、信息与能量共传优化等问题。

目前，利用半导体照明灯的通信功能，国内已研制出了光学无线总线型的半导体照明智能家居系统，利用手机或者计算机通过半导体LED照明灯，在照明的同时作为光学无线通信的光源，已实现对办公设备、安全防范设备、家用电器、电动玩具等控制终端的光学无线智能控制。

除以上几点外，LED还在一些特种领域获得应用，如紫外LED可用于杀菌、水处理等，近红外LED可用于医学康复等。

（六）半导体照明测试与计量技术发展现状

从产业链的角度半导体照明技术包括材料、芯片、封装与应用。半导体照明的计量与测试技术也是针对这些部分中的产品，包括芯片、单管、模组以及灯具的计量测试技术。在LED芯片层面，内量子效率、外量子效率及取光效率是重要的三个衡量指标。在器件层面，由于LED具有一些独有特性，如单个LED体积小、光谱窄，同时光通量等参数与温度有关。这些不同于传统照明光源的特性对半导体照明的计量测试提出了新的挑战。采用传统计量测试方法测试LED及其照明产品时经常会出现较大的误差、不同机构之间测量结果的一致性较差，计量测试技术体系、技术手段、方法和标准的相对滞后难以满足快速发展的行业的进步，对半导体照明行业的健康良性发展造成了负面影响。

因此，主要发达国家、国际学术组织、标准化组织、研究机构和LED工业界，都对LED的测试技术投入了较大关注。国际上在半导体照明标准与测试技术方面已经取得了较大进展，我国也在政府的引导和组织下，投入了很大力量部署工作，并取得了一些成果。

LED的外量子效率测试简单，而内量子效率的测试，目前国际上尚无公认的测试方法，有建议采用与接近绝对零度时的效率作比较的测试方法等。基于内量子效率、外量子效率与取光效率的关系，三者只要测试其中两者就可以。针对LED器件的测试计量主要是光、电、热特性的测试计量。其中光特性的测试除光通量外与传统光源没差异。而采用积分球的传统光通量测试方法在测试LED光通量时，由于积分球的自吸收与探头的光谱匹配会造成较大的误差。因此，有研究采用CPC的测试方法。LED电参数的测试较简单。而热特性是LED的重要特性，目前的测试方法主要是正向电压法。由于LED的光通量等参数与热特性有关，这样对光通量定义就必须考虑热特性，也就是说，测试的某个光通量必须指明相应的热特性条件。

由于 LED 接近于点光源，但又不是完全的点光源，因此，对 LED 发光强度的测试由 CIE 定义了 A、B 两个测试条件。

LED 的可靠性是一个大的挑战。目前包括加速寿命测试等都没有业界普遍认可的方法，尚在进一步完善之中。

（七）半导体照明标准现状

随着 LED 技术的不断突破及产业的深入发展，LED 照明相关标准的制定、标准体系的建立也进入快速发展阶段。发达国家为了抢占产业制高点，在 LED 测试研究与标准制定等方面投入了大量人力、物力，纷纷建立起自己的 LED 标准体系。为了顺应半导体照明产业迅速发展的需要，引导和规范半导体照明产业，我国在相关国家机构的组织协调下，开展了大量的研究工作，也相继出台了一系列国家、行业和联盟标准。然而，受传统照明行业思维定势及分工的影响，在制定 LED 标准上，缺乏深入研究和有效的管理，导致部门之前出台的标准在内容及限值要求上出现不统一，给企业带来了很大的困扰。当半导体照明产业发展的量达到相当规模时，突破瓶颈寻求新的发展就成为了一个新的命题。

1. 国家标准制定情况

截至 2012 年年底，国家标准化管理委员会已发布至少 27 个适用于 LED 的照明产品标准，包括 LED 光源、LED 控制装置、LED 连接件与 LED 灯具等标准。

安全标准 GB 7000 系列适用于使用电光源的灯具，因此包括 LED 灯具。经统计，GB 7000 系列 22 个标准中除 GB 7000.6-2008、GB 7000.18-2003 等 6 个标准以外均适用于 LED 灯具。

2. 相关行业和地方标准制定情况

工业和信息化部发布了 SJ /T 11395-2009《半导体照明术语》等 9 项半导体照明电子行业标准。国家半导体照明工程研发及产业联盟也发布了如 CSA 001-2009《整体式 LED 路灯的测试方法》等 21 项 LED 照明产品的相关技术规范。住房和城乡建设部发布了城市道路照明、交通信号灯标准，及铁路、高速公路的 LED 路灯、信号灯等相关标准及技术规范等。

此外，国内部分省市根据 LED 产业地方发展需要，也各自开展了大量标准的制定与研究工作。如福建省最近开展包括 LED 室内照明产品总要求、照明用管形 LED 灯、照明用 LED 筒灯、LED 道路照明功率发光二极管、LED 道路照明灯具能效限定值及能效等级等在内的多项地方标准制定工作。

3. 国内标准制定存在的问题

近年来我国与 LED 有关的标准化组织纷纷制定了国家标准、各类行业标准、地方标准，体现出充分重视标准化的局面。这些标准的制定和实施，较好地支撑和服务了我国 LED 产业发展，对于规范行业市场竞争发挥了积极作用。但其中有些标准和规范的内容重复、矛盾。受传统行业影响，某些标准技术的归属产生混淆。此外，国内标准制定还存在技术上的盲区等不科学的问题。

（1）相同的产品重复制定标准

LED 道路照明灯具是我国较早应用的一种 LED 灯具产品，目前已开展产品安全的 CQC 自愿认证和 CQC 自愿节能认证。除了强制性安全和推荐性性能国家标准以外，目前该产品有行业标准、地方标准、联盟标准、认证技术规范、闽台互认标准等 19 个道路照明灯具产品性能和方法标准。一些应用较广的灯具产品，如 LED 隧道灯具、LED 筒灯等都存在类似的重复制定问题。以上所述的现状说明了相关标准已经处于前所未有的高度，但当一个产品标准出现重复、不统一和矛盾时，将带来评价标准不一、地方保护、企业无所适从、无序竞争等诸多负面作用，不仅不能起到正确引导的作用，而且会影响行业的健康发展。

（2）缺乏固体照明产品色度指标基础标准

目前我国关于 LED 照明产品光色度的标准均体现在具体的产品性能标准或技术规范中，由于产品标准涉及光源和灯具，同时还存在国家标准、联盟标准、相关技术规范，对色度产品的都有相关规定，有的规定从 F2700 ~ F6500 共 6 个色调、色品容差为 7SDCM 椭圆的（但缺少椭圆的方向规定），也有规定从 F2700 ~ F6500 共 8 个色调、色品容差为 7SDCM 四边形的，有的允许从 F2700 ~ F6500 的灵活的相关色温，有的只规定了固定的色温。各个产品标准的规定存在不统一、不完善甚至互相矛盾的情况。要改变这种状态，应根据 LED 产品的现有水平和室内照明的舒适性需求制定白光 LED 照明产品的光色度指标的基础标准。

（3）缺少 LED 产品可靠性的基础标准

传统光源的工艺特性带有机械工业的特性，而 LED 光源则更具电子工业的烙印，LED 阵列、LED 模块等元件的失效原理也类似于电子元器件，但由于 LED 照明产品的结构又不完全雷同于电子产品，其可靠性模型也不同于电气元器件，所以 LED 照明产品需要建立可靠性试验方法和评价体系。

通常 LED 照明产品声称的寿命以流明维持率表达，但在大多数情况下，LED 灯具的寿命比实际试验时间长得多，验证制造商声称的寿命不能以足够确信的方式进行。由于没有相应的元件可靠性数据和相关标准的基础，各个产品标准都规定进行 6000 小时或更长时间的流明维持率试验，造成在模块、灯和灯具产品阶段重复进行流明维持率试验，耗时、高成本、低效率，阻碍了新产品上市的效率，也增加了产品的开发成本。故应研究以主要元件的可靠性试验代替成品可靠性试验的标准体系，以便使用了提供可靠性数据 LED

模块的LED照明产品可以避免进行长时间的流明维持率试验，从而有利于降低试验时间和成本，加速产品的开发和上市时间。联盟已发布CSA020-2013《LED照明产品加速衰减试验方法》，可以将6000小时流明维持率试验时间缩短到2000小时以内，国内相关检测机构和生产企业正在进一步开展试验验证。

三、半导体照明技术国内外比较

（一）外延及芯片技术国内外比较

首先，在LED外延技术的关键设备MOCVD方面。目前市场上主要的设备提供商是德国的Aixtron和美国的Veeco，通过大腔体多芯片提高产量；日本的MOCVD具有特殊性，外延材料质量佳，但普遍腔体较小并且还尚未大规模销往国外。我国近年来也开始重视MOCVD的研发，在“十一五”、“十二五”计划的支持下，已有多家单位开发出样机，并正在开始设备销售。此外，近年来，随着风险投资的投入，长三角、珠三角部分厂商也在大力开发商用设备，但离实际的大规模产业应用还有一定距离。因而，我国现阶段商用LED还基本上是购买国外MOCVD。此外，在原材料方面，早期基本上是完全依赖进口，但随着我国半导体照明的投入和重视，在原材料金属有机物源和衬底材料上，已经取得重大进步，可以提供商用。

在外延与芯片的主要技术中，我国与国际上仍然有一定的距离，尤其是在核心专利技术方面，受制于国外。目前该领域的主要专利技术依然掌握在Cree、Nichia、Osram、Lumileds等几家公司手中。这些公司的产品及实验室研究水平依然比国内厂商高出不少。如在大注入电流下，日本的日亚化学LED取得了249lm/W的光效，美国Cree公司的LED取得了276lm/W的光效，Philips Lumileds公司的LED的光效达到了160lm/W，Osram公司的LED光效也在160lm/W以上。并且，每家公司均具有各自的技术特点，Nichia公司保有技术优势，是最早提供商用蓝光激光器的公司；Cree公司的SiC衬底技术；Osram激光剥离制造垂直结构芯片；Lumileds在倒装芯片，大功率芯片等具有优势。值得一提的是，韩国和中国台湾地区在图形衬底技术方面具有特色，与欧美日公司的上游技术水平差距在缩小。我国近年来的LED上游技术取得了长足进步，但总体LED上游产业和研究开展较晚，很难形成我国独特的技术特点，产业方面主要是跟随中国台湾和韩国的技术，还需借以时日才能赶上世界先进水平。另外，在几种衬底的技术路线中，我国在Si衬底技术上占有一席之地。目前，2英寸硅衬底量产芯片色温为5000K时，350mA下普遍光效超过130lm/W，6英寸硅衬底芯片研发取得进展，性能和2英寸片相当。硅衬底的产业化功率型芯片封装后的蓝光输出光功率达590mW。

（二）半导体照明封装技术国内外比较

在封装技术方面，国内外仍然有一定的差距。这主要体现在，关键的专利技术主要掌握在国际大公司手中，高性能关键封装材料还没有完全国产化。如高性能陶瓷基板、荧光粉、高性能银胶、锡膏、硅胶材料等。美国与日本主要掌握陶瓷基板的专利，控制高性能氮化铝陶瓷基板和低温共烧结陶瓷基板技术；高热导银胶和锡膏也主要由美日控制；另外，高折射率和高透过率的硅胶材料，用以高性能大功率的LED，主要是美日厂商占据市场主导；但在荧光粉材料方面，我国已经取得较长足的进步，研发出性能较为优越的黄色荧光粉和红色荧光粉等，并占据了部分市场。然而，荧光粉的涂覆技术专利主要掌握在国际大公司手中，如Lumileds公司的保形涂覆技术、Cree公司的溶液蒸发法、Osram公司的晶圆级旋涂法等，我国虽已研发出较好新的技术，但难以大规模占领市场，主要还是以自由点粉工艺为主。此外，韩国的科学家提出了沉降法和粉浆法两种新的荧光粉技术，利用荧光粉颗粒的沉淀效应实现保形涂覆，值得我国赶超。

从LED封装制造的角度来说，中国已经占世界总量的一半以上，但大多数企业制造小功率产品，而大功率LED市场占有率并不高。

在前沿技术的研究中，针对降低热阻、寻找显色指数更好的荧光粉等技术，国内外较为同步，但仍然如上所述问题，如何实现高性能封装材料完全国产化将是我国封装领域长期面临的重要问题。

（三）半导体照明系统技术的国内外比较

1. 半导体照明系统光学技术的国内外研究进展比较

在LED灯具系统中，目前对于简单规则的光学系统已被成熟采用。研究主要集中于自由曲面方法的光学系统。如前所述，国内基于点光源近似的自由曲面光学系统设计方法，都是通过建立光源和目标平面之间的能量映射网格划分关系，然后通过数值求解偏微分方程或利用几何方法直接构点的方式获得自由曲面表面点。但随意的能量映射网格划分并不能保证可以获得连续光滑的自由曲面，国内相关研究都是通过多个子面拼接的方式来解决该问题，由于曲面不连续，对加工造成了很大的影响。美国提出了椭球面拼凑构型的方法，可获得连续的反射式自由曲面光学系统。利用同样的思想，德国的笛卡儿卵形曲面拼凑法，可应用于折射式光学系统的设计；美国的变分方法，可将抛物面或椭球面拼凑的方法转换成线性规划方法，大大降低计算复杂度，获得更优的结果。

对扩展光源的问题，大多是采用迭代反馈修正的方法进行补偿设计。但当光源的尺寸进一步增大或设计光分布与预期的光分布偏差很大时，反馈法难以得到满意的结果。累积光通量补偿修正的方法，在初始结果与理想结果偏差很大的情况下，仍然具有很好的效果。广义函数法将扩展光源的表面离散成许多点光源，通过多个折射、反射面实现均匀照明，但光学系统较复杂。

室内照明在光度学上需解决的问题主要在于减少眩光的同时保证较高的光效率。国内主要研究的是微透镜阵列的方式，而这并不是唯一的解决途径。例如，全息的方法在光学胶片上得到浮雕型结构可较好实现光学散光效果，同时实现很高的光透过率；分析计算锥形导光管出射端的发光特性，可为锥形导光型匀光系统的设计提供了理论指导，但其对导光管内壁的反射率要求较高，否则无法达到高效率，此外基于导光原理的系统往往体积较大。

2. 半导体照明系统散热技术的国内外研究进展比较

在新型散热模型和结构的开发方面，国外设计了很多典型的结构，如一种自激震荡流热管如图 5 所示。

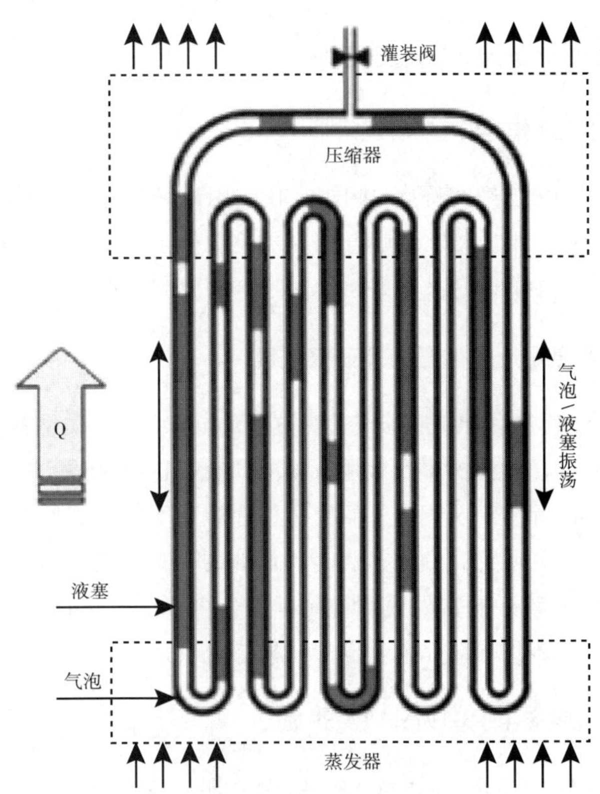

图 5　自激震荡流热管结构原理示意图

此外，一种新型震动压电翅片结构也被提出，如图 6 所示。

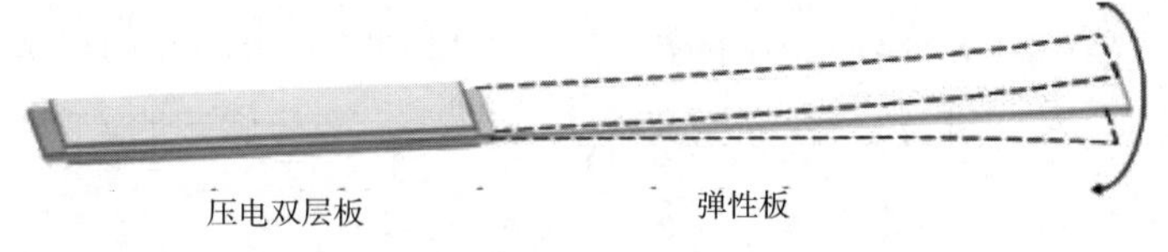

图 6　震动压电翅片结构

其次，国外的新材料领域发展更为成熟，所以在LED散热领域，很多新材料频频涌现，例如制作热沉的各种合金，以及飞利浦等公司开发的导电尼龙材料等，充分发挥了其在材料领域的优势。

3. 半导体照明系统驱动和控制技术的国内外研究进展比较

1987年1月1日到2010年12月31日期间，产生了1459项与LED驱动电路技术相关的中国专利，虽然在数量上国内申请领先，但国内申请的专利主要以实用新型为主，属于技术原创性不高的单一产品的应用技术。而国外企业在华申请专利则以原创性较高、覆盖面更广的发明专利为主。说明在LED驱动技术专利方面，我们的原创性核心专利较少，还有待提高。

（四）半导体照明视觉应用的国内外比较

1. LED景观照明及应用的国内外研究进展

目前LED产品的竞争也异常激烈。中国LED应用市场广大，因而产品的技术开发同市场紧密结合是其快速成长的关键。应用与研究的主要热点集中于视觉表现、成本控制和性能构造三个方面，灯具中的散热技术是目前国际上的研究热点。

2. LED隧道、道路照明应用的国内外研究进展

目前，国内外对LED道路照明的研究集中在标准化、照明质量和照明控制等方面。标准化方面包括产品标准、检测标准及应用标准的研究，国际Zhaga联盟推动光引擎接口的标准化，包括CIE等国际组织及国内外研究机构在照明质量如能见度、路面材料、不舒适眩光等方面开展了一系列研究，欧洲、北美和亚洲的一些照明公司联合成立了TALQ联盟致力于制定全球范围的统一的室外照明控制标准，主要成员包括飞利浦、GE、欧司朗等著名传统照明巨头企业，我国部分企业也参与了该组织。

3. LED室内功能照明应用的国内外研究进展

对于半导体室内照明产品，美国能源部能源之星、IEC、CIE、欧盟、英国EST超高效照明行动等组织均制定了相关的产品标准，LED作为一种新型光源，具有许多传统光源所不具有的特征，这就对传统照明质量评价方法提出了新的要求，因此CIE第三分部设立“室内环境和照明设计”技术委员会研究现有评价方法在应用LED照明的室内照明环境中的适用性。而我国国家标准《建筑照明设计标准》GB 50034在修订的过程中，就半导体照明产品在室内照明应用中的色品质等问题进行了专题研究，讨论了不舒适眩光、室内亮度分布、显色指数、白光定义及其一致性、半导体照明产品的光生物安全等问题。

4. LED 交通信号照明应用的国内外研究进展

目前国内外学者在 LED 交通信号照明领域的研究热点主要是致力于产品的节能、设计，以是否能满足使用者的视觉功能以及满足其视觉舒适度的需要，由此来提高交通运输的安全性和舒适性。目前国际上是以人为基本出发点，结合道路照明、交通信号照明及其他视觉信号，对交通运输安全进行整体评估和改进，这样的一体化研究初显雏形。

5. LED 舞台影视照明应用及研究

目前几乎所有的影视舞台专业灯光企业都涉足 LED 灯具，影视舞台常用的聚光灯、柔光灯、成像灯、天幕灯和地排灯等都有对应的 LED 灯具。但有些企业缺少研发投入，推出了大量同质化严重的 LED 灯具，国外 LED 影视舞台灯具的发展从时间上看滞后于国内，灯具品种也少于国内。但是国外公司在新产品研发上走在我们前面。

（五）半导体照明非视觉应用的国内外比较

1. 半导体照明植物应用的国内外研究进展比较

中国对半导体照明光源在植物应用领域及其技术的研究在国际上占有重要地位，基本与国外同行同步，并在很多方面超前于国外同行。如在不同光环境因子如何调控植物的光合产物分配、如何调控内原激素反应等方面，国内研究单位已经取得了进展并处于领先地位。光与其他因子耦合影响植物的生长研究方面，荷兰和日本的研究较为超前，国内已经在部署相关研究，跟踪并争取超越。

2. 半导体照明家禽养殖应用国内外研究进展比较

目前，国际上关于半导体照明在家禽养殖业中应用的最新前沿和热点集中在混合单色光对家禽生长性能和肉品质的影响、家禽不同生长阶段对于光色的需求以及孵化期间不同单色光刺激对于孵化后生产性能的影响。国外更偏重于 LED 光照参数和机理研究，中国则偏重于对新型禽用 LED 灯具以及智能化 LED 光源控制系统的研究。

3. 半导体照明在皮肤医学方面的应用及国内外研究进展比较

目前关于光生物学效应研究很大一部分是以低能量激光的研究为参考，从波长的选取到剂量的选取、治疗方式的选取以及针对治疗的病症等，但激光作为一种相干性、单色性光源与 LED 光源毕竟不同，因此已经有越来越多的研究开始关注 LED 的光生物学效应，国外在该领域研究比较活跃，国内在 LED 皮肤医疗设备的研发、LED 对皮肤组织的光生物学效应研究这些领域起步较晚，关于 LED 光源在皮肤科领域的其他应用还处于研究探索阶段，尚未在临床上作为常规的治疗手段。

4. 半导体照明通信应用国内外研究进展比较

日本早在2003年就成立了可见光通信协会，并已完成可见光通信系统规范和低速通信可见光ID应用规范的制定。欧盟第七框架计划也资助了一项成为OMEGA计划的家庭网络研究项目，旨在研究高达Gbps速率等级的家庭网络接入技术，其技术实现手段包括电力载波通信、可见光通信、射频通信。2011年欧洲OMEGA计划总结时，参加单位之一的Orange实验室用16盏LED灯实现了4路高清视频的广播，系统传输速率100Mbps，净载荷80Mbps。国外在国家项目支持下，从材料、器件到系统开展研究并逐步强调通信系统的速率。

国内的研究团队也较早开始了可见光通信技术的理论研究，从应用原型系统研究寻找突破口，以低成本和小型化作为准则。国内科研项目的支持主要是在2010年世博会后启动，要求从通信系统指标上与国外持平，支持通信系统的研究，但是并没有器件研发级的项目支持。

（六）半导体照明测试与计量技术国内外比较

针对LED的测试，国内外本质上没有大的差异。目前关于LED光通量的测试技术研究比较多，美国、加拿大、德国、日本等报道了现有光通量的积分球测试方法的误差，日本的科学家研究了将标准光源放在球外的方法。中国有单位建议采用CPC收集光线，并用微型光谱仪进行光谱匹配误差补偿的方法。针对LED可靠性与器件的寿命加速测试方法的研究国外比较多，并形成测试规范，如LM-80等方面是我们的主要差距。中国也有单位进行该研究，但目前我们的测试主要采用与LM-80相近的方法。

美国国家标准检测研究所（NIST）是一个世界知名的测试研究机构，目前他们集中了国际知名测试专家开展LED产品测试的研究，重点研究LED的发光特性、温度特性和光衰等方面的测试方法，试图建立整套的LED产品的测试方法和标准，在LED测试方面走在世界前列。其与美国国家标准组织（ANSI）和北美照明学会（IESNA）等在美国能源部（DOE）的组织下联合发布的固态照明LED性能和测量标准以CIE技术文件作为参考依据，主要包括IESNA RP-16、TM-16-05、LM-79、LM-80和ANSI C78.377A等。其中，LM-79是固态照明产品的电性能与光度测量方法；LM-80则为LED光源的光衰特性（寿命）测试方法。

日本在整合照明学会、照明器具工业会、电球工业会及照明委员会等团体的LED标准制定工作的同时，正积极致力于开展LED芯片制作技术、寿命评估方式、可靠度、散热、光学特性与特殊照明应用等领域的研究。

（七）半导体照明标准国内外比较

国际上，IEC 标准组织经过长期的研究工作，已经在 LED 照明产品标准方面取得了重大进展，清晰界定了从 LED 芯片、LED 封装到 LED 模块、LED 灯和 LED 灯具的产品分类。同时，IEC/TC34 灯和相关产品技术委员会发布了技术规范 IEC TS 62504:2011《LED 和 LED 模块术语》，避免了 LED 照明产品分类和定义的混淆，为照明行业的 LED 产品发展提供了技术方向的保障。

IEC/TC 34 灯和相关产品技术委员会发布了包括 LED 模块和自镇流 LED 灯等 LED 产品安全标准，并发布了 LED 模块性能、自镇流 LED 灯性能和 LED 灯具性能要求等市场急需的公共可用文件（PAS），现在正在着手制定双端 LED 灯、无镇流 LED 灯等光源产品标准。

国内的照明行业和半导体行业也在研究制定各种 LED 照明产品标准。半导体行业主要注重于 LED 发光材料、LED 衬底、LED 外延片和 LED 芯片等部件产品的标准制定。照明行业侧重于 LED 照明产品，包括 LED 光源、LED 灯具的标准制定。

1. LED 模块

在 LED 模块的标准制定方面，我国已经发布国家标准 GB 24819-2009《普通照明用 LED 模块 安全要求》和 GB/T 24823-2009《普通照明用 LED 模块 性能要求》，GB 24819-2009 标准等同采用 IEC 62031:2008《普通照明用 LED 模块—安全要求》，检测要求没有差别。GB/T 24823-2009《普通照明用 LED 模块性能要求》与 IEC/PAS 62717:2011《普通照明用 LED 模块—性能要求》存在技术差异。

2. 一体化 LED 灯

对于一体化 LED 灯，我国已经发布了国家标准 GB 24906-2010《普通照明用 50V 以上自镇流 LED 灯 安全要求》和 GB/T 24908-2010《普通照明用自镇流 LED 灯　性能要求》。GB 24906-2010 参考了 IEC 62560《普通照明用 50V 以上自镇流 LED 灯　安全要求》。除了 IEC 标准中多了第 14 条爬电距离和电气间隙条款外，GB 24906-2010 与 IEC 62560:2011 标准的考核内容基本相同。GB/T 24908-2010 与 IEC/PAS 62612:2009《普通照明用自镇流 LED 灯—性能要求》存在技术差异。

3. LED 灯具

我国的灯具安全标准体系等同采纳 IEC 灯具标准体系，在安全方面，LED 灯具标准是比较完善的，筒灯、路灯、平板灯、嵌入式灯具等灯具都有安全标准。在灯具性能方面，国际上，IEC 组织已经发布了 IEC/PAS 62722-1:2011《灯具性能　第 1 部分：一般要求》和 IEC/PAS 62722-2-1:2011《灯具性能　第 2-1 部分：LED 灯具特殊要求》。国内有

GB/T 24827-2009《道路与街路照明灯具性能要求》、GB/T 29294-2012《LED 筒灯性能要求》以及 GB/T 29293-2012《LED 筒灯性能测量方法》标准已经发布，GB/T 29294 标准参考了 IEC/PAS 62722-2-1 的部分内容，并增加了色差异、色品空间不一致性、距高比和眩光控制等标准要求。

四、半导体照明技术发展趋势

（一）外延及芯片技术发展趋势

作为外延的关键设备 MOCVD 短期内将不会有大的变化，主要向增大反应室体积以增大产能方向发展，温度控制将更加精密，使得外延薄膜材料成分控制更准确。

未来蓝宝石图形衬底的发展是图案的尺寸向更小的方向发展。目前，受限于制作成本，蓝宝石图形衬底一般采用接触式曝光和感应耦合等离子体（ICP）干法刻蚀的方法进行制作，尺寸只能做到微米量级。如能进一步减小尺寸至和光波长可比拟的百纳米量级，则可以进一步提高对光的散射能力。甚至可以做成周期性结构，利用二维光子晶体的物理效应进一步提高光提取效率。在其他衬底材料技术方面，SiC 衬底技术将有可能随着美国 Cree 公司的垄断地位失去而大力发展，尤其是在我国，SiC 衬底制备已经获得较好发展。而 Si 衬底技术也将得到重要发展，然而，随着其他蓝宝石衬底、SiC 衬底成本下降，尺寸增大及散热要求降低，Si 衬底的优势将逐步降低，或许会更会更集中于中低端产品。绿光 LED 的技术路线有待创新，或许半极性 / 非极性 LED 是一个技术方向。然而，半极性 / 非极性 LED 往往需要 GaN 同质衬底，这在成本上是个极大挑战；并且，地球上 Ga 元素丰度很低，不大可能大规模量产 GaN 单晶衬底，故产品将可能集中于绿光激光器，而普通照明很难进入。研究工作和产业发展将还需致力于更合适的衬底技术，如克服 ZnO 和 $LiAlO_2$ 高温分解的弱点等，使 GaN 材料与衬底晶格失配更小，极性可以随意调节。如果可以达成，GaN 基 LED 将极大扩展应用范围，不再主要局限于蓝绿光波段，将发展的绿光、黄光、红光甚至红外，覆盖整个可见光波段，很多现在困扰业界的问题将迎刃而解，如 RGB 三色量子阱组合的白光 LED 芯片技术将大力发展，颜色更加丰富等。

伴随衬底技术的发展，LED 芯片制造技术也将得到重要改进。现今最常见的正装芯片技术是基于蓝宝石衬底不导电而制备的，随着其他衬底应用，垂直芯片结构技术将极大降低成本，芯片制造工艺大为简化，使整个 LED 上端制造技术的成本极大降低，促进整个产业发展。

总体上，LED 发展到今天，光效已经不是限制其应用的主要因素。半导体照明技术下一步的发展是在尽可能降低成本的同时提供比传统照明更好的光色品质和人眼舒适度。这对 LED 材料和芯片提出了新的要求，如果高效率和高显色指数的无荧光粉单芯片白光

LED 能够实用化，则无疑是对半导体照明技术的一项颠覆性革命。

（二）半导体照明封装技术发展趋势

随着半导体照明技术的发展，LED 封装技术主要朝着高发光效率、高可靠性、高散热能力、低成本、小型化等几个方向发展。比如晶圆级封装技术：荧光粉直接涂覆在整个晶圆片上，这样将荧光粉集成到上游芯片制造中，可以有效降低成本，实现直接白光芯片的制备。此外，封装技术往往是受制于上端芯片技术，如果能够解决好芯片的 Droop 问题，LED 效率不再随着注入电流而下降，则为了增加光通量，可以简单通过提高 LED 封装模块的驱动电流，从而减少芯片的适用量，降低成本。但这样会产生更多的热，封装需更好考虑散热问题，COB 封装将会得到重视。

在白光 LED 方面，技术还将长期面临 RGB 三色混合白光 LED 技术和蓝光（或紫光）LED 芯片加荧光粉获得白光这样两种技术路线的竞争，如前所述，无荧光粉三色量子阱组合芯片 LED 就是一种 RGB 白光 LED 技术，受制芯片发展；分立三基色 LED 的 RGB 混合光形成白光技术，如果解决好三色混合均匀的问题，将具有很大的竞争力，可以接受荧光粉材料和荧光粉涂敷技术和专利，并且光色丰富，光品质大为提高。现今更为广泛应用的蓝光芯片加荧光粉技术发展重点是如何降低成本，尤其是荧光粉材料的成本，并且需要解决光色均匀性问题和 LED 显色性问题，及由荧光粉吸收带来封装效率降低的问题。

然而，如前所述，我国 LED 封装已经获得长足进步和发展，未来 LED 封装技术应围绕更高性能的新型封装结构设计，围绕高性能荧光粉、导热胶、散热基板、封装树脂以及其他关键封装材料的开发，着重解决器件光衰及稳定性问题，积极开拓新的封装设计思路，突破传统封装瓶颈，保持半导体照明高光效优势的同时，满足高品质照明需求，开发出高性价比的 LED 封装产品，以便更好满足未来室内照明应用要求。

（三）半导体照明系统技术的发展趋势

目前，LED 灯具的整体光效已经超越了大部分传统光源灯具的光效。但是，半导体照明灯具的照明效果和品质包括显色性、色品一致性、人眼舒适度等有待进一步提高。因此，下一步将更多地关注 LED 灯具系统的光色品质、灯具、可靠性、成本。同时，LED 灯具系统的功能性发展也是重要的发展方向，如将 LED 灯具系统与监控、人体健康等结合。

在灯具的结构形式上，传统光源灯具的发展对 LED 灯具的发展具有很大的借鉴意义。节能灯及大功率灯具的基本结构形式对行业很有借鉴意义。相信未来，室内应用的多数小功率 LED 灯具更多的是采用一体化的灯具形式，而对于路灯、厂矿灯等，由于它对维护的要求，采用类似于高压钠灯的“灯泡 + 镇流器 + 灯壳”的模组化形式，应该是主要的发展方向。

与灯具的模组形式一样，控制技术也牵涉很多规范，我国应该加强这方面的研究。

（四）半导体照明视觉应用的发展趋势

半导体照明作为新兴产业，其在技术层面所取得的不断突破，融合了颜色科学、光学、能效设计、调光技术、模组产品、数字控制技术等多个学科。而当前半导体照明技术正处于快速发展阶段，照明产品还不够成熟，照明应用还在探索之中，因此，未来我国半导体照明应用还需要继续开发能够满足人们的视觉需要，且具有较高稳定性的半导体照明产品；建立完善的半导体照明产品及应用标准体系，规范和引导产业健康发展；基于光环境对于人的工效、主观舒适性以及生理指标影响，并结合半导体照明产品特征，实现照明设计的创新发展。

（五）半导体照明非视觉应用的发展趋势

1. 半导体照明植物应用的发展趋势及展望

作为农业大国，农业在我国国民经济中有着重要的地位。半导体照明应用于农业领域，能够给社会和人类带来真实的物质产出效益。植物依靠光作为驱动力进行光合作用，是地球上一切生命的基础，对全球农业生产、自然环境和人类活动产生巨大的作用。因此，深入研究植物生长发育对光的需求特性、规律和光控基准，研发适宜于植物的新型高效半导体照明植物光源及其智能光控技术，为植物生长提供节能高效的光环境，并进一步加大其应用推广力度，仍然是一项具有重要意义的创新性工作，随着半导体照明向高度、低价格的方向飞速发展，半导体照明一定会在不久的将来广泛应用于植物设施栽培领域。

2. 半导体照明家禽养殖应用发展趋势及展望

源于宗教信仰和民族习惯，不同民族的饮食存在很多禁忌，而鸡肉是适合世界所有民族食用的肉类，这使其拥有更宽广的消费增长空间，而饲料是养殖业重要的可变投入，占活禽生产成本的70%或加工禽肉的50%，LED单色光可显著提高饲料转换率，降低料肉比。目前流行的规模化工厂化养鸡也带来了一系列动物福利问题，当头几日龄的肉雏鸡进入鸡舍时其处于强烈的应激状态，这时如果利用LED单色灯光照明，雏鸡会很快安静下来，同时活跃地吃食，降低了死亡率。此外，伴随着白炽灯禁用路线图的进一步实施，各国政府已经开始对高能耗的白炽灯产品进行限制使用。种种因素都将有力推动半导体照明在家禽养殖领域的应用。

3. 半导体照明在皮肤医学方面的应用发展趋势及展望

皮肤位于人体的最表面，可以直观地观察、检测照射后皮肤生理、物理指标的变化，这也为LED在皮肤医学中的研究提供了便利条件。不同波长的LED越来越多地被开发出来，这些都对 LED 光疗法在生物医学中应用有推动作用。

随着对 LED 灯具的不断创新以及医学上对于 LED 生物效应的机理研究，LED 在皮肤医学上的应用将具有不可限量的前景。

4. 半导体照明通信应用发展趋势及展望

因为灯光的无处不在、无线便捷以及无电磁辐射等特点，半导体照明通信是未来通信技术利用的一个重要方向。其应用需求既有民用也包括军事应用。在民用方面，主要注重无线通信频段向光波方向的拓展，以及通信网络与照明网络复用后成本的降低。在军事方面的应用，主要注重其无电磁辐射以及电磁免疫的特点。未来在民用方面，可以从地铁站等公共照明区域的信息广播应用开始，逐步发展家庭光学无线信息中心技术，并借助半导体照明技术的推广进入千家万户。在军事领域可以发展电磁静默条件下无线组网技术或者抗辐照无线通信技术。

（六）半导体照明计量与测试技术的趋势

从计量体系建设来讲，测试方法基础的健全非常重要，一些照明标准的基础性研究工作亟待开展，如 LED 寿命测试方法的研究，尽管 LM–80 和 TM–21 已经提出了一套比较完整的评测方法，但仍存在预测时间长、不确定度高、缺乏足够数据验证的问题，NIST 目前也正在开展针对该课题的进一步研究工作。

在检测平台建设方面，选择采用和研制符合 LED 特性的测试设备，建立测试系统非常重要，主要包括：LED 光学测试系统、温度监控测试系统、电器测试系统、环境测试系统、耐久性可靠性测试系统等。其中主要测试系统应采用当时国际先进的手段，在测试方法方面应能接近国际先进水平。通过大量的测试以及国际实验室比对，寻找最佳的测试途径，建立相对合理的测试方法。还要研究测试中可能产生误差的因素，尽量减少测试方法中不合理的操作。这不仅对硬件，而且对测试人员的素质提出了相当高的要求。通过与国外实验室的合作交流，能使我国的 LED 检测技术与国际发展同步，使标准既能客观反映我国照明 LED 的技术水平，与我国照明 LED 的快速发展相适应，又能与国际水平保持接近，进一步促进 LED 技术的发展。

在检测市场方面，需要依靠标准化机构、检测机构、研究机构和生产企业的共同努力，逐步建立系统、完善的半导体照明标准体系，建立规范的照明 LED 评价与测试中心，为产品测试、评价，以及产业发展提供服务和支撑，引导和规范我国半导体照明产业的发展，加速照明 LED 的技术进步及其推广应用。

（七）半导体照明标准发展趋势

经过近几年的发展，我国半导体照明综合标准化技术体系基本完善，虽然行业标准和国家标准的制定工作目前处于起步和发展阶段，但与产业发展的基本需求还是相适应的。另一方面，现阶段我国的照明标准制定基本上还是以参考国际标准和欧美标准为主，缺少相应的独立研究工作为标准制定提供技术支撑。因此，必须加强一些基础及应用技术的研究，为标准的制定提供研究基础数据。同时，在标准制定时，要加强LED产业链的上中下游的协作。而国家标准的制订，不应以制定多少标准作为工作目标，而是将解决重大问题、发挥标准整体作用作为目标。

近几年，科技部、国家发改委、工业和信息化部等部门一直在通过国家“973”、“863”计划、高技术产业化示范工程、电子发展基金等渠道，加大对LED照明领域的科学研究和技术应用的支持力度。但在市场推广及市场规范方面做得不多、抓得不实，使得低劣产品充斥市场，为LED照明市场的健康发展带来了很多的隐患。为了有效规范市场，首先应当规范现有的检测系统，使不同企业的产品依据统一的测试方法检测，只有这样才能真正了解我国LED照明产品的技术水平，进而推动我国LED照明工业的技术进步，促进行业健康良性发展。

同时，LED应用产品的性能在不断变化、提高，对于照明半导体产品标准，一方面应该加强对国际标准和国外先进标准的跟踪和分析，使我国的标准水平从开始就与国际标准保持一致，以提升我国LED照明产品的国际市场竞争力。同时，在有些标准的制订时机尚不成熟时，可以考虑制订技术规范代替，以对产业的发展起到一定时段的推动作用。鉴于此，LED照明产品的互换性是半导体照明标准发展的重点。

随着核心元器件，比如LED衬底、外延，工艺制程等成本的下降，如何系统化降低LED照明产品的生产成本和日后维护显得非常重要。如果缺乏统一的通用接口标准，导致市场上不同厂商之间的产品不能互换，互不兼容，将严重阻碍LED照明产业的发展。近年来，国际上很多发达国家和国际组织都加强了该方面的研究，例如，Zhaga联盟，已制订了十多项界面接口标准的标准草案。

因此，LED照明产品的模组化和通用接口标准化是未来半导体照明标准发展的一个重点，并越来越受到公众的关注。

五、结束语

本综合报告对LED相关的七个方面进行综述，包括半导体照明材料与芯片、半导体照明封装、半导体照明系统、半导体照明视觉应用、半导体照明非视觉应用、半导体照明的计量与测试技术、半导体照明的标准等。在报告编写的一年间，LED技术一直在快速发展，包括光效的提升、器件价格的下降、新应用领域的探索等，这也正说明LED技术目前尚未达到成熟阶段，还有很大的上升空间。在器件层面，LED的技术进步主要围绕光效的上升与价格的下降。而应用层面的发展主要是随着LED器件的进步而不断拓展新的应用。在具体技术层面，如下两个技术是LED未来最重要的突破：

（一）绿光 LED 光效的大幅上升

理论上 LED 是单色光，作为单色的 LED 在信号、显示、背光源等领域获得了巨大的应用。但是，在普通照明应用领域，需要产生白光，在目前绿光 LED 光电效率总体很低的情况下，LED 产生白光的主流方法是蓝光 LED 加黄光荧光粉。这种方法在理论上所能达到的最大光效（辐射光效）约为 280lm/W，且光谱的灵活性大大减弱。而采用红色、蓝色、绿色 LED 的所谓 RGB 方式，所能获得的最大理论光效要高得多，且由于光谱是由 RGB 三色或者更多的单色 LED 组成，具有很大的灵活性。且采用 RGB 方式实现白光 LED，配合 LED 的控制技术，很容易实现对 LED 的调光与调色等应用。因此，绿光 LED 光效的大幅提高，将成就 LED 光谱真正的、实用的无限灵活性，作为这种无限灵活性的一个特例，就是未来白光 LED 技术转向 RGB 方式。

绿光光谱光效的大幅提升造就的 LED 光谱无限灵活性，也将附带开启很多学术的研究机会。由于光谱无限灵活性的可实现，在 LED 的各种应用中，将出现哪个光谱最优的理论问题。在这些理论问题中，与光谱相关的显色指数的学术问题将再次成为研究与争论的热点。即，在一定的应用中，显色指数（Ra、CQS 等）的评价是否合理？多高的显色指数是合适的？

（二）LED 的 Droop 效应

如前文介绍的，LED 的 Droop 效应指芯片电流密度增加时，LED 的光效快速下降。Droop 效应决定了单个 LED 所能工作的最大电流，因而要实现大光通量被迫采用多颗 LED 或多芯片，或者通过采用增加芯片面积的方式而减少电流密度的方法，也将大幅增加 LED 器件的价格。因此，实际上 Droop 效应是增加了 LED 器件的价格。幸运的是，目前在 LED 灯具中，LED 器件的成本已经快速下降到大多数灯具中总成本的 10% 左右，按照目前的灯具模式，LED 器件成本的下降对灯具总成本的下降贡献越来越低。因此，Droop 效应的突破，在使 LED 器件价格下降到灯具中总成本的很低的情况下，技术研发将转向降低 LED 之外其他部件的成本，而这将开启另外一扇大门，就是灯具形式的创新。因为，LED 在器件尺度、光谱与时间上的无线灵活性，已经为这种创新准备好了条件。

除以上两点外，LED 在散热技术上的进步也将有力推动 LED 的应用。而在 LED 应用中，以传感器技术、自动控制技术为核心的智能照明系统将具有很大的应用前景；而在产品的评价上将更加注重产品的光度、色度等综合性能而非仅仅追求高光效，同时能效将是重要的评价指标；在应用领域上，除视觉应用外，非视觉应用也将具有广阔的空间。

参考文献

[1] S.Nakamura, et al. Present status of InGaN/GaN/AlGaN-Based Laser Diodes [C] //Proceedings of the second international conference on nitridesemiconductor. Tokushima, 1997.

[2] S.Nakamura, M.Senoh, T.Mukai. Highly P-Typed Mg-Doped GaN Films Grown with GaN Buffer Layers [J]. Jpn. J. Appl. phys. 1991, (30).

[3] Hee Jin Kim, Suk Choi, Seong-Soo Kim, et al. Improvement of quantum efficiency by employing active-layer-friendly lattice-matched InAIN electron blocking layer in green light-emitting Appl. Phys. Lett, 2010(96).

[4] Muqing Liu, Bifeng Rong, Huub W.M.Salemink. Evaluation of LED application in general lighting [J] .Optical Engineering, 2007, 46(7).

[5] 李志聪. 高抗静电能力氮化镓基 LED 外延结构与 MOCVD 生长工艺研究 [D]. 北京：中国科学院半导体研究所，2011.

[6] Schubert MF, Xu J, Kim JK, et al. Polarization-matched GaInN/ALGaInN multi-quantum-well light-emitting diodes with reduced efficiency droop [J]. Appl.Phys.Lett. 2008 (93).

[7] 刘木清，周德成，等. LED 与传统光源光效比较分析 [J]. 照明工程学报，2006， 7(4).

[8] S.Liu, X.B. Luo. LED Packaging for Lighting Applications: Design, Manufacturing and Testing [M]. New York: John Wiley & Sons, 2011.

[9] E.F.Schubert, J.K.Kim. Solid-state light sources getting smart [J]. Science, 2005, 308(5726).

[10] S.Pimputkar, J.S.Speck, S.P.DenBaars, et al. Prospects for LED lighting [J]. Nature Photonics, 2009, 3(4).

[11] J.H.Choi, A.Zoulkarneev, S.I.Kim, et al. Nearly single-crystalline GaN light-emitting diodes on amorphous glass substrates [J]. Nature Photonics, 2011, 5.

[12] 刘宗源 . 大功率 LED 封装设计与制造的关键问题研究 [D]. 武汉：华中科技大学. 2010.

[13] Y.C.Hsu, Y.K.Lin, M.H.Chen, et al. Failure mechanisms associated with lens shape of high-power LED modules in aging test [J]. IEEE Transactions on Electron Devices, 2008, 55(2).

[14] J.W.Park, Y.B.Yoon, S.H.Shin, et al. Joint structure in high brightness light emitting diode (HB LED) packages [J]. Materials Science and Engineering: A, 2006, 441.

[15] 戴炜峰，王军，李越生. 大功率 LED 封装的温度场和热应力分布的分析 [J]. 光电器件，2008(29).

[16] Z.Hou, D.G.Yang, G.Q.Zhang. Thermal analysis of LED lighting system with different fin heat sinks [J] . Journal of Semiconductors, 2011, 32(1).

[17] 国家半导体照明工程研发及产业联盟，北京新材料科技促进中心. 中国半导体照明产业发展年鉴 [M]. 北京：机械工业出版社，2009.

[18] 国家半导体照明工程研发及产业联盟，北京新材料科技促进中心. 中国半导体照明产业发展年鉴 [M]. 北京：机械工业出版社，2011.

[19] R.J.Crawford, D.E.Mainwaring, I.H.Harding, et al. Adsorption and coprecipitation of heavy metals from ammoniacal solutions using hydrous metal oxides [J]. Colloids and Surfaces A: Physicochemical and Engineering Aspects, 1997, 126.

[20] R.Mueller-Mach, G.Mueller, M.R.Krames, et al. Highly efficient all-nitride phosphor-converted white light emitting diode [J]. Physica Status Solidi (A), 2005, 202 (9).

[21] K.Zhang, Y.Chai, M.M.F.Yuen, et al. Carbon nanotube thermal interface material for high-brightness light-emitting-diode cooling [J]. Nanotechnology, 2008, 19(21).

[22] J.G.Bai, Z.Z.Zhang, J.N.Calata, et al. Low-temperature sintered nanoscale silver as a novel semiconductor device-metallized substrate interconnect material [J]. IEEE Transactions on Componentsand Packaging Technologies,

2006, 29(3).
[23] P.Paul, T.Wang, X.Chen, et al. Improved heat dissipation and optical performance of high-power LED packaging with sintered nanosilver die-attach material[J]. Journal of microelectronics and electronic packaging, 2010, 7(3).
[24] Z.Y.Liu, S.Liu, K.Wang, et al. Optical analysis of color distribution in white LEDs with various packaging methods[J]. IEEE Photonics Technology Letters, 2008, 20(24).
[25] Z.W.Zhong. Wire bonding using copper wire [J]. Microelectronics International, 2009, 26(1).
[26] B.Hou, H.Rao, J.Li.Methods of increasing luminous efficiency of phosphor-converted LED realized by conformal phosphor coating [J]. Journal of Display Technology, 2009 (5).
[27] JESD22-A101B, JEDEC Solid State Technology Association. Cycled Temperature-Humidity-Biased Life Test [S]. 2000.
[28] JESD22-A101B, JEDEC Solid State Technology Association. Steady State Temperature Humidity Bias Life Test[S]. 2009.
[29] Sheng Liu, Yong Liu. Modeling and Simulation for Microelectronic Packaging Assembly [M]. New York: John Wiley & Sons, 2011.
[30] F.Welsh. Cost trends for solid state lighting [R]. 2011, 7.
[31] Y.Luo, Z.Feng, Y.Han, et al. Design of compact and smooth free-form optical system with uniform illuminance for LED source [J]. Optics Express, 2010 (18).
[32] Muqing Liu, Robin Devonshire. Light Sources 2007 [R]. 2007.
[33] D.Michaelis, P.Schreiber, A.Bräuer. Cartesian oval representation of freeform optics in illumination systems [J]. Opt. Lett, 2011, 36.
[34] 中华人民共和国科学技术部. 半导体照明科技发展“十二五”专项规划 [R]. 2012.
[35] CIE. CIE 191:2010 Recommended System for Mesopic Photometry Based on Visual Performance [S]. 2010.
[36] Goodman, T.The CIE System for Mesopic Photometry:Development and Implementation [C] // Proceedings of CIE 2010 “Lighting Quality and Energy Efficiency”. 2010.
[37] Szabó, F., Z.Vas, J.Schanda.Investigation of the Effect of Light Source Spectra on Visual Acuity at Mesopic Lighting Conditions [C] //Proceedings of CIE 2010 “Lighting Quality and Energy Efficiency”. 2010.
[38] Kim HH, Goins GH, Wheeler RM, et al. Green-light supplementation for enhanced lettuce growth under red-and blue-light-emitting diodes.HortScience [J]. 2004, 39(7).
[39] Lee SY, Park KH, Choi JW, et al. The 50 Best Inventions [N]. Time, 2011-11-28.
[40] Joerg Liebmann, Matthias Born, Victoria Kolb-Bachofen. Blue-Light Irradiation Regulates Proliferation and Differentiation in Human Skin Cells [J]. Journal of Investigative Dermatology, 2010, 130.
[41] Karakaya, S.Sparlat, M.T.Yilmaz, et al. Grow performance and quality properties of meat from broiler chickens reared under different monochromatic light sources [J]. British Poultery Science, 2009, 50 (1).
[42] Yang SH, Wang LJ, Li SH. Ultraviolet-B irradiation-induced freezing tolerance in relation to antioxidant system in winter wheat(Triticum aestivum L.) leaves [J]. Environmental and Experimental Botany, 2007, 60.
[43] 刘虹, 陈良惠. 我国半导体照明发展战略研究 [J]. 中国工程科学, 2011, 13(6).
[44] 杨其长 .LED 在农业与生物产业的应用与前景展望 [J]. 中国农业科技导报, 2008, 10(6).
[45] 杨其长, 徐志刚, 陈弘达, 等. LED 光源在现代农业的应用原理与技术进展 [J]. 中国农业科技导报, 2011, 13(5).
[46] Frank Gruen. Color Measurements [M]. New York: Academic Press, 1980.
[47] CIE 127:2007.measurement of leds [S]. 2007.
[48] GB 24819-2009 普通照明用 LED 模块 安全要求 [S].
[49] IEC 62031:2008 LED modules for general lighting – Safety specifications Modules [S].
[50] IEC/PAS 62717:2011 LED modules for general lighting – Performance requirements [S].
[51] GB/T 24823-2009 普通照明用 LED 模块 性能要求 [S].
[52] IEC 62560: Self-ballasted LED-lamps for general lighting services ≥ 50-Saftey specifications [S].

[53] IEC/PAS 62612:2009 Self-ballasted LED-lamps for general lighting services - Performance requirements [S].
[54] 陈超中，施晓红，杨樾，等.LED灯具标准体系建设研究（上）[J]. 中国照明电器，2010（1）.
[55] 陈超中，施晓红，杨樾，等.LED灯具标准体系建设研究（下）[J]. 中国照明电器，2010（2）.
[56] 施晓红，杨樾，王晔，等.建立和完善LED灯具的国家标准体系的研究[J]. 照明工程学报.
[57] LM-80-2008 Approved Method for Measuring Lumen Depreciation of LED Light Sources [S].
[58] LM-82-2012 Approved Method for the Characterization of LED Light Engines and LED Lamps for Electrical and Photometric Properties [S].
[59] LM-79-2008 Approved Method for the Electrical and Photometric Testing of Solid-State Lighting Devices [S].

撰稿人：刘木清　刘世平　周　详　邵嘉平　阮　军　周小丽　沈海平　崔旭高
王国宏　刘　胜　罗　毅　赵建平　徐志刚　林延东　陈超中

专题报告

半导体照明材料与芯片发展研究

一、引言

近年来，以 GaN,SiC,ZnSe 为代表的宽带隙半导体（E_g >2.3eV）由于具有禁带宽度大、电子漂移饱和速度高、导热性能好、化学稳定性高等优点，适合制作蓝色、绿色、紫外发光器件，而成为全球半导体研究的前沿和热点，被誉为第三代半导体材料。早在 20 世纪 60 年代人们就开始了对半导体发光二极管（light-emitting diode，LED）的研究。1962 年，由 GE、Monsanto、IBM 共同组成的联合实验室开发出红光磷砷化镓（GaAsP）半导体化合物。1978 年 Isamu Akasaki 所在的研究小组制备出 GaN 基蓝光 LED，其外量子效率为 0.12%。然而 GaN 基 LED 的发展并不是一帆风顺的，两个关键问题制约了它的发展：一是 GaN 基 LED 外延片的晶体质量问题；二是难以实现的 p 型掺杂问题。1986 年 Amano 等引入低温 AlN 缓冲层技术以及随后 Nakamura 等引入低温 GaN 缓冲层技术，使 GaN 外延片位错密度降低到 $5\times10^8/cm^2$。此后，侧向外延生长技术（epitaxial lateral overgrowth，ELOG）进一步提高了 GaN 外延片的晶体质量，使其位错密度降低至 $10^7/cm^2$。p 型材料中较低的空穴浓度也是限制 GaN 基 LED 发光效率提高的关键因素之一。人们曾一度认为 p 型 GaN 材料是无法获得的。因此 GaN 基 LED 的研究也一度陷入低迷。直到 1989 年 Amano 等用低能电子束辐照以及 1991 年 Nakamura 等在 600 ~ 750℃氮气气氛下退火获得较高空穴浓度的 p 型材料，GaN 基 LED 才又一次引起人们的关注，并随之进入快速发展时期。LED 的结构也经历了从 GaN/InGaN 双异质结（double hetero junction，DH）到 GaN/InGaN 多量子阱（multi-quantum wells，MQWs）的发展过程。其间，人们为了提高 LED 的发光效率一直在不断进行各种研究与尝试，主要包括使用图形衬底（patterned substrates，PSS）提高 LED 的光提取效率，生长非极性或半极性材料来消除 LED 外延片中极化效应带来的效率 Droop，以及使用宽禁带材料作为电子阻挡层（electron blocking layer，EBL）等等。这些方法都有效地提高了 GaN 基 LED 的发光效率。2004 年，Cree 公司宣称在 20mA 驱动电流下，其蓝色 LED 的出光功率已达 19mW，封成白光后 4.7lm，实验室样品的发光效率为 74lm/W。2006 年 Nichia 宣布白光 LED 的发光效率突破 100lm/W。2007 年 Cree 宣布冷光白光 LED 发光效率达到 129lm/W。2008 年有报道称 Osram 实验室在 350mA 的驱动电流下，获得了发光效率为137 lm/W的白光LED。2011年5月，Cree又开发出新款LED，该LED在350mA（其芯片面积比通常大得多）注入电流下的光通量为231lm，发光效率高达231lm/W。但对于高铟组分的氮化物绿光LEDs而言，较差的材料质量以及较大的晶格失配相关的压电极化电场严重限制了其发光效率的提高，是制约绿光LED亮度提升的关键问题。相对于氮化物蓝光LED与磷化物红光LED，绿光波段的发光效率低下，国际上称作"green gap"。在现有的技术水平下，以InGaN为代表的蓝光体系和以AlGaInP为代表的红光体系电光转换效率均可以实现大于60%，而绿光LEDs的电光转换效率很低，仅为30%。

目前，氮化物LED实现白光照明的方式主要有三种（如图1所示）：①蓝光LED激发黄光荧光粉；②红绿蓝（RGB）多芯片LED混光；③紫外LED激发RGB荧光粉。其中红绿蓝（RGB）多芯片LED混光具有最高的理论光效。蓝光LED激发黄色荧光粉的理论极限相对RGB多芯片LED混光较低，荧光粉的激发过程存在着转化损失，并且热稳定性相对较差等问题，严重制约着该方式在白光照明领域更长久、稳定的应用。比起采用蓝光LED激发荧光粉这一技术路线，RGB多芯片白光技术有效地避免了荧光粉转化的损失，可以获得更高的光效，包括绿色光谱在内的多色光谱可以实现优越的显色性（CRI达到89），通过调节各色芯片的发光强度，使混合白光的色温可调，不仅可以获得高效率的冷白光，还可以获得高效率的暖白光。氮化物绿光LED不仅可以应用于多芯片白光照明，还可应用于大屏幕全色显示、多功能打印、微投影以及背光源的高端产品等领域。因此，随着市场对光效、光源品质需求的不断提升，多芯片白光技术将来必然成为主流白光路线。

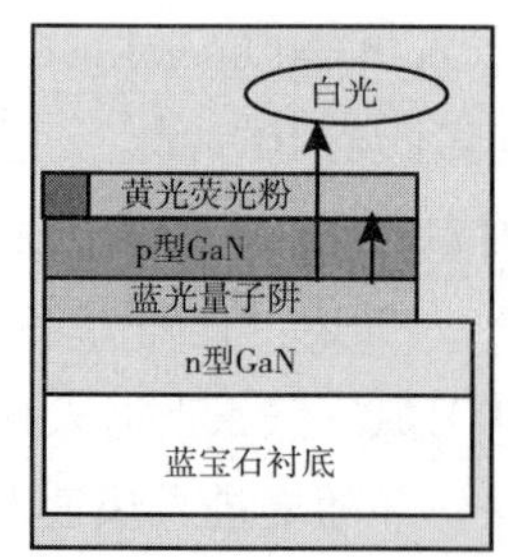

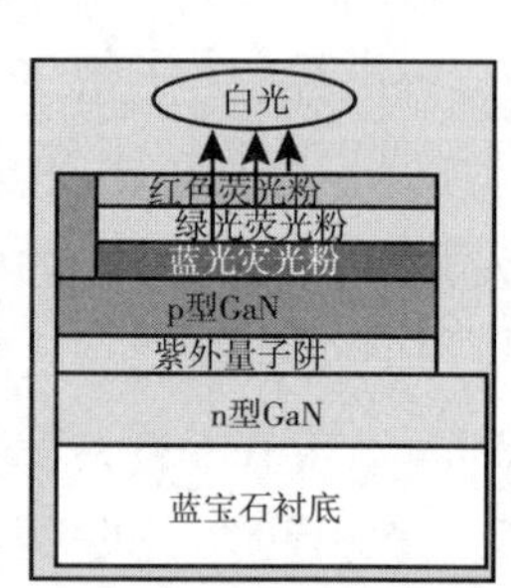

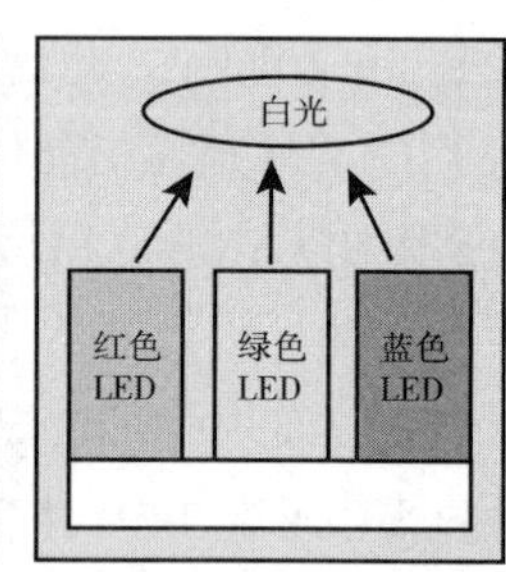

（a）蓝光LED激发黄色荧光粉 （b）UV LED激发RGB荧光粉 （c）RGB多芯片LED混光

图1 白光LED的三种技术路线

LED的效率主要包括内量子效率（internal quantum efficiency，IQE）、光提取效率（extraction efficiency）、外量子效率（external quantum efficiency，EQE），以及电学效率（electrical efficiency）、注入效率（injection efficiency）、功率效率（wall-plug efficiency，WPE）等。

LED的外量子效率（external quantum efficiency）由内量子效率（IQE）、光提取效率和电流注入效率三部分来决定：

$$\eta_{\text{external}} = \eta_{\text{internal}} * \eta_{\text{extraction}} * \eta_{\text{injextion}} \tag{1}$$

$$\eta_{\text{external}} = \frac{n_q}{n_e} = \frac{P/vh}{I/e} = \frac{P \cdot e}{I \cdot v \cdot h} = \frac{P \cdot e}{I \cdot hc/\lambda} \tag{2}$$

其中 n_q 为单位时间发射的光子数目，n_e 为单位时间注入的电子—空穴对数目，P 为 LED 的光功率，vh 为每个光子的能量，λ 为发光波长，I 为正向工作电流。对于 LED 通常采用公式（2）计算外量子效率。我们只要知道辐射波长 λ，工作电流 I 和光功率 P 就可以算出 LED 的外量子效率。

大的注入电流下，LED 的效率主要是外量子效率会下降，即所谓的 Droop 效应。这种下降是非热学原因造成的，瞬态测试可以避免热效应但同样也出现了 EQE 的下降，这是限制 GaN 基 LED 进入通用照明市场的一个核心问题，不仅限制了单灯光通量的提高，同时对制造成本来讲也是一个挑战。普遍来说，大家都认为主要是内量子效率的下降造成了 Droop，这是一个物理本质的问题。目前对大电流下发光效率急剧下降的机理认识主要有以下几个方面：

1）载流子去局域化理论：早期 Nakamura 等人提出的观点，认为是 InGaN 量子阱中的 In 组分波动，造成在大电流注入时，这些局域态不能很好地限制载流子，从而发生载流子泄漏而产生 Droop。

2）Auger 复合理论：Philips 的 Krames 提出的 Auger 复合是造成 GaN 基 LED 效率 Droop 的原因，支持者包括 Philips 和 Osram，提出解决方法是用双异质结代替多量子阱，以降低 MQWs 中载流子浓度而降低 Droop。

3）电子泄漏理论：美国 Rensselaer Polytechnic Institute 的 Schubert 提出，认为与极化有关，提出解决方法是用 AlInGaN 四元合金同时匹配极化强度和晶格常数以消除极化效应，从而改善 Droop。

4）空穴注入不足理论：美国 Virginia Commonwealth University 的 Jinqiao Xie，Xiangfeng Ni，Hadis Morkoc 等人提出，因为空穴有效质量大，p 型掺杂效率低，空穴注入效率不足，导致了严重的电子泄漏从而引起了 Droop。他们提出了量子势垒采用 Mg 进行 P 型掺杂，从而大大改善了 Droop。

此外还有一些研究人员从器件设计角度出发，认为电流扩展不均匀，大的注入电流密度下，电流拥堵现象更为严重，局部载流子浓度加大的现象更明显，这也是造成 Droop 的一个重要原因；还有人提出表面电极的光吸收也随着光强的增大而增大造成了 Droop 等。

二、发展现状

（一）衬底

到目前为止，Ⅲ族氮化物的生长基本都是在其他衬底材料上异质外延。商品化成熟的衬底材料主要是蓝宝石和碳化硅，另一部分是单晶硅，还有少量的氧化锌和铝酸锂，最理想的是氮化镓同质衬底。

蓝宝石是目前用于 GaN 基 LED 生长最普遍的衬底，也是商业化产品的主流。尽管蓝宝石和氮化镓材料存在较大的晶格失配和热膨胀系数的差异，由于蓝宝石晶体本身质量发展比较完美，研究比较广泛，成为氮化镓材料外延的主流。目前宝石基衬底研发的重点除了结构调整、外延质量改善，大尺寸外延是当前产业发展的主流。除了普遍采用的 2 英寸衬底以外，中国台湾产业界已经开始大范围使用 3 英寸、4 英寸衬底，6 英寸衬底也已经出现。在芯片工艺方面，透明电极、倒装结构、激光剥离、表面粗化、光子晶体、电流阻挡等技术也都开始用于LED的研发。在"国家半导体照明工程"的推动下，经过"十五"、"十一五"十年的发展，半导体照明关键技术成果显著。目前国内蓝宝石衬底上 GaN 基 LED 取得突破性进展。功率型白光 LED 封装后超过 150lm/W；产业化功率型芯片封装后光效达 130 lm/W。

蓝宝石图形衬底（patterned sapphire substrate，PSS）技术是最近发展起来在 LED 研究领域较为热点的技术，采用图形衬底制备 LED 主要出于两方面的原因：一是提高晶体质量。主要是通过图形衬底周边的类横向外延技术，减少位错密度。它是一种类似于侧向外延过生长技术（ELOG）的新型技术，与GaN模板上的GaN同质生长的侧向外延技术不同，PSS 技术是一种直接在图形化的蓝宝石衬底上进行 GaN 异质生长的侧向外延技术。正是由于晶体质量提高，多量子阱有源区会增加内部辐射复合的几率，从而通过提高内量子效率来增加发光效率。另一个原因就是图形化的衬底还有利于对量子阱活性区发出光的传播方向进行再调制，使原来在临界角外的发不出去的光重新调回到临界角内，从而通过增加外量子效率来提高发光效率。

从光提取的角度来说，图形衬底的制备正在往纳米级别发展。J.J.Chen 等人利用 500nm 的 PS 球为掩蔽层刻蚀得到纳米图形衬底，将 LED 的光功率提高了 30%。随后，C.H.Chan 等人利用 750nm 的自组装 SiO_2 球作为掩蔽层刻蚀得到更深的图形衬底，将 LED 的光功率提高了 74%，同时证实了纳米图形衬底对于 GaN 晶体质量的改善是有好处的。台湾清华大学的 Y.S.Lin 等人采用空洞植入纳米衬底，20mA 电流下 LED 功率达到 33.1mW，外量子效率提高到 58.3%，达到平面蓝宝石衬底的 2.4 倍。

而在图形衬底轮廓的优化上，C.T.Chang 等人证实了半球形的图形衬底对于光提取的提升要大于圆台型的图形衬底。而 J.B.Kim 等人则证实火山口状的图形衬底要好于半球形的图形衬底。在此基础上，X.H.Huang 等人对于不同倾角的圆锥形的图形衬底进行了优化，得到了 33° 最优化的倾角，并证明了图形占据的面积越大越有利于出光的结论。

一些最新的研究则是在图形衬底的基础上设计出一些特殊结构的图形衬底来提高 LED 的性能。W.C.Lai 等人在图形衬底的上方利用侧向外延技术制备了空气间隙，在进一步提升光输出功率的同时，也显著改善了 LED 器件的反向漏电。C.H.Jang 等人优化了在图形衬底上生长 uGaN 的气压条件，将 LED 器件的抗静电能力从 4000V 提高到 7000V。C.Y.Cho 等人在蓝宝石衬底上制备了金属掩膜并进行侧向外延，外延完成后将金属掩膜去掉制备出具有空气间隙的 LED，将 LED 的光输出功率提高了 60%。N.Han 等人在湿法腐蚀得到的蓝宝石凹坑内填上自组装 SiO_2 纳米球，并在其上生长 LED 外延结构，相比于平的蓝宝石衬底及图形衬底，他们用此方法将 LED 的光输出分别提高了 123% 以及 70%。台湾 C.F.Lin 等人在湿法腐蚀得到长条形的图形衬底上生长厚度为 8μm 的 AlN 牺牲层，控制生长条件得到长条状的空隙。再将具有长条状空隙的 LED 放入 KOH 溶液中进行腐蚀，提高了 LED 的提取效率。此外，他们还利用光电化学腐蚀的方法将 LED 的外延层从蓝宝石衬底上剥离下来。

与蓝宝石衬底相比，硅衬底材料具有高质量、低成本、易获得大尺寸、导电性能优良等特点；其次硅材料采用简单的湿法腐蚀方法即可去除，非常适合走剥离衬底的薄膜转移技术路线，使其在制备半导体照明用大功率垂直结构 LED 芯片方面具有得天独厚的优势；另外，硅衬底 LED 外延技术比蓝宝石衬底更加适合于大尺寸衬底。蓝宝石衬底技术在从 2 英寸转向 6 英寸、8 英寸时技术壁垒较高，目前状态是生产成本不降反升。但对于硅衬底 LED 技术，从 2 英寸转向 6 ~ 8 英寸衬底过渡时显示了良好的发展前景，并且可以利用大尺寸硅衬底成本低的优势，大幅度提高 LED 产线的自动化程度和生产效率，降低 LED 产品的综合成本。然而，在硅上外延生长氮化镓材料的难点在于硅与氮化镓之间巨大的晶格失配和热失配，导致硅上 GaN 很容易出现龟裂现象，很难获得高质量的可达器件加工厚度的薄膜。目前国际上越来越多的研究单位以及 LED 大公司加入到硅衬底 LED 技术的研究行列中，大大地推动了硅衬底氮化镓基 LED 外延和芯片技术的发展。通过多种创新技术的集成，目前国内外不少企业突破了技术瓶颈，在硅衬底 LED 技术方面取得了许多令人振奋的进展。国内 2 英寸硅衬底量产芯片色温为 5000K 时，350mA 下普遍光效超过 130lm/W，6 英寸硅衬底外延和芯片研发取得进展，性能和 2 英寸片相当。硅衬底的产业化功率型芯片封装后的蓝光输出光功率达 590 mW（电流密度 $35A/cm^2$）。

SiC 衬底与蓝宝石衬底相比，其化学稳定性好、导电性能好、导热性能好、不吸收可见光。由于 SiC 衬底优异的导电性能和导热性能，不需要像蓝宝石衬底上功率型 GaN LED 器件采用倒装焊技术解决散热问题，而是采用上下电极结构，可以比较好地解决散热问题。在 SiC 衬底市场方面，美国 Cree 公司垄断了优质 SiC 衬底的供应。2007 年起，该公司在市场上供应 2 ~ 3 英寸基本上无微管的衬底。目前 2 英寸的 4H 和 6H SiC 单晶与外延片，以及 3 英寸的 4H SiC 单晶已有商品出售；以 SiC 为 GaN 基材料衬低的蓝绿光 LED 业已上市。

（二）外延

蓝宝石衬底上 GaN 基 LED 的外延主要包括缓冲层结构设计、多量子阱有源区设计以及 p 型掺杂等。采用低温缓冲层的二步生长工艺已经成了 GaN 外延生长的标准工艺。目前，外延新技术主要体现在图形衬底上缓冲层的生长设计。p 型掺杂是困扰 GaN 材料和器件研究的另外一个难题。在外延结构设计方面主要是考虑外延层中应力、载流子输运及复合等因素。目前，材料外延新进展主要体现在以下几个方面：

1. 电子阻挡层技术

电子阻挡层一直以来都是研究 LED 发光效率的热点。所谓的电子阻挡层具有比有源区更高的导带，因此人们认为从有源区过冲的电子可以被部分阻挡，而不能逃逸到 p 型 GaN 层，从而能有效提高 LED 的发光效率。一般电子阻挡层的材料是一种宽禁带材料，最常见的为 AlGaN 三元合金。图 2 所示为电子阻挡层在 LED 当中作用的示意图。

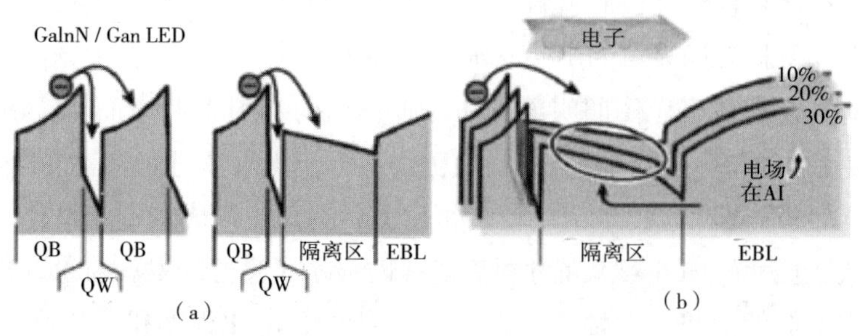

图 2　电子阻挡层在 LED 中的作用示意图

电子阻挡层在阻挡电子泄漏的同时，还会带来负面效应，即在阻挡电子的同时，也阻挡的空穴的注入。尤其是在高注入电流密度下，空穴浓度的降低已成为限制 LED 发光效率的主要因素。因此，AlInN 三元合金由于带阶比 $\Delta Ec/\Delta Ev$ 较大，作为新的电子阻挡层材料被广泛采用。此外，四元合金 AlInGaN 作为电子阻挡层和量子垒层也被广泛研究。研究表明在禁带宽度一定的条件下可以通过调整 Al 和 In 的组分获得极化电荷与 GaN 材料匹配的 AlInGaN 四元合金。当 AlInGaN 层与 GaN 层极化匹配时，极化电场被抵消。相应的，极化效应导致的能带弯曲现象被消除，因此削弱了对空穴的阻挡作用。同时因为 AlInGaN 具有较宽的禁带，能更有效地阻挡电子。但是无论是 AlInN 还是 AlInGaN，由于生长困难，目前都很难获得较好的晶体质量。

2. p 型掺杂技术

p 型掺杂技术是高效 GaN 基光电器件研究的关键技术，也是目前研究的重要课题。p 型掺杂浓度的高低将直接影响 GaN 基光电器件的欧姆接触质量和器件性能，p 型有效掺杂浓度太低将导致 p 型欧姆接触制备困难，从而会降低 pn 结的注入比，降低发光效率，增加器件正向工作电压，使器件发热，无法满足大功率发光要求。GaN 中典型的受主杂质为镁（Mg），属深受主杂质，尽管 Mg 的激活能（215meV 左右）与其他受主相比属较低的，但是仍然太高，室温下 Mg 的掺杂浓度即使达到 $1 \times 10^{20}cm^{-3}$，也只有大约 1% 的 Mg 电离。此外，Mg 还可与材料中的 H 形成络合物 Mg-H（即氢钝化作用），使 p 型 GaN 的空穴浓度进一步降低，所以目前 p 型 GaN 的空穴浓度通常都难以达到 $1 \times 10^{18}cm^{-3}$，大多在（3 ~ 7）$\times 10^{17}cm^{-3}$ 范围，有效、可控的高浓度 p 型掺杂技术一直是制约 GaN 基材料和器件发展的技术瓶颈。当前，p 型掺杂的主要技术手段包括通过组分变化调整价带顶能带结构设计、In/Mg 共掺、Mg/Si 共掺、Mg/O 共掺、调制掺杂等。2010 年，Simon 等人提出一种新的p型材料掺杂方法——极化掺杂。他们在N面GaN上生长了Al组分从0线性渐变到0.3的Mg掺杂AlGaN单层。由于材料中Al组分线性变化，相应的就会产生一个强度线性变化的极化电场。这个极化电场强度足以使Mg原子完全电离，从而获得高浓度的空穴。利用此方法已经在实验上获得验证。

3. **大电流注入效率**

降低成本、提高发光效率是真正实现大功率高亮度LED在半导体照明领域的应用的关键。近几年，薄膜结构大注入电流芯片由于结构上优势，引起了各国LED产业界的高度重视。首先，由于蓝宝石衬底导热能力很差，正装结构LED的工作电流密度受到限制，而芯片尺寸也受限于ITO导电薄膜的电流扩展能力，因此难以满足半导体照明的要求。金球键合的倒装结构LED虽然采用了新的导热衬底，芯片与衬底之间却只存在部分良好的导热接触，其散热能力也不理想。去除蓝宝石衬底而采用金属或其他良导热衬底的薄膜LED芯片具有良好的热管理方案，一方面芯片与衬底之间可以实现几乎完全的良导热接触，另一方面衬底具有良好的导热能力。另外，薄膜LED芯片的n型GaN材料位于上表面，具有数微米的厚度，利于制作表面光提取结构，与下表面的高反电极配合，其光提取效率更高，因此这种芯片更有潜力和希望应用于半导体照明。此外，由于具有大电流下工作的潜力，薄膜结构可以直接通过提高工作电流，迅速降低LED芯片价格，同时减少企业提升产能的资金投入。基于这样的认识，目前国内外许多公司和研究机构都开始加强大注入电流薄膜LED芯片的研发力度。

（三）芯片制备

LED芯片技术发展到现在，已经出现了三种基本的器件结构：

（1）**正装结构LED**

这是一种在具有蓝宝石衬底外延片上最容易实现的LED芯片结构，也是目前普遍采用的一种结构形式。图3展示这种结构的LED。由于蓝宝石衬底不导电，所以需要将n型GaN材料暴露出来，这可以通过刻蚀工艺来实现。由于p-GaN很薄，电流扩展能力很差，同时p-GaN表面又要充当出光面，所以需要在其表面沉积一层透明导电材料，如ITO、NiAu、ZnO等。由于蓝宝石衬底热导率只有40W/（m·℃），只有铜的1/10，所以这种结构的一大缺点是散热性能不佳。另外，如果电极结构和尺寸设计不匹配，也很容易造成电流集边效应。虽然这种结构的芯片目前

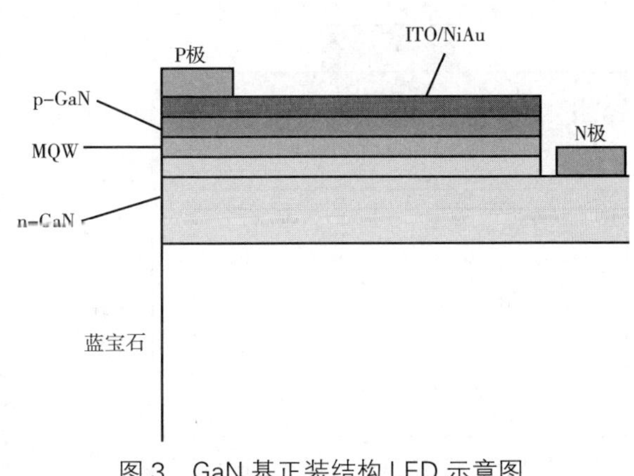

图3 GaN基正装结构LED示意图

已经广泛应用于背光、装饰、显示等领域，但在通用照明领域的应用受到了限制。

（2）**倒装结构 LED**

倒装结构 LED 与横向结构 LED 的区别是出光面变为了蓝宝石面（也有去除蓝宝石衬底的，如 Osram 的倒装薄膜结构 LED），而 p 面变成了光反射面。用倒装焊的方式将分离开的芯片一个一个倒扣在另一个新衬底上，新衬底可以为芯片提高电流驱动电路、保护电路和散热通道等。其结构如图 4 所示。倒装结构 LED 虽然采用了热导率良好的新衬底，但是实际芯片的导热能力还受限焊点的焊接质量和焊接面积，最终芯片的散热能力相比于横向结构 LED 并没有显著的提高。倒装结构 LED 的工艺的复杂程度比横向结构 LED 大大增加了，因此这种结构 LED 的被关注程度已经开始下降。

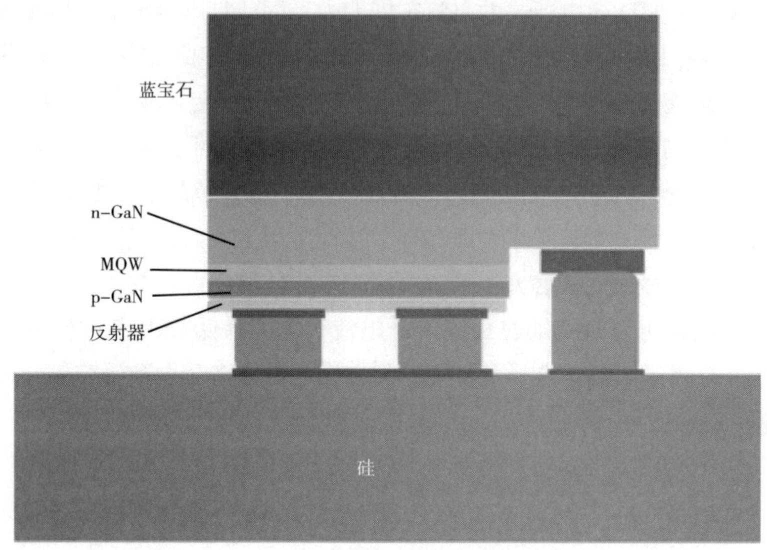

图 4　GaN 基倒装结构 LED 示意图

（3）**垂直结构 LED**

垂直结构 LED 的 p 电极和 n 电极分别在芯片的上下两个表面，支撑衬底为导热导电的衬底，同时该衬底还充当一个电极。因此这种结构的 LED 克服了电流集边效应和散热能力差等问题。图 5 是一种典型的 GaN 基垂直结构 LED 的结构示意图。垂直结构 LED 虽有诸多优势，但 GaN 很难直接能够生长在这种新衬底上，所以制作垂直结构 LED 需要去除旧衬底，接上新衬底。这大大增加了工艺的复杂程度和难度。尽管如此，垂直结构 LED 还是备受国内外研究机构的青睐。尤其是 Cree 公司发布的 276lm/W 的大功率垂直结构 LED 的消息，更加增强人们对这种结构 LED 的关

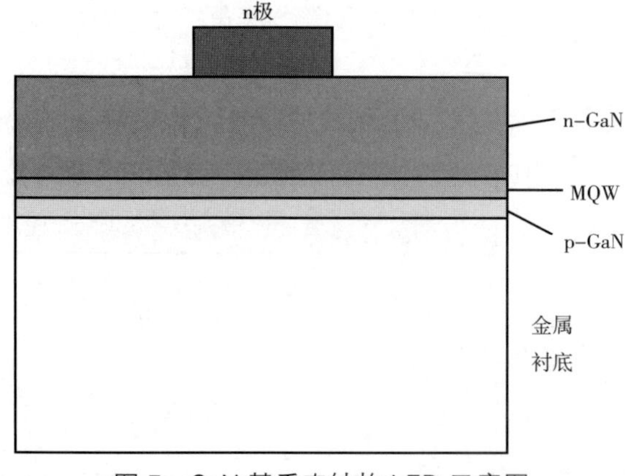

图 5　GaN 基垂直结构 LED 示意图

注和信心。随着技术的进步，垂直结构 LED 必将成为实现半导体通用照明的解决方案。

目前用于提高提取效率的方法，主要有以下几个方向：

1. 表面粗化技术

自 2004 年 T.Fujii 等人报道在垂直结构 LED 利用表面粗化技术显著提高 LED 光提取效率以来，各种粗化技术便层出不穷的被用来提高 LED 的提取效率。从这些研究成果来看，LED 的粗化技术正在向着更小的纳米尺度发展。如何获得纳米级别的粗化表面成为研究的热点。在此部分，将列举一些纳米粗化技术新的重要的研究进展。

J.H.Son 等人 2012 年在 Advanced Material 上报道利用密堆的 SiO_2 纳米球对垂直结构 LED 进行 n 面粗化，在激光剥离后的 n 面 GaN 上制备了纳米 GaN 圆锥，并声称完全消除了器件内部的全反射效应。与传统的热 KOH 溶液湿法腐蚀得到的 GaN 六棱锥的 LED 进行比较，经过刻蚀优化后的 LED 光输出功率可以提高 6%。J.T.Chen 等人在 Optics Express 上报道利用飞秒激光脉冲在 p-GaN 表面制备纳米孔洞的方法，将 LED 光输出功率提高了 35%。经过激光加工过后的 p-GaN 表面如图 6 所示。

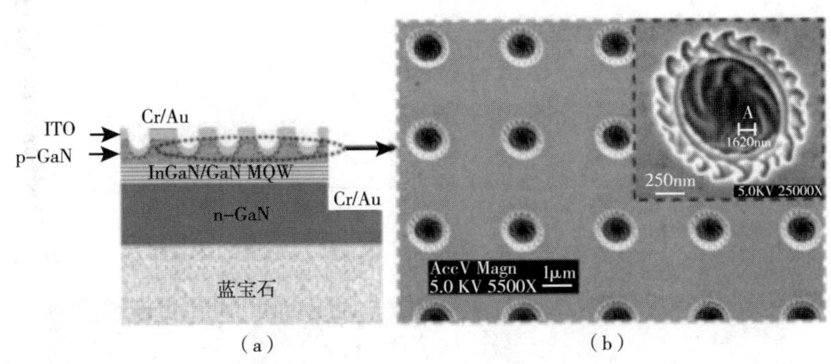

图 6　飞秒激光脉冲在 p-GaN 表面制备的纳米孔洞

还有一些研究是在 LED 各个出光面上制备 ITO/ZnO 纳米结构来提高 LED 的光提取效率。S.J.An 等人在 2008 年首先报道了利用在 ITO 透明导电层上气相生长 ZnO 纳米柱来提高 LED 的提取效率，光输出功率获得了 50% 的提升。随后，K.K.Kim 等人利用水热法在 ITO 层上液相生长出 ZnO 纳米柱，也显著提升了 LED 器件的光学特性。B.U.Ye 等人于 2012 年在 Adv.Funct.Mater. 上报道了在垂直结构 n 面上生长密集排列的 ZnO 纳米柱，可以将垂直结构 LED 的光输出功率提高近 3 倍。K.S.Kim 等人则详细分析了 ZnO 纳米柱的粗细对于光波导模式数量的影响，并将 LED 的光输出功率提高了 31%。在此基础上，山东大学 Z.M.Yin 等人 2012 年在 Optics Express 上报道了具有倾斜侧壁 ZnO 纳米柱可以进一步提升 LED 的提取效率，如图 7 所示。

在芯片侧壁出光面的处理上，湿法腐蚀得到倾斜的 GaN 侧壁是一个研究热点。C.F.Lin 等人在 2005 年首先报道了这一方法。在此基础上，M.H.Lo 等人将此项技术应用在紫外 LED 上，器件的光功率获得了 120% 的提升。随后，H.P.Shiao 等人利用光电化学腐蚀的方

图 7　倾斜侧壁的 ZnO 纳米柱

法制备了倾斜的 GaN 侧壁，有效提升了 LED 器件的光输出功率。另外，激光切割技术也被用来制备粗糙化的蓝宝石侧壁，使其更有利于光子的逃逸。K.C.Chen 等人利用纳秒短脉冲甚至飞秒超短脉冲激光器在蓝宝石衬底中间切割出条状分布的粗糙表面，提高了光输出功率。从芯片的形状上，S.E.Brinkley 利用激光切割技术将自支撑衬底 GaN 芯片切割成为三角形、平行四边形等形状，有效地提升了 LED 的器件性能，芯片发光图片如图 8。而香港大学相关课题组则是利用激光微加工技术将 LED 芯片制备成多边形、圆形、倒梯形，也显著提高了 LED 的光输出。

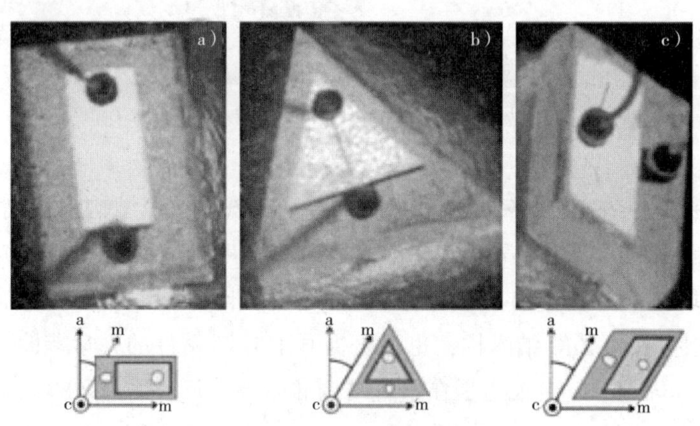

图 8　三角形、平行四边形、长方形的自支撑衬底 GaN 芯片

2. 芯片外形技术

传统发光二极管芯片制成标准的矩形，由于半导体材料的折射系数与封装环氧树脂的差异大，使得交界面全反射临界角小，而矩形的四个截面互相平行，光子在交界面离开半导体的几率变小，使得光子只能在内部全反射直到被完全吸收，光转换成热的形式造成发

光效果更差。为此，在实际应用中，采取改变芯片几何形状的方法，缩短光在LED内部反射的路径来提高取光效率。

3. 光子晶体结构

自从T.N.Oder等人将光子晶体引入到LED中来以后，光子晶体技术就成为提高LED光提起效率的主要研究方向之一。2009年，J.J.Wierer，Jr等人在Nat.photonics上报道他们实现了700nm薄膜倒装结构光子晶体LED，并将LED的提取效率提升到73%，并对光子晶体LED光提取的机制进行了解释，如图9所示。对于光子晶体LED的研究主要集中在光子晶体的位置、周期、排列的方式的优化及光子晶体的实现方式上。C.Y.Cho等人采用选择性生长技术将SiO_2直接埋入p–GaN之中获得了70%的光提取效率的提升。E.Rangel等人则指出薄膜光子晶体LED的提取效率主要取决于芯片金属反射镜的反射率，而不依赖于薄膜的厚度的变化。在这之后，他们又对超薄膜光子晶体的刻蚀深度对LED器件光场分布的影响做了分析。J.Y.Kim等人则将光子晶体制备在绿光LED上，大幅度地提升了绿光LED的提取效率。在排列方式上，香港大学的K.H.Li等人利用纳米球两次刻蚀得到密堆的三叶草形排列的光子晶体，进一步提高了光子晶体LED的器件光输出功率。在制备方法上，北京大学的X.X.Fu等人利用阳极氧化铝模板制备了2英寸尺度的光子晶体，并将其应用到LED器件上，光输出功率被有效提高了94%。

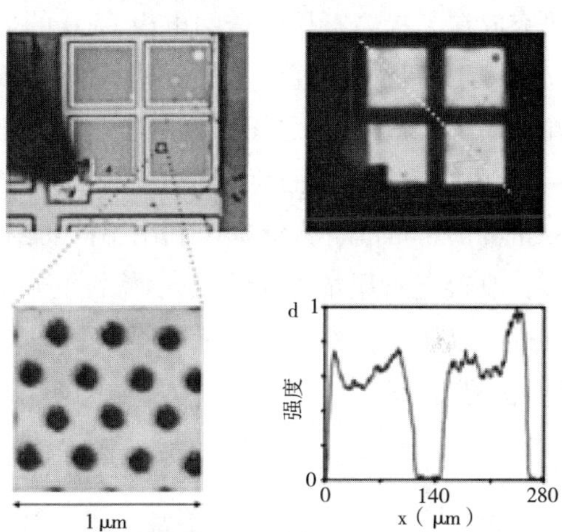

图9　700nm超薄膜倒装光子晶体LED

但是，从现在的情况来看，如何将光子晶体结构应用在LED芯片上是一个难题。难点在于光子晶体的尺寸和排列一般在亚微米级别，很难制备大面积的光子晶体结构。纳米压印技术可以获得大面积的图形，但是成本太高。另外，电子束、全息曝光技术可以得到完美的光子晶体结构，但是曝光速度太慢，无法制备大面积的光子晶体，且价格不菲。现在研究中用得比较多的是利用规则排列的自组装微纳结构将图形转移下来。但是这个技术也有它的局限性。因此，如何获得大面积的规则排列的光子晶体结构将是未来研究的重要方向。

4. 新型透明电极

由于透明电极处于LED的主要出光面上，直接关系到LED器件的提取效率的大小。另外其导电能力也直接关系到电子的注入效率。近年来，研究人员正在致力于寻找到一些其他的新型透明电极来取代现有的ITO透明电极。虽然ITO透明电极已经成功的应用在了商品化的LED器件当中，但是ITO透明电极的缺点是显而易见的。一方面，金属氧化物半导体的电子迁移率并不高，在这方面还有很大提升的空间；另一方面，In 元素的稀缺导致制备高质量 ITO 透明电极的成本较高。同时，ITO 较弱的机械强度以及较弱的化学稳定性都限制了最后 LED 器件可靠性。ITO 中 In 原子的扩散还会导致器件电学特性的变化。

在最近的研究中，出现了一些新型透明电极，为取代 ITO 透明电极提供了参考和可能性。2010 年，K.Chung 等人在 Science 上报道他们在石墨烯薄膜上外延出 GaN 材料，制备了可转移的垂直结构 LED，如图 10 所示。而 G.Jo 等人首先将多层石墨烯材料作为透明电极应用到 LED 当中。随后，石墨烯透明电极的研究就成为了研究热点。B.J.Kim 等人将石墨烯透明电极应用到紫外 LED 上，并分析了其对于 LED 器件的影响。随后的研究放在了提高石墨烯透明电极 LED 的器件性能上。T.H.Seo 等人在石墨烯与 p-GaN 之间引入了一层 ITO 量子点，显著降低了石墨烯 LED 器件的工作电压。J.M.Lee 等人提出在石墨烯和 p-GaN 之间插入一层金属薄膜，也使得石墨烯 LED 器件性能显著提升。随后他们在石墨烯上面生长了一层 ZnO 纳米柱，有效提高了石墨烯 LED 的光输出功率。S.Chandramohan 等人则提出利用不同功函数的石墨烯材料来降低石墨烯与 p-GaN 接触势垒，改善了石墨烯 LED 的电学特性。在石墨烯透明电极的透过率的改进上，J.Liu 等人利用纳米压印技术在石墨烯薄膜上制备出周期性排列的圆孔，将石墨烯的透过率和导电性进一步提高。

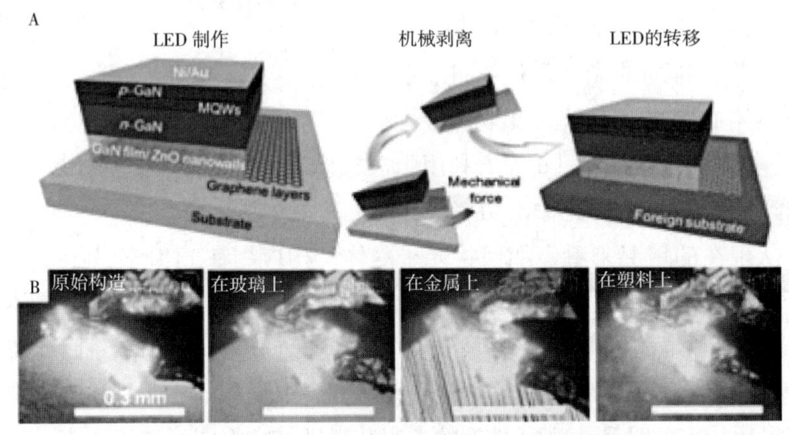

图 10　可转移的石墨烯垂直结构 LED

在其他透明导电材料中，C.O' Dwyer 等人 2009 年在 Nature Nanotechnol 报道了利用互联的 ITO 纳米线作为 LED 的透明电极。M.G.Kang 等人则设计出新颖的金属电极结构，提高了金属电极的透过率。J.Y.Lee 等人将纳米金属光栅和单壁碳纳米管结合起来，制备了高透过率和高电导率的混合透明电极。P.B.Catrysse 等人将金属电极制备成纳米尺寸，获得了 85% 以上的透过率，同时电极的方阻小于 1Ω/sq。在有机聚合物透明电极的最新研究进展中，M.Vosgueritchian 等人制备了四层 PEDOT:PSS 薄膜，获得了方阻为 46Ω/sq，透过率超过 82% 的有机导电电极。

（四）MOCVD 装备

MOCVD 即金属有机物化学气相沉积设备，是 LED 外延的最关键设备，其购置成本约占整个 LED 生产线成本的 2/3。半导体照明产业的迅猛发展，对 MOCVD 设备的需求量不断增加，而全球 90% 以上的 MOCVD 市场都被德国 Aixtron 公司和美国 Veeco 公司的垄断，目前我国生产型 MOCVD 设备完全依赖进口，每年需投入巨资来购置此类设备，而且维护和零配件的采购存在很多不便，更为严重的是，一旦国外对我国实行禁运，后果将不堪设想。面对巨大的国内消费市场和完全依赖进口的不利局面，无论从政治角度还是经济角度，都需要有自主知识产权的生产型 MOCVD 设备来支撑。同时 MOCVD 项目的成功运作，解决半导体市场急需的产业化关键技术，会带动一批配套产业的发展和进步，也将对我国半导体装备制造业的发展带来巨大的牵引和提升作用。

重大装备的国产化是降低成本的有效途径之一，也是掌握未来产业发展主动权的必要手段。如果 LED 产业链中部分设备能够实现国产化，不但可以降低国内外延芯片企业的生产成本，增强国内半导体照明产业的综合竞争力，也可以为国内在光电半导体方面的全面突破奠定良好基础。在“863”计划等国家项目的持续支持下，中科院半导体所等单位在 MOVCD 设备的研制已经获得较大进展。

三、国内外对比

（一）MOCVD 装备

国外发达国家的 MOCVD 研制和应用历史悠久，技术发展相对成熟，已经推出多种商用机型。制造商主要集中在欧洲、美国和日本，其中德国 Aixtorn、美国 Veeco 这两家公司占据了国际市场的 90% 以上。生产厂商主要在核心技术领域展开研发和竞争，不断向规模化生产用大容量设备的方向发展，各自的技术特点和优势也不尽相同。德国 Aixtron 公司是目前世界上最大的 MOCVD 生产制造公司，目前该公司销售的 MOCVD 设备占世界商用设备的近 70%。该公司的 MOCVD 系统主要基于两个独特技术，水平行星式和近耦合喷淋头式，目前水平行星式技术开发的设备主要有一次生长 42 片 2 英寸外延片的 AIX 2800G4 HT 型和 60 片 2 英寸的 AIX 2800G4-R 型。近耦合喷淋头式技术开发的设备主要有 31 片 2 英寸和 55 片 2 英寸两种机型。美国 Veeco 公司制造的 MOCVD 设备的技术特点是高速旋转盘（TurboDisc 技术），近年来推出了一系列型号的 MOCVD 设备，主要型号有 TurboDiscK465、K465i 等主流生产型设备，每炉可以生长 45 片 2 英寸氮化镓外延片，市场占有率上升比较快。日本 Nippon SANSO 公司拥有独特的 MOCVD 外延生长设备和技术，其设备的技术特点为横向三向流（three-flow）系统，生长的晶体质量较好，目前市场上推出的一次可生长 10 片 2 英寸外延片，设备型号为 SR-23K，主要在日本国内应用。

与欧、美、日等发达国家相比，我国尚没有像上述国外那样专业的设备生产厂家，生产型大尺寸 MOCVD 设备完全依赖与进口。但对该设备的研究在稳步的进展中。“九五”期间，中科院半导体所设计研制了一台适合 GaN 材料生长的 MOCVD 研究型设备，一次可外延生长一片 2 英寸外延片。“十五”期间，在“863”的支持下，中科院半导体所研制出了可一次生长 3 片 2 英寸外延片的 MOCVD 设备样机。“十一五”期间，在国家“863”的支持下，中科院半导体所研制出了可一次生长 7 片 2 英寸外延片的 MOCVD 设备样机。目前在中国科学院和广东省共同支持下，由中科院半导体研究所负责研制开发的 48 片 MOCVD 首台样机取得重大进展。样机不仅经过了真空、压力、温度、旋转、自动传输等一系列设备性能指标实验考核，同时进行了氮化镓以及氮化物 LED 的外延工艺考核，所外延的氮化物材料，分别由山东华光、杭州士兰明芯，武汉迪源、上海蓝宝、扬州中科等国内主流芯片公司进行了性能测试和氮化物 LED 芯片制作。经多家第三方检测的结果表明，用此 48 片 MOCVD 样机外延的氮化镓材料，其各项性能指标达到同类国际 MOCVD 设备产品的水平。该项技术目前正在朝产业化方向发展。

除中科院半导体所外，目前还有南昌大学、上海中晟、上海中微、理想能源、青岛杰生等单位在进行 MOCVD 设备的研究，也获得了较大的进展。

（二）发光效率

国际上，美国、日本、欧盟在 21 世纪之交先后推出国家计划，并制定技术和产业发展路线图。以日本日亚化工（Nichia）、日本丰田合成（Toyada Gosei）、美国 Cree、美国 Lumileds、德国欧司朗半导体为代表的 5 大产业龙头正在形成。目前，半导体照明技术国际研发水平最高为美国 Cree 公司。2013 年 2 月，Cree 公司已经在 350mA 的注入电流下实现了 276lm/W 的实验室芯片效率，其量产瓦级芯片的效率也已达到 200 lm/W 以上水平。日本日亚公司小芯片在 20mA 的注入电流下，发光效率达 249lm/W。Philips 公司也取得了 160lm/W，欧司朗公司光效也在 160lm/w 以上。普瑞光电的 8 英寸硅衬底 LED 芯片色温为 4700K 时，光效已达到 160lm/W；色温为 3000K 时，光效已达到 125lm/W。LED 的应用领域正在从信号指示、大屏幕信息显示向市政路灯照明、大尺寸液晶电视背光源、家用照明、商业照明应用领域拓展。国际市场规模达到 1000 亿美元。根据美国能源部半导体照明路线图规划，到 2020 年半导体照明实现 200lm/W 发光效率，进入通用照明市场 30%。

在“国家半导体照明工程”的推动下，经过“十五”、“十一五”十年的发展，半导体照明关键技术成果显著。目前国内蓝宝石衬底上 GaN 基 LED 取得突破性进展。功率型白光 LED 封装后超过 150lm/W；产业化功率型芯片封装后光效达 130lm/W。国内 2 英寸硅衬底量产芯片色温为 5000K 时，350mA 下普遍光效超过 130lm/W，6 英寸硅衬底芯片研发取得进展，性能和 2 寸片相当。硅衬底的产业化功率型芯片封装后的蓝光输出光功率达 590mW（电流密度 35A/cm^2）。

四、发展趋势及展望

目前，LED 实现白光照明的方式主要是蓝光 LED 激发黄光荧光粉。然而，荧光粉的激发过程存在着转化损失，并且热稳定性相对较差等问题，严重制约着该方式在白光照明领域更长久、稳定的应用。比起采用蓝光 LED 激发荧光粉这一技术路线，RGB 多芯片白光技术有效地避免了荧光粉转化的损失，可以获得更高的光效，包括绿色光谱在内的多色光谱可以实现优越的显色性（CRI 达到 95），通过调节各色芯片的发光强度，使混合白光的色温可调，不仅可以获得高效率的冷白光（Cool White LED），还可以获得高效率的暖白光（Warm White LED）。氮化物绿光 LED 不仅可以应用于多芯片白光照明，还应用于大屏幕全色显示、多功能打印、微投影以及背光源的高端产品等领域。然而随着市场对光效、光源品质的不断提升，多芯片白光技术将来必然成为主流白光路线，绿光 LED 的亮度提升等研究引起了人们的极大重视。由于绿光 LED 较高的 In 组分将导致较强的极化电场，造成电子空穴复合效率较低，因此，未来非极性或半极性绿光 LED 将成为主要的研究趋势。另外，近年来，国内外的一些高校和研究机构对无荧光粉单芯片白光开展了相关研究。比较有代表性的是中科院物理所陈弘小组利用 InGaN 量子阱中 In 的相分离，实现了高 In 组分 InGaN 黄光量子点和蓝光量子阱组合发出白光。

此外，南京大学张荣小组利用多重量子阱发光实现宽光谱发光模式，以此实现单芯片白光输出。但是该白光的显色指数还比较低。无荧光粉单芯片白光 LED 是很具吸引力的发展方向，如果能实现高效率和高显色指数，将会改变半导体照明的技术链。

紫外 LED（UV LED）在生化探测、杀菌消毒、聚合物固化、非视距通讯及白光照明等领域都有重大应用价值，据估计其潜在市场价值高达数十亿美元。而与传统紫外光源汞灯相比，紫外 LED 作为固态光源具有小巧便携、绿色环保、波长易调谐、电压低、功耗小等诸多优点，随着技术的不断进步，必将成为未来紫外光源的主流。国际发达国家纷纷投入大量人力物力开展 UV LED 的研究。

我国 LED 产业在衬底制备、材料外延、芯片制作、管芯封装等环节中使用的主要设备和材料仍依赖进口。为改变这一现状，建议集成我院相关力量，争取国家、地方政府、企业共同支持开展 LED 产业前沿技术和关键核心技术、材料与装备的研发工作。如蓝宝石、SiC、GaN 等衬底材料生长及加工设备与工艺；适用于大规模生产的 MOCVD 机等重大关键核心技术、装备；基于多量子阱外延方法的白光技术；高质量的 Al_2O_3 等衬底生长原材料生产技术；接触式深紫外光刻机；超精细紫外感光剂、极紫外高分辨率与高对比度光刻胶合成技术；GaN-LED 激光划片机与剥离机等。特别是蓝宝石和 SiC、GaN 等新型衬底材料生长及加工设备与工艺，适用于大规模生产的 MOCVD 机等重大关键核心技术与装备的研发工作，将大大提升我国LED产业在高端价值链中的比重，使我国从LED大国转变成为LED强国。总体而言，图形衬底和垂直结构仍是目前甚至未来相当长时间内的主要技术形式。未来LED制造将主要解决大电流密度注入、大尺寸芯片设计以及多芯片集成等几方面的问题。

参考文献

[1] S. Nakamura., et al. Present status of InGaN/GaN/AlGaN-Based Laser Diodes [C] // Proceedings of the second international conference on nitridesemiconductor, Tokushima, 1997.

[2] S. Nakamura, M.Senoh, T.Mukai.Highly P-Typed Mg-Doped GaN Films Grown with GaN Buffer Layers [J]. Jpn. J.Appl.phys., 1991(30).

[3] Shuji Nakamura, TaksshiMukai, Masayuki Sench.Candela-class highbrightness InGaN/AlGaN double-heterostructure blue-light-emitting diodes. Appl. Phys. Lett., 1994, 64(13).

[4] Jing Wang, L. W. Guo, H. Q. Jia, et al. Wing-tilt-free gallium nitride laterally grown on maskless chemical-etched sapphire-patterned substrate [J]. J.Vac.Sci.Technol., 2005, B23.

[5] H.Teisseyre, C.Skierbiszewski, B.Lucznik, et al. Free and bound excitons in GaN/AlGaN homoepitaxial quantum wells grown on bulk GaN substrate along the nonpolar (1120) direction [J]. Appl. Phys.Lett., 2005, 86.

[6] Hee Jin Kim, Suk Choi, Seong-Soo Kim, et al. Improvement of quantum efficiency by employing active-layer-friendly lattice-matched InAlN electron blocking layer in green light-emitting diodes [J]. Appl. Phys. Lett., 2010, 96.

[7] 张宁. 氮化物绿光LED极化工程及效率提升研究 [D]. 北京：中国科学院半导体研究所，2013.

[8] 李志聪. 高抗静电能力氮化镓基LED外延结构与MOCVD生长工艺研究 [D]. 北京：中国科学院半导体研究所，2011.

[9] Kim M H, Schubert M F, Dai Q, et al. Origin of efficiency droop in GaN-based light-emitting diodes [J]. Appl. Phys. Lett., 2007, 91.

[10] Shen Y C, Mueller G O, Watanabe S, et al. Auger recombination in InGaN measured by photoluminescence [J]. Appl. Phys. Lett., 2007, 91.

[11] Yang Y, Cao X A, Yan C. Investigation of the Nonthermal Mechanism of Efficiency Rolloff in InGaN Light-Emitting Diodes [J]. IEEE Trans. Electron Devices, 2008, 55.

[12] Xie J Q, Ni X F, Fan Q, et al. On the efficiency droop in InGaN multiple quantum well blue light emitting diodes and its reduction with p-doped quantum well barriers [J]. Appl. Phys. Lett., 2008, 93.

[13] Di Zhu, Ahmed N. Noemaun, Martin F. Schubert. Enhanced electron capture and symmetrized carrier distribution in GaInN light-emitting diodes having tailored barrier doping [J]. Appl. Phys. Lett., 2010, 96.

[14] Grzanka S, Franssen G, Targowski G, et al. Role of the electron blocking layer in the low-temperature collapse of electroluminescence in nitride light-emitting diodes [J]. Appl. Phys. Lett., 2007, 90.

[15] Köhler K, Stephan T, Perona A, et al. Control of the Mg doping profile in III-N light-emitting diodes and its effect on the electroluminescence efficiency [J]. J. Appl. Phys., 2005, 97.

[16] Han S-H, Lee D-Y, Lee S-J, et al. Effect of electron blocking layer on efficiency droop in InGaN/GaN multiple quantum well light-emitting diodes [J]. Appl. Phys. Lett., 2009, 94.

[17] Svensk O, Torma P, Suihkonen S, et al. Enhanced electroluminescence in 405 nm InGaN/GaN LEDs by optimized electron blocking layer [J]. J. Crystal Growth, 2008, 310.

[18] Kumar MS, Chung SJ, Shim HW, et al. Anomalous current - voltage characteristics of InGaN/GaN light-emitting

diodes depending on Mg flow rate during p–GaN growth [J] . Semicond. Sci. Technol., 2004, 19.
[19] Jun–Rong Chen, Chung–Hsien Lee, Tsung–Shine Ko, et al. Effects of Built–In Polarization and Carrier Overflow on InGaN Quantum–Well Lasers With Electronic Blocking Layers [J] . JOURNAL OF LIGHTWAVE TECHNOLOGY, 2008, 3 (26) .
[20] Schubert MF, Xu J, Kim JK, et al. Polarization–matched GaInN/AlGaInN multi–quantum–well light–emitting diodes with reduced efficiency droop [J] . Appl. Phys. Lett., 2008, 93.
[21] B. Han, J. M. Gregie, B. W. Wessels. Blue emission band in compensated GaN:Mg codoped with Si [J] . PHYSICAL REVIEW B, 2003, 68.
[22] Ping Ma, Yanqin Gai, Junxi Wang, et al. Enhanced electroluminescence intensity of InGaN/GaN multi–quantum–wells based on Mg–doped GaN annealed in O2 [J] . Appl. Phys. Lett., 2008, 93.
[23] C. Bayram, J. L. Pau, R. McClintock, et al. Delta–doping optimization for high quality p–type GaN [J] . JOURNAL OF APPLIED PHYSICS, 2008, 104.
[24] J. Simon, V. Protasenko, C.X. Lian, et al. Polarization–Induced Hole Doping in Wide – Band–Gap Uniaxial Semiconductor Heterostructures [J] . Science, 2010, 60 (327) .
[25] L. Zhang, K. Ding, J. C. Yan, et al. Three–dimensional hole gas induced by polarization in (0001) –oriented metal–face III–nitride structure [J] . Appl. Phys. Lett., 2010, 97.
[26] L. Zhang, K. Ding, N. X. Liu, et al. Theoretical study of polarization–doped GaN–based light–emitting diodes [J] . Appl. Phys. Lett., 2011, 98.
[27] L. Zhang, X. C. Wei, N. X. Liu, et al.Improvement of efficiency of GaN–based polarization–doped light–emitting diodes grown by metalorganic chemical vapor deposition [J] . Appl. Phys. Lett., 2011, 98.
[28] 郭恩卿. 高效氮化镓基垂直结构 LED 的研究 [D] . 北京：中国科学院半导体研究所，2011.

撰稿人：王国宏　江风益　王军喜　马　平　陶喜霞　刘志强　张　连

半导体照明封装发展研究

一、引言

随着半导体照明技术的兴起与发展，LED 应用越来越广阔。在半导体照明的产业链中，上游是 LED 衬底材料、外延技术、芯片设计及制造，中游是 LED 封装和测试技术，下游是 LED 灯具的具体应用。封装在其中起着承上启下的作用，除了实现基本的电信号连接外，还可以保护芯片免受环境影响，提高光效和增强散热能力，甚至决定着 LED 性能（影响着光型和光色）的好坏。LED 封装由最早的小功率引脚式封装开始，随着芯片亮度的提高，也逐渐发展到大功率支架式封装。半导体照明技术的进一步发展以及人们对 LED 应用新的需求，促进了 LED 封装向着高光效、高可靠性、智能化的方向发展。

封装的光学性能与封装材料的光学特性、封装结构与工艺密切相关。高折射率和高透光率的封装材料能增强芯片的出光效果，实现高流明效率。对于白光 LED，荧光粉材料的激发效率和光转换效率影响着封装的流明效率，荧光粉的吸收光谱和发光光谱决定了合成的白光光谱的品质，包括色温和显色性。透镜的形貌和荧光粉涂覆的品质对于封装的光强分布和空间颜色均匀性有重要影响。因此，实现封装的高光学性能，需要综合运用材料、结构和工艺等多方面的技术。目前，大功率 LED 光效实验室水平已经超过 276lm/W，但是依然有相当部分电能转换为热能，如果缺乏有效的散热途径，那么芯片中积累的热量会大大增加芯片结温，影响芯片中电子—空穴的复合效率，降低芯片的内量子效率，从而使得芯片亮度在工作一段时间后显著下降。因此，良好的散热对于大功率 LED 封装至关重要，是保障 LED 能够维持高光学性能的前提条件，是实现 LED 封装高可靠性的重要内容。电学和力学是大功率 LED 封装的另外两个重要技术领域，对于 LED 封装的性能和可靠性也有着重要影响。作为一种光电器件，大功率 LED 必须具有良好的防静电性能，以避免操作过程中的失效；同时，电流注入 LED 芯片的均匀性也极大地影响了 LED 封装模块的光效。随着 LED 照明产品的增多，将多种不同功能的电子元器件集成到 LED 封装模块中，实现封装的多功能化，包括温度和光色监控、智能控制等，正成为一种趋势。材料的力学性能是选择封装材料的一个重要依据，LED 封装失效大多是由于器件中的局部应力集中造成的。应力集中可由高温引起的热失配、振动和冲击引起的材料变形等造成。在一些环境恶劣的照明应用中，如 LED 路灯、隧道灯、车灯等，湿热耦合引起的材料老化也会改变材料的力学性能，导致 LED 器件出现早期失效。

因此，大功率 LED 的封装设计与制造必须综合运用多学科的理论和技术来解决技术发展中的难题，才能应对迅速发展的芯片技术和多种多样的照明产品的需求。近年来，基于 Chip-on-Board（CoB）的封装形式正被广泛采用，是未来大功率 LED 封装的主流形式。这种封装可以有效减少材料的使用，体积更小，散热路径更短。也有研究者提出晶圆级封装，旨在实现低成本的单 Bin 封装；LED 卷对卷封装制造技术也在 2013 年初被提出，希望借鉴融合传统 IC 封装技术，实现超大批量超低成本的 LED 封装制造。

二、现状

（一）LED 封装的定义及功能

1. 封装的定义及发展

封装是实现 LED 从芯片走向最终产品所必需的中间环节，涉及光学、热学、电学、力学、材料、工艺和设备等诸多领域。

早期的 LED 芯片由于尺寸小、功率低和功能单一等特性，对于封装技术的要求比较低，在封装形式上一般采用引脚式封装，如图 1 所示。引脚式封装的环氧树脂透镜能把 LED 芯片发出的光会聚至轴向，具有很强的指向性。因此，基于此封装的小功率 LED 一般用于指示性产品，如交通灯、信号灯、汽车尾灯等。随着半导体照明技术的发展，LED 封装形式开始多样起来，一些四引脚如食人鱼式封装，表面贴片封装（surface mounting type）兴起，如图 1 所示。当 LED 功率超过 0.1W 以后，在封装中积累的热量会导致芯片

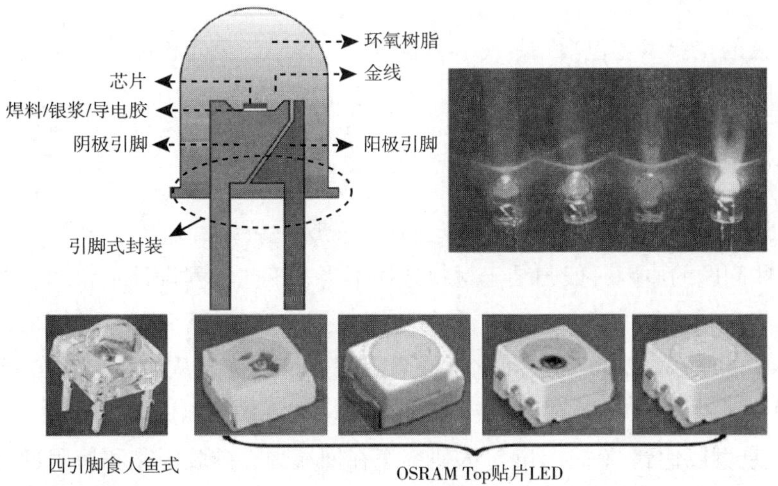

图 1　小功率的引脚式、食人鱼式和贴片式 LED 封装形式

性能出现明显衰退乃至死灯。1998 年，美国 Lumileds 公司推出面向大功率 LED 的 Luxeon 支架式封装，如图 2 所示。采用表面贴装技术，利用大尺寸的铜金属热沉（heat slug）作为底部材料强化了封装对 LED 芯片的散热能力，并利用热电分离的原理提高了 LED 封装的可靠性。对于白光 LED，荧光粉一般是直接涂覆在芯片表面。此后，基于支架式封装，众多 LED 封装企业和科研机构对大功率 LED 的封装形式进行了改进，板上芯片封装（chip on board，CoB）、阵列式封装和系统封装（system in packaging，SiP）等各种封装技术相继出现。

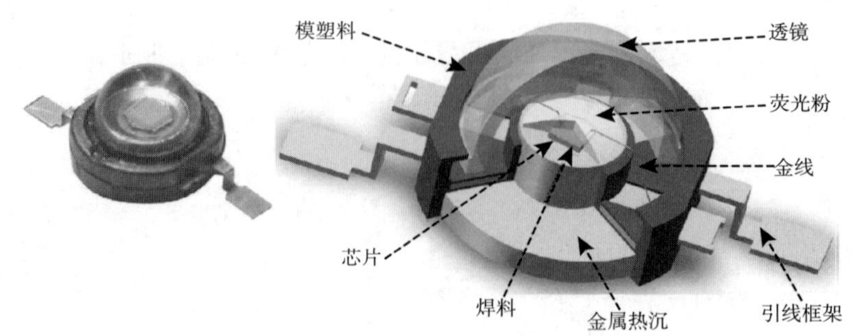

图 2　支架式 LED 封装形式

2. LED 封装的功能

LED 封装起着保护芯片、电信号连接和增强性能等功能。对于白光 LED，还具有调节色温和显色性的功能。理论上，在理想条件下 LED 可以工作长达十万小时而不会出现失效，但是实际情况是 LED 芯片对环境敏感，静电、湿气、高温、化学腐蚀、震动等都会对芯片的性能造成严重的影响。所以，先进的封装技术对于实现 LED 芯片长久可靠的工作至关重要。

3. LED 封装的主要工艺

LED 封装的主要工艺包括贴片（芯片固晶）、焊线、荧光粉涂覆、安装透镜、灌封固化，如图 3 所示。

4. LED 封装的可靠性

影响 LED 可靠性的因素包括变形、空洞、脱层、裂纹、杂质、湿气、高温和高电流等。产生这些问题的原因一般归结于材料选择不当、工艺流程设计不合理、操作步骤不正确、结构没有经过良好的设计、在严酷环境下使用过度等。韩国三星的 Park 等人发现芯片共晶焊料中的空洞、裂纹和层间化合物会阻隔热量的传导从而影响 LED 的寿命。华中科技大学的 Tan 等人研究了封装中荧光粉胶和芯片之间脱层对 LED 光学性能的影响，发现 LED 的光衰可以达到 30%。Hu 等人研究了在回流焊、硅胶固化和使用过程中，湿气扩散引起的湿应力对界面脱层的影响，研究发现吸湿引起的脱层增加了封装热阻，从而影响

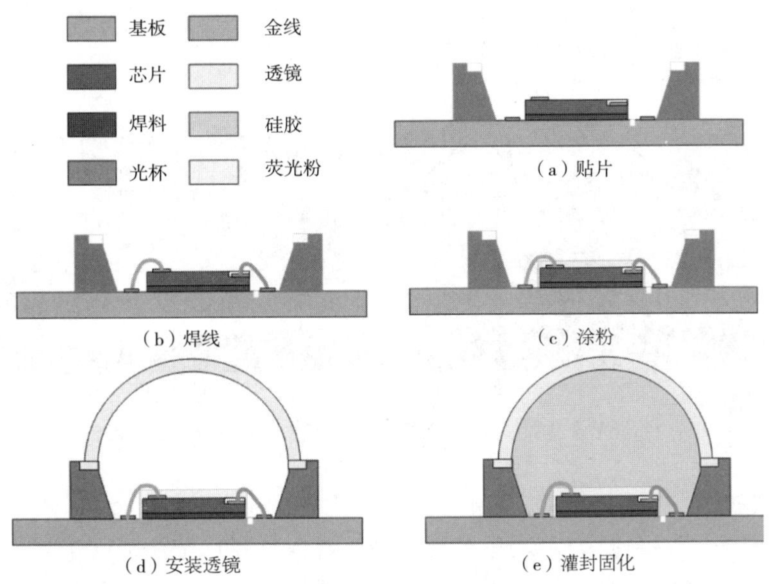

图 3 封装的主要工艺流程

了封装的散热效果，并且热机械应力比湿机械应力在脱层的扩展上起着更大的作用。佛山国星光电的方福波等人对 LED 老化过程中的光谱进行了分析，认为导致 LED 性能衰退的主要因素是荧光粉性能的衰退。复旦大学的戴炜峰等人经过模拟和实测数据对比认为，在芯片和透镜区域较高的热应力可能会在这些地方产生失效。

国内外早期的 LED 灯具失效率比较高。Philips 报道过的 LED 灯具失效模式，除了电源失效外还有近 30 种。可见，LED 封装技术有待进一步探索和研究，为研制出高寿命、高可靠性、高质量和低成本的 LED 模块提供强有力的理论支撑和技术支撑。

5. LED 封装设计

（1）光学设计

光学性能是评价 LED 封装品质高低的最直接指标。对于目前的白光 LED 而言，高流明效率、高光型可控性、高空间颜色一致性等，是 LED 封装技术研究的主要目标，这都离不开良好的光学设计。

好的光学设计可以有效减少光能损耗，提高光效。同时，对 LED 照明器件的光形进行准确控制也是一个不可或缺的关键因素。一般 LED 封装模块的出光光强空间分布非常接近朗伯型，在目标平面上的照度呈 $\cos 4\theta$ 关系迅速递减。但是许多照明应用场合需要均匀照明，LED 封装模块往往不能直接应用，需要结合光学设计才能实现 LED 功能性的照明（如图 4 所示的均匀方形光斑）。此外，目前白光大功率 LED 主要是通过 GaN 基大功率蓝光 LED 激发黄色荧光粉来实现的。然而，随着人们对 LED 照明光色品质的需求不断提高，LED 封装模块光色品质较差的问题逐渐显露，并已成为阻碍 LED 照明推广应用的主要瓶颈之一。图 4 所示为市场上常用大功率 LED 的光斑，光斑光色都不均匀，在光斑边缘位置出现明显的黄色光圈，而在光斑中心位置的光色偏蓝，LED 出射光的空间颜色均匀度较差，而通过光学设计可以有效改进这种空间颜色不均匀性。

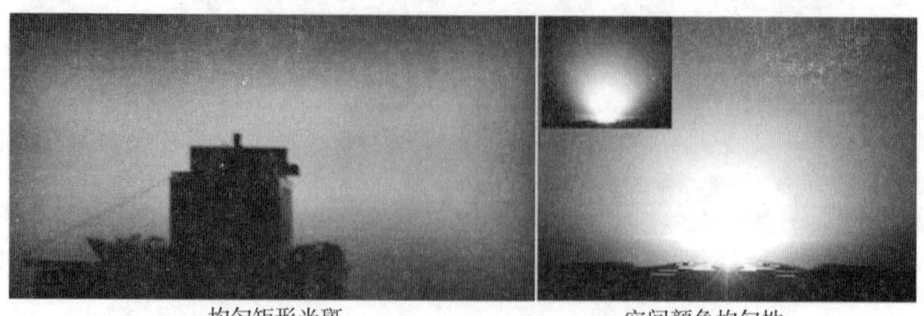

图 4　通过光学设计实现的均匀矩形光斑和高空间颜色均匀性光斑

（2）电气设计

将 LED 芯片进行封装时，芯片会与外界进行信号交换（比如电信号）。一般来说，对于支架式 LED 封装，LED 芯片采用焊料或银膏（导电贴片胶）粘接到金属引线框架上，通过引线框架实现与外界的电接触；采用引线键合将分离的金属柱连接到 LED 芯片上的键合焊盘上。对于 CoB 式封装，更多的是采用焊盘进行电连接（无引线）。无论引线还是焊盘键合连接，都是为了实现外部信号传送到 LED 器件上。

（3）散热设计

LED 芯片工作时会发热，如果芯片的实际温度过高，LED 封装模块就会出现失效，因此必须对 LED 封装进行散热设计，来有效耗散掉这些热量。对于可产生很高热量的半导体器件，如大功率 LED，可以采用热沉或风扇冷却来进行散热。

图 5　LED 支架式封装模块剖面图

增强 LED 封装散热的主要方法是使散热路径的表面越大越好，路径越短越好。基于此，在 LED 封装中可以改变引线位置使其与基板和金属接触。美国 Lumileds 公司从热管理角度出发，提出了一种最成功的大功率 LED 封装结构，通过将热沉金属块与引线框架集成，如图 5 所示。

（4）机械设计

大功率 LED 封装技术的快速发展，使其在路灯、隧道灯、室内照明、景观照明、建筑物外观照明以及各种特种照明领域得到大量应用。2009 年推出了“十城万盏”半导体照明应用示范工程中，部分 LED 路灯产品在不到半年时间，光衰就达到一半。如果 LED 灯具或者其他应用产品在结构设计、密封设计、装配设计上没有进行全面的考虑其应用环境的复杂性，诸如强风振动、暴风雨冲击、盐雾侵蚀以及沙尘等，产品在使用过程中就容易产生结构件松动、电气失效，进而导致光衰下降造成使用寿命急剧缩短。LED 灯具及其产品的机械设计往往是与光学设计、散热设计耦合在一起的。LED 光源与透镜的装配位置关系往往影响其光学效率，同时LED散热鳍片的结构尺寸在散热效率上和轻量化设计上也必须综合考虑。因此，光、热、湿、结构多物理场的耦合作用是LED灯具及其产品机械设计时必须考虑的问题，其关注点主要在结构的强度设计、防尘防水标准设计以及轻量化设计上面。

（5）可靠性设计

封装的可靠性设计涉及材料的选择、工艺的选取、操作的合理、结构的紧凑等方面。虽然LED理论上的寿命长，但是不恰当的封装或者使用都会造成LED失效：变形、空洞、脱层、裂纹、性能下降等。改善LED可靠性则必须考虑以下因素：封装结构的设计、材料的评估与选用、制程控制、工艺条件、使用环境的考量。

（二）LED封装技术

1. LED封装技术概述

LED封装技术主要是从半导体分离器件封装技术基础上发展而来的，普通二极管的管芯封装主要目的是保护芯片和完成电气互连，而对LED的封装目的，除此之外，还有输出可见光的功能。

通常，小功率LED的功率低于0.1W，流过的电流低至20mA左右，主要用于状态指示、背光等非照明应用场合。由于发热量小，主要封装方式有引脚式封装和表面贴装。引脚式封装LED采用引线架做各种封装外形的引脚，是最先研发成功投放市场的封装结构，技术成熟度较高。封装材料多采用高温固化环氧树脂，90%的热量是由负极的引脚架散发至PCB板，再散发到空气中，一般用于大屏、指示灯等领域。表面贴装LED是贴于线路板表面的，适合SMT加工，可采用回流焊，很好地解决了亮度、视角、平整度、可靠性、一致性等问题，同时体积小、重量轻，非常适合背光应用。

大功率LED具有大的耗散功率和发热量，必须采用有效的散热方式，同时使用不劣化的封装材料和先进的封装工艺解决大功率LED的光衰问题。对大功率LED封装，要根据LED芯片的尺寸结构、功率大小来选择合适的封装方式，在封装结构设计、选用材料、选用设备等方面重新考虑，研究新的封装方法。从大功率LED照明应用的实际需要来看，研发具有低热阻、高可靠性、微型的、光学特性优良的封装技术是实现LED照明产业化必经之路。

2. OLED封装技术简述

OLED器件一般是在玻璃或聚合物基板上，由夹在透明阳极、金属阴极和夹在它们之间的两层或更多层有机层构成。传统的OLED器件是在刚性基板（玻璃、金属）上制作电极和各有机功能层，对这类器件进行的封装一般是给器件加一个盖板，并将基板和盖板用环氧树脂粘接。这样就在基板和盖板之间形成了一个罩子，把器件和空气隔开，空气中的水、氧等成分只能通过基板和盖板之间的环氧树脂向器件内部进行渗透，因而，比较有效地防止了OLED各功能层以及阴极与空气中的水、氧等成分发生反应。具体封装形式如图6所示。

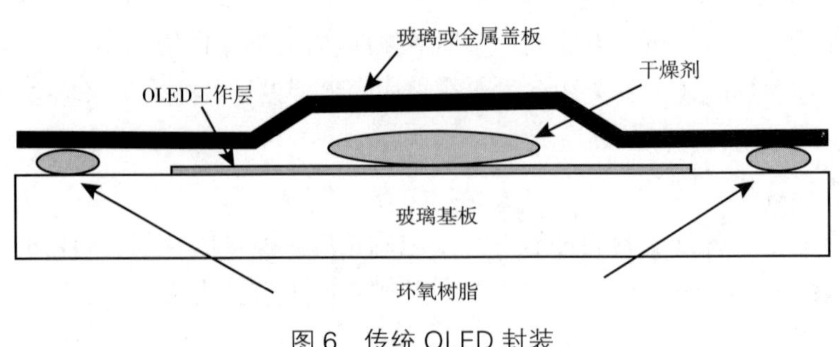

图 6 传统 OLED 封装

（三）LED 封装技术的发展

1. 大功率 LED 封装技术的发展

大功率 LED 封装设计主要涉及光、热、电和机械等方面，如图 7 所示。这些因素彼此独立，又相互影响。其中，光是 LED 封装的目的，热是关键，电和机械是手段，而性能是具体体现。从工艺兼容性及降低生产成本而言，LED 封装设计应与芯片设计同时进行，即芯片设计时就应该考虑到封装结构和工艺，进行协同设计。LED 封装已经走过早期的引脚式封装，发展到现在主流的贴片式封装以及支架式封装；而极有前景的晶圆级封装以及卷对卷 LED 封装也在逐渐兴起。LED 封装正朝着高光效、高可靠性、智能化、低成本的方向快速发展（图 7）。

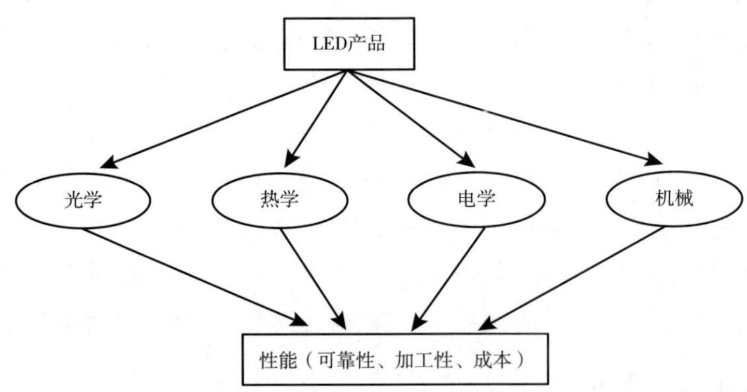

图 7 大功率白光 LED 封装设计

（1）大功率 LED 封装形式的发展

1）单芯片 LED 封装。具体而言，大功率 LED 封装主要需要考虑的问题包括：①热阻；②取光效率；③光色。单芯片大功率 LED 的支架式封装结构最早是由 Lumileds 公司于 1998 年推出的“Luxeon LED”，如图 5 所示。该结构采用热电分离的形式，将倒装芯片用硅载体直接焊接在热沉上，并采用反射杯、光学透镜和柔性透明胶等结构和材料。该结构在较大的电流密度下，热阻为 14 ~ 17℃ /W。而 Osram 公司于 2003 年推出了 Golden Dragon 系列的单芯片 LED，如图 8 所示。该结构的特点是热沉与金属线路板直接接触，因而具有很好的散热性能。

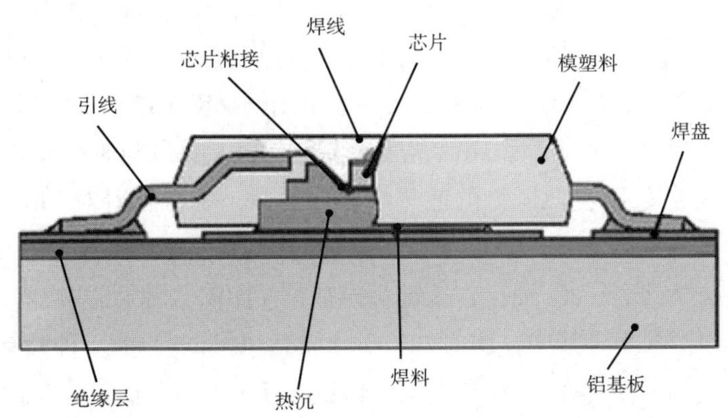

图 8　Golden Dragon 系列单芯片 LED 封装

为了提高 LED 取光效率，对单颗 LED 芯片采用半球形透镜封装可以有效提高取光萃取效率。该方式相当于将 LED 芯片看作点光源，这样点光源芯片发出的光线都可以逸出，从而提高出射到空气中的光线数量。LED 的光色性能主要由荧光粉涂覆决定，色温、显色指数和颜色均匀都是重要的衡量指标。

2）多芯片 LED 封装。随着大功率 LED 照明的快速发展，越来越多的应用需要单个 LED 封装模块能够产生较多的光通量，如 LED 路灯、汽车前大灯、投影仪灯。因此，多芯片封装是未来的一个发展趋势。而散热和取光效率仍然是多芯片 LED 封装需要考虑的主要问题。

多芯片 LED 封装的热流密度和热量更加集中。在常用的散热材料中铜的导热率较高，成本也较低，因此，多芯片 LED 封装支架主要采用铜基作为热衬，如图 9 所示。将热沉与铝基散热器相连接，采用阶梯形导热结构，利用铜或银的高导热率将芯片产生的热量高效地传递给铝基散热器，再通过铝基散热器将热量散出（通过风冷或热传导方式散出）。这种做法的优点是：充分考虑散热器的性价比，将不同特点的散热器结合在一起，做到高效散热并使成本控制合理化。

图 9　多芯片 LED 封装

多芯片 LED 封装形式导致其出光效率受光线的全内反射影响较大。目前，市场上单芯片 LED 封装产品的流明效率可以达到 110 ~ 150lm/W；在实验室制作出的高亮 LED，其流明效率可以达到 276lm/W。然而 LED 阵列封装模块的流明效率一般只是在 70 ~ 90lm/W，远远低于单颗 LED 封装产品。提高多芯片 LED 封装的取光效率主要是对涂覆在芯片表面的硅胶进行表面粗化。在硅胶表面制作不同形状、不同密度的微结构，对取光效率的提升范围为10%～20%。

（2）大功率LED封装基板的发展

1）支架。LED支架一般有直插LED支架、食人鱼LED支架、贴片LED支架和大功率LED支架。LED支架的作用主要是用来支撑、导电和散热。随着LED亮度的提升，对支架的散热提出了更高的要求。大功率支架一般采用铜材镀银结构加塑料反射杯，铜材起连接电路、反射、焊接、散热等作用，塑胶主要起反射、提供与胶水结合的界面等作用。支架式封装结构一般采用类似铆钉的散热结构。然而，现在随着对LED小型化的需求，LED封装结构朝着薄型化发展，已经涌现出越来越多其他类型的新型封装结构。

2）陶瓷基板。一般分为三种：直接键合铜基板（DBC）、低温共烧陶瓷基板（LTCC）和直接镀铜基板（DPC）。其中，DBC（direct bonded copper）是一种高导热性覆铜陶瓷板，由陶瓷基板（Al_2O_3或AlN）和导电层（厚度大于0.1mm Cu层）在高温下（1065℃）共晶烧结而成，最后根据布线要求，以刻蚀方式形成线路，如图10所示。由于铜箔具有良好的导电、导热能力，而氧化铝能有效控制Cu-Al_2O_3-Cu复合体的膨胀，使DBC基板具有近似氧化铝的CTE，因此，DBC具有导热性好、绝缘性强、可靠性高等优点。其不足主要体现在两个方面：① DBC乃利用高温加热将Al_2O_3与Cu箔结合，其技术难点在于降低Al_2O_3与Cu层间微气孔的产生，提高产品合格率；②由于铜层较厚并涉及化学腐蚀工艺，DBC基板上图形的最小线宽一般大于150μm。LTCC技术须先将氧化铝粉、玻璃粉与有机黏结剂混合成膏状浆料，接着利用刮刀将浆料刮成片状，干燥后形成片状生胚，然后根据设计钻导通孔，通过丝网印刷工艺填孔并在生胚上印制线路，最后将生胚片堆叠，置于高温（850～900℃）下烧结成形。美国Lamina Ceramics公司早在2001年就开发了基于LTCC的LED封装技术。由于结构简单，热界面少，大大提高了散热性能。目前，LTCC基板的主要问题在于内部金属线路层是利用丝网印刷工艺制成，有可能因张网问题造成对位误差；此外，多层生胚叠压烧结后，还会存在收缩比例差异问题。DPC（direct plating copper）制作首先将陶瓷基板进行前处理清洗，利用真空镀膜方式在陶瓷基板上溅镀铜作为种子层，接着以光刻、显影、刻蚀工艺完成线路制作，最后再以电镀/化学镀方式增加线路厚度，待光刻胶去除后完成基板制作。由于DPC工艺温度仅需250～300℃，完全避免了DBC、LTCC制作过程中高温对材料破坏或尺寸变形的影响，具有热导率高、工艺温度低、成本低、线路精细、可靠性高等优点，非常适合对准精确

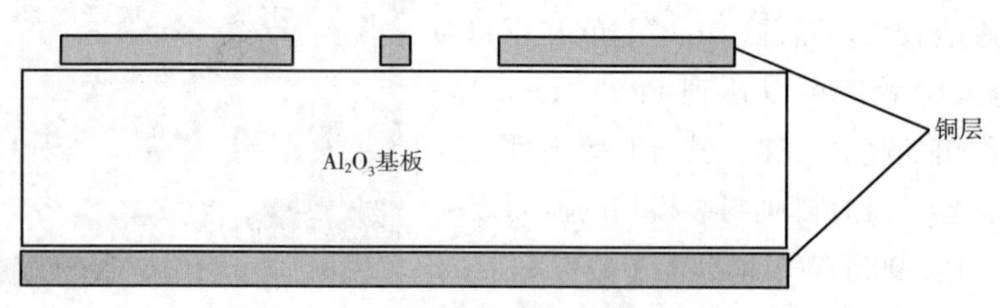

图10 DBC基板结构示意图

要求较高的大功率 LED 封装要求。特别是采用激光打孔技术后，可实现大功率 LED 的垂直封装，降低器件体积，提高封装集成度。

3）MCPCB。又称绝缘金属基板（insulated metal substrate，IMS），其结构如图 11 所示，是一种由金属铝板、有机绝缘层和铜箔组成的三明治结构，其优点是成本低，可实现大尺寸、大规模生产。但也存在一些明显不足：①热导率较低：由于中间绝缘层为含无机填充物的环氧树脂，热导率较低（2.2W/mK），限制了整个 MCPCB 的导热能力；② CTE 不匹配：Al 和 Cu 与大部分 LED 衬底材料的 CTE 都不匹配，若采用 COB 封装方案，将导致裂缝、脱层问题；③使用温度较低：由于有机绝缘层的存在，限制了 MCPCB 使用温度。MCPCB 改进主要集中在采用高导热、高耐热材料取代有机绝缘层，比如美国 Thermastrate 公司采用高导热陶瓷代替有机绝缘层；我国的台湾钻石科技中心则采用类钻碳涂层取代 MCPCB 中的有机绝缘层，大幅提高了 MCPCB 的热导率和耐热性。

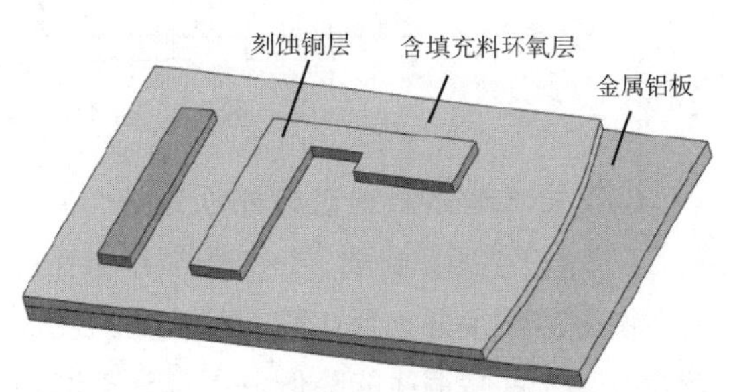

图 11　MCPCB 结构示意图

4）FR4。近年来，PCB 基板生产技术已非常成熟，成本较低。但由于作为 PCB 主材的 FR4 热导率（0.2 ~ 0.3W/mK）很低，难以满足大功率 LED 散热要求。对此，我国的佛山国星光电通过在 PCB 上钻孔，再利用模具热压制造铜热沉的方法，较好地解决了这一难题，如图 12 所示。通过改变模具形状，可以制备出适合 LED 散热与出光要求的各种热沉结构，具有结构简单、成本低、可靠性高等特点。

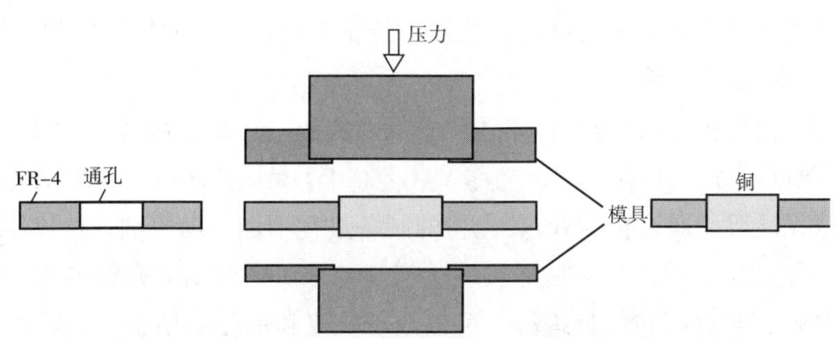

图 12　佛山国星光电改进型 PCB 制备工艺示意图

5）硅基板。半导体硅具有热导率高、与 LED 芯片材料热失配小、加工技术成熟等优点，非常适合作为大功率 LED 的散热基板。特别是随着系统封装（SiP）和三维封装技术的发展，采用穿孔硅（TSV）基板封装 LED 可大大提高器件的集成度与散热能力，如图 13。但硅作为一种半导体材料，当温度升高时，电阻率降低，作为基板应用受到一定限制。

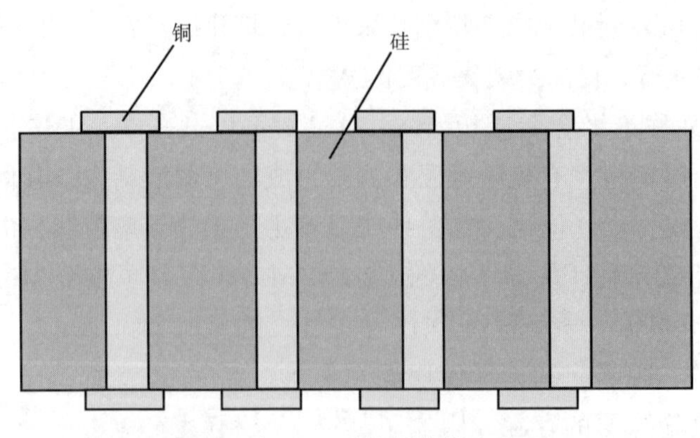

图 13　含 TSV 硅基板结构示意图

（3）大功率 LED 封装材料的发展

1）键合引线。目前，LED 封装中常用的键合引线为金（Au），因为 Au 不仅硬度高，而在键合后能很好地释放应力（抗拉强度 >7MPa，延展率 <1%）。也有人提出用铜线代替金线，尤其是铜线能降低成本且易于键合。铜线电导率较高，并且强度也较高；但是由于铜在空气中容易快速氧化，焊球形成必须在惰性环境下完成，对键合设备提出了新的要求。

2）灌封胶。LED 对透明塑封材料有特殊要求：透光性必须在封装和组装过程中及全寿命范围中保持稳定；塑封材料必须足够坚韧，能够抵抗固化过程中可能的热冲击；对于紫外 LED，其还必须可以抵抗紫外线导致的发黄。

大功率 LED 封装常用的灌封胶材料为环氧树脂和硅胶。目前常用的环氧树脂有双酚 A 二缩水甘油醚（BPA）环氧树脂和脂环族环氧树脂。BPA 环氧树脂便宜，由于其主链上的苯基团而具有更好的热稳定性；脂环族环氧树脂由于含饱和结构，因此有更好的抗紫外特性和抗气候性。而硅胶具有良好的耐热性和抗紫外线性，因而可以作为大功率 LED 和户外应用的另一种塑封材料。

3）荧光粉。目前，荧光粉材料体系形成了铝酸盐、硅酸盐和氮氧化物三大体系。铈掺杂的钇铝石榴石（$Y_3Al_5O_{12}$：Ce^{3+}，又称 YAG：Ce^{3+}）是应用最为广泛的荧光粉材料，发光光谱在黄绿光波段。通过在 YAG 荧光粉的制备过程中加入助熔剂，替代传统的高温固相法为溶胶—凝胶法、沉淀法、喷雾热解法等制备方法，调整荧光粉中离子的掺杂量和种类，对荧光粉颗粒进行包膜处理等，可以改善荧光粉的结晶质量、颗粒均匀性和发光强度。

铕激活的硅酸盐荧光粉的发射光谱的颜色具有较宽的颜色范围，在 280 ~ 550nm 光的激发下，可以发出绿光、黄光、橙红色光和红光，可用于替代 YAG：Ce^{3+} 荧光粉。利用铕激活的绿光硅酸盐荧光粉和红光硅酸盐荧光粉可以得到显色指数较高的白光 LED。硅酸盐荧光粉的不足之处在于该材料的发射光谱波带较窄，显色性低于 YAG：Ce^{3+} 荧光粉，同时，该材料的热稳定性也较差。

氮氧化物的荧光粉材料于近年才发展起来，主要包括硅铝氧氮系列和硅氧氮系列。该类的荧光粉材料具有较高的湿热稳定性和化学稳定性，目前主要用于制备高性能的红光荧光粉，以替代传统的硫化物红光荧光粉。利用氮氧化物和 YAG 荧光粉得到的白光 LED 不仅显色指数高，而且可以具有较高的颜色稳定性。

4）透镜。LED 透镜在 LED 应用中不但可以增强发光效率，还可以改变光形，尤其是随着近几年 LED 照明用自由曲面透镜的兴起，各种非圆对称光斑的设计变得更加灵活与便捷。因此，透镜在 LED 照明中得到了越来越多的应用，成为光学设计的一个重要手段。

LED 透镜常用的材料有硅胶、PC、PMMA 与玻璃。硅胶透镜因为硅胶耐温高（也可以过回流焊），因此常用直接封装 LED 发光器件。一般硅胶透镜体积较小，直径 3 ~ 10mm。PC 具有相当强的韧性，耐冲击性能好，透光率可达到 90%，折射率为 1.586 左右，熔点为 149℃左右，热变形温度 130 ~ 140℃，耐疲劳性能不佳，在功率型 LED 透镜中主要应用在一次光源透镜上，由于其注塑成型时流动性能差，不适宜生产厚实的产品。PMMA 是一种用来替代玻璃的塑胶材料，透光率可以达到 94%，折射率为 1.49 左右，但耐温比较低，只有 80 ~ 110℃，在功率型 LED 透镜中主要应用在二次光源透镜上。玻璃透镜也被广泛应用到功率型 LED 上，其特点是透光率高，折射率分布范围较广（常用折射率为 1.50 左右），耐温性好，但制作工艺复杂，很难制作结构较为复杂的透镜。

5）热界面材料（TIM）。目前，LED 封装常用的热界面材料有导热胶、导热银胶、金属焊膏等。其中，导热胶的主要成分为环氧树脂或有机硅，作为一种聚合物材料，其本身导热性能较差。为了提高其热导率，通常填充一些高热导率材料如 SiC、A1N、$A1_2O_3$、SiO_2 等，填充材料含量及其性能决定了导热胶性能。虽然导热胶工艺简单，但由于其导热性较差［体热导率一般为 0.5 ~ 2.5W/（m・K）］，仅限于小功率 LED 封装应用。导电银胶是将微米和（或）纳米银粉加入环氧树脂中形成的一种复合材料，具有较好的导热、导电和黏结性能。由于银胶固化后的热导率并不高［只有 1.5 ~ 30W/（m・K）］，热阻大于共晶焊技术并且无法使用回流方式进行固晶，仅限于中小功率 LED 封装。实际生产中如果采用银胶固晶，则需在保证芯片与基板黏结力足够的前提下，尽量减小银胶层厚度，以降低热阻。由于可以采用丝网印刷和回流工艺，焊膏固晶具有成本低、强度高，导热和导电性好等优点，在微电子和光电子器件封装中有着广泛应用。特别是在芯片衬底背镀 AuSn 或 AgSn 等合金材料，用共晶工艺将芯片贴装到基板上，由于衬底与基板间形成了良好的合金层，其散热效果要比用银胶固晶好得多，且由于固晶黏结力大大增加，提高了 LED 器件可靠性。

近年来，随着功率密度和封装集成度的提高，一些新型的 TIM 材料与技术开始应用于大功率 LED 封装。比如碳纳米管（CNT），作为 种具有良好导热、导电、机械性能的材料，非常适合电子封装与互连。Virginia 理工学院 John G.Bai 等采用纳米银膏封装红光和绿光 LED 器件，由于热阻降低，出光效率分别提高 29% ~ 50%。纳米银膏的最大特点是可实现低温烧结（280 ~ 300℃），但烧结体具有耐高温（大于 600℃）、热导率高（240W/m・K）、可靠性高等特点，解决了现有 TIM 材料在电导率、热导率、黏结力、耐高温方面的不足。此外，我国台湾成功大学还开发了电镀铜制备 TIM 技术，通过电镀工艺将

LED 芯片直接沉积在铜基板上，可以完全消除界面热阻，有效降低封装应力，并大幅提高了 LED 出光效率。

实际上，对于大功率 LED 封装，理想的 TIM 除了具有高热导率（降低热阻）外，还要求 TIM 具有与芯片衬底材料相匹配的 CTE 和弹性模量（降低界面热应力），工艺温度低，使用温度高，材料和工艺成本低等。因此，纳米银膏有望成为今后大功率 LED 封装的一种重要 TIM 材料。

（4）大功率 LED 封装工艺的发展

1）贴片（固晶）工艺。LED 封装中的贴片环节为 LED 生产中的第一步，也是产品质量的关键步骤。影响着 LED 贴片好坏的关键因素就是采用的贴片材料。贴片材料是用于 LED 芯片与基板间的粘胶（比如焊料），其技术要求包括，高纯度、快速固化、低应力和焊料回流过程中的封装抗裂性。焊料的优势在于高热导率和不吸水性，其可靠性已经在传统电子封装中得到印证。近来，也有人开发聚合物粘胶（如银膏），具有很低的成本，性能优良（低应力及低贴片温度）。最近，由于人们对环境污染意识的不断提高，无铅焊接成为全球电子工业的发展趋势。由于采用了高熔点无铅焊料替代物，回流温度提高，这对目前 LED 封装可靠性提出了严重的挑战。

2）涂粉工艺。荧光粉涂覆是大功率白光 LED 封装中的关键工艺，其影响着 LED 最终的白光品质。自由点胶法和保形涂覆技术是当前荧光粉的两种主流涂覆工艺。其中自由点胶法是将荧光粉胶点涂在芯片表面，然后荧光粉胶自流成形；此工艺简单，成本低，但是产品一致性差，质量低。保形涂覆最开始是美国 Lumileds 提出的一种涂粉工艺，该方法将荧光粉均匀厚度一致地涂覆在芯片上，具有产品一致性好、空间颜色均匀的特点。此外，也有人提出远离涂覆，荧光粉不和芯片接触，这样减少了背向吸收，可以提高流明效率，同时也有研究表明，仔细设计远离涂覆形状可以提高白光 LED 的空间颜色均匀性。

3）键合工艺。引线键合工艺是一种常见的互连方法，以应用的灵活性、低廉的成本、不断改善的可靠性以及不断提高的自动化程度，在半导体封装中得到广泛的应用。引线键合的基本形式可以分为球形键合和楔形键合。而从键合的机制上，引线键合技术可以分为热压键合、超声键合以及热超声键合。

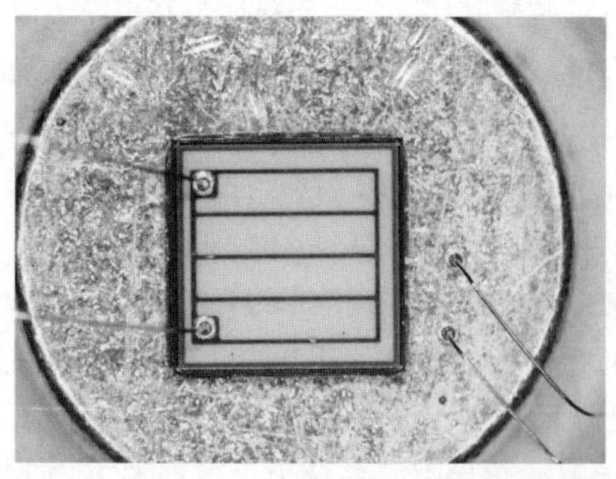

图 14　完成金线热超声键合工艺的大功率 LED 封装光学照片

如图 14 所示，目前，大功率 LED 封装中主要采用金线热超声键合工艺。但是，由于金线的价格不断上升，为了降低封装成本，铜线引线键合工艺将逐步替代金线引线键合工艺。相对于金线引线键合工艺，铜线引线键合工艺还具有以下优点：更好的热学及电学性能、更高的强度、更优的弧线稳定性及控制能力。但是，铜线的硬度、强度更高，在引线键合过程中，容易导致电极结构中产生更大的应力与应变甚至引起可靠性问题，如：引起焊盘剥离、诱发焊盘下芯片的裂纹甚至导致芯片的破裂等。

4）透镜成型工艺。传统的 LED 封装工艺中透镜成形采用的方案是先固定 PC 透镜，然后灌封硅胶并固化，即完成了透镜安装。但是这种方案效率较低，利用现有的工业设备单次只能安装少量透镜。如果采用模具注塑方法，可以单次实现大量透镜安装，并且产品一致性也较高。

2. 大功率 LED 封装光学设计

（1）大功率 LED 光学特性

在光强分布上，大功率 LED 通常为朗伯型光强分布，其光强 I 与发光角度 θ 的关系为：

$$I=I_0\cos\theta$$

其中 I_0 为零度角的光强，根据亮度的定义，LED 在 θ 角方向上的亮度 L 为：

$$L=\frac{I}{A_\theta}=\frac{I_0\cos\theta}{A\cos\theta}=\frac{I_0}{A}$$

其中 A_θ 为在 LED 在 θ 方向上的投影面积，A 为 LED 发光面积，因此对于朗伯发光分布的 LED，其亮度 L 在任意角度上均为常量，仅与零角度的光强 I_0 及发光面积 A 相关。

另外，由于大功率 LED 使用大面积发光芯片，甚至是多颗 LED 芯片阵列封装，因此大功率 LED 通常不能被看做点光源，在封装光学设计时应视作扩展光源。目前多数针对大功率 LED 封装的光学设计仍然将 LED 近似为点光源，并针对扩展光源进行优化。少数方法（如同步多曲面法 SMS）可适用于扩展光源。

（2）大功率 LED 封装光学建模及仿真

基于荧光粉转换的白光 LED 已经成为目前主流的白光 LED 技术，与之相应的封装技术也日益引起业界的重视。为了提高白光 LED 封装之后的亮度，一些材料和技术例如高量子效率的荧光粉材料、高折射率和高透光率的硅胶、紧凑型封装、严格的工艺流程控制和先进的封装设备等，正被广泛的采用。封装材料和技术的进步使得白光 LED 的亮度已经有了飞速的提升，但是与此相反，在白光 LED 封装的光学建模理论和光学设计方面仍然发展缓慢。相对滞后的光学仿真技术阻碍了 LED 封装新型结构的开发，使得在满足多样化的照明需求上正面临着挑战。

由于白光 LED 的光学性能会受到芯片产生的热量、材料退化、界面脱层、杂质等多重因素的影响，因此，单纯地利用实验研究影响 LED 封装光学性能的因素往往比较困难。采用光学建模仿真的方法可以有效分析不同的因素对封装光学性能的影响，精确的封装光学模型有助于了解在封装制造和封装产品使用过程中的性能变化规律，从而可以采取针对性的解决方法。在封装光学模型的建立过程中，能够对封装的取光效率、流明效率、相关色温和显色指数进行准确的预测是考察模型有效性的重要指标。

（3）应用导向型 LED 光学设计

应用导向型 LED 光学设计是最近几年才提出的概念。不同的照明应用通常要求光源具有不同的光学特性，如高亮度、高光通量、小发散角、均匀照明等，因此标准化的 LED 封装并不适合于所有的照明应用。为了解决这一问题，需要根据不同的照明需求，在 LED 封装上就进行光学设计，使其具有特殊的光学特性，可以有效降低灯具配光设计难度及降低成本。最早的应用导向型 LED 光学设计为用于背光照明的蝙蝠翼 LED 封装透镜及 LED 道路照明一次封装透镜。随着 LED 应用的不断普及，OSRAM 及 LUMILEDS 推出了适用于汽车前照灯照明的应用导向型 LED，该 LED 具有高亮度、截止线清晰等光学特性。

3. 大功率 LED 封装散热设计

大功率 LED 封装最典型的结构是 Lumileds 开发的 Luxeon 结构，该结构内含一块较大的金属热沉，有利于热量的传导和扩散。LED 芯片、Luxeon 支架、基板、散热器以层叠的方式组合。该封装结构的热阻网络如图 15 所示，系统的热阻主要有各层材料的体热阻、界面间的扩散热阻、热量扩散时的扩散热阻、散热器与环境间的对流换热热阻组成。该结构的封装热阻可达 4 ～ 10K/W，散热功率可达 5W。

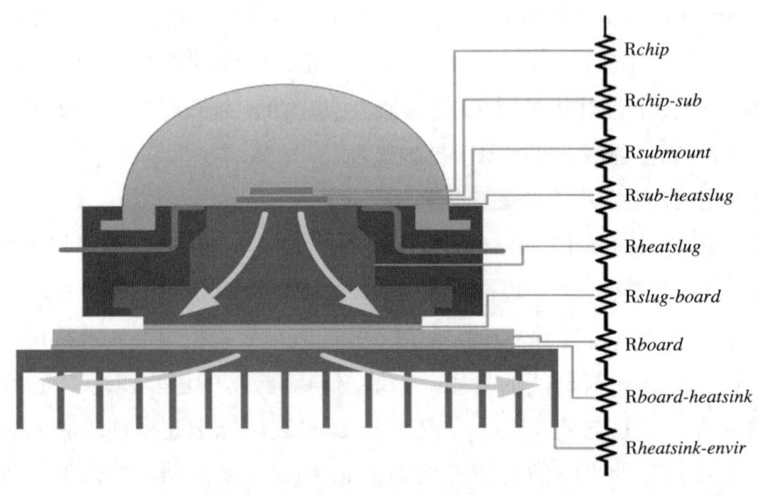

图 15　Luxeon LED 模块的热阻网络

除了 Luxeon 封装结构，另一种用于大功率 LED 封装的是板上芯片封装（CoB）。此方法直接将 LED 芯片贴装在带有电路的基板上，因此可以封装的较为紧凑。CoB 封装的热阻网络如图 16 所示。相比较 Luxeon 结构，由于少了一层支架的存在，体热阻和界面热阻都有减小，因此其系统热阻一般小于 Luxeon 结构的封装模块。

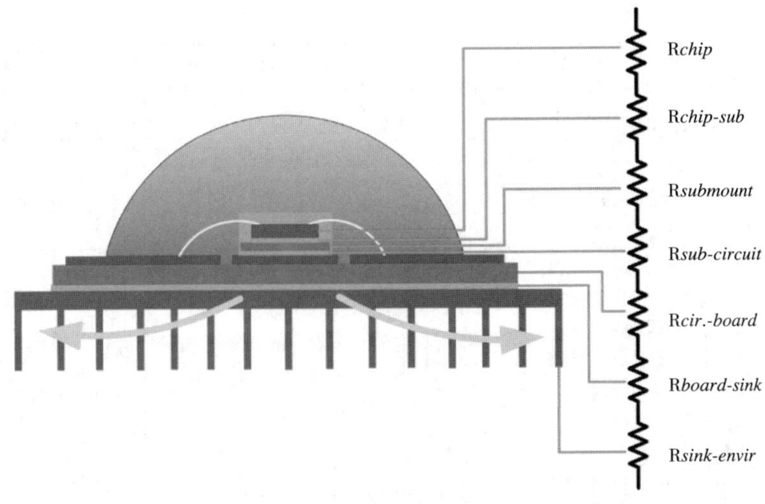

图 16　CoB 封装的热阻网络图

4. 大功率 LED 封装可靠性试验及寿命评估的发展

（1）大功率 LED 封装可靠性试验试验方法

表 1 列出了国内外不同 LED 企业采用的可靠性试验方法及其加速应力条件，从表中可以看出不同企业采用的加速应力存在很大的差异，国内企业采用的加速应力要明显弱于国外的企业。不同的加速试验测试条件对 LED 产品筛选的力度也是不同的，其表现出的失效模式也会有所区别。

表 1　不同企业大功率 LED 可靠性试验方法及其加速应力

加速试验项目	国外企业 1	国外企业 2	国内企业
热冲击	温度变化范围：-40 ~ 125℃ 保持时间：15min 变化时间：20s 循环次数：200	温度变化范围：-40 ~ 110℃ 保持时间：20min 变化时间：<20s 循环次数：1000	温度变化范围：-30 ~ 85℃ 保持时间：30min 循环次数：100
振动试验	机械冲击 锤重：1500G 脉冲宽度：0.5ms 方向：6 个轴向 冲击次数： 每个轴向 5 次	机械冲击 锤重：1500G 脉冲宽度：0.5ms 方向：6 个轴向 冲击次数： 每个轴向 5 次	机械振动 振动频率： 110~2000~10Hz 对数或线性扫描 振动时间：1.5mm 振动次数：每个轴向 3 次
室温下工作寿命试验	环境温度：45℃ 电流：最大电流 时间：1008h	环境温度：55℃ 电流：I=1.5A（InGaN） 或 0.7A（AlInGaP） 时间：1000h	环境温度：25℃ 电流：I=0.35A 时间：1000h 或电流：I=0.7A 时间：500h

续表

加速试验项目	国外企业 1	国外企业 2	国内企业
高温下工作寿命试验	环境温度：85℃ 电流：最大电流 时间：1008h	环境温度：85℃ 电流：I=1.5A（InGaN） 或 0.7A（AlInGaP） 时间：1000h	环境温度：55℃ 电流：I=0.35A 时间：1000h
高温高湿下工作寿命试验	环境温度：85℃ 相对湿度：85% 电流：最大电流 时间：1008h	环境温度：85℃ 相对湿度：85% 电流：I=1A（InGaN） 或 0.7A（AlInGaP） 时间：1000h	环境温度：85℃ 相对湿度：85% 电流：I=0.35A 时间：1000h
低温下工作寿命试验	环境温度：-40℃ 电流：最大电流 时间：1008h	环境温度：-55℃ 电流：I=1.5A（InGaN） 或 0.7A（AlInGaP） 时间：1000h	环境温度：-40℃ 电流：I=0.35A 时间：1000h

（2）大功率 LED 封装寿命评估模型

采用温度作为加速条件，可以使产品寿命缩短、提前失效。1880 年，阿仑尼乌斯（Arrhenius）在大量试验数据的基础上，给出了温度和寿命之间的关系式，即阿仑尼乌斯模型：

$$t=Ae^{\frac{E_a}{kT}}$$

式中，t 为产品的寿命特征，例如平均寿命或中位寿命等；A 为与产品的特性、试验方法等有关的正常数，是一个拟合参数；E_a 为激活能，与材料有关，单位为电子伏特 eV；k 为玻尔兹曼常数，其大小为 8.617×10^{-5} eV/K；T 为温度，其单位为绝对温度 K。根据阿仑尼乌斯模型可以得到：大功率 LED 的寿命随着结温的上升呈现指数下降的趋势。

自从发现了湿度对产品的寿命的影响后，人们开始构建新的寿命模型，以在阿仑尼乌斯模型的基础上引入湿度的影响。对于塑封电子器件，已经被广泛地接受和应用的温湿度应力下的寿命模型为 Peck 模型：

$$t=C\cdot e^{\frac{E_a}{kT}}H^{-\beta}$$

式中，H 为相对湿度（单位为 %RH），C 和 β 为拟合参数。

根据 Peck 模型，并且已知在相同电流驱动条件下，高温下老化和高温高湿下老化的 LED 模块的工作寿命及其相应的湿度条件，可以得到在 350mA 和 700mA 驱动电流下，暖白光 LED 的参数 β 的值分别为 1.29 和 1.01；正白光 LED 的参数 β 的值为 0.72 和 0.9。从而可以预测 LED 模块工作在室温环境下，当结温为 65℃、相对湿度为 55%RH 时，暖白光 LED 模块的工作寿命为 4.2 万小时，正白光 LED 模块的工作寿命为 6.3 万小时。

（3）大功率 LED 封装可靠性失效分析方法

LED 失效分析方法主要包括：

1）减薄树脂光学透视法：此方法除可检查外观缺陷外，还可以透过封装树脂观察内部情况，观察 LED 芯片和封装工艺的质量，诸如树脂中是否存在气泡或杂质；支架、芯片、树脂是否发生色变以及芯片破裂等失效现象。

2）半腐蚀解剖法：只将 LED 器件单灯顶部浸入酸液中，并精确控制腐蚀深度，去除 LED 器件单灯顶部的树脂，保留底部树脂，使芯片和支架引脚完全暴露出来，完好保持引线连接情况，以便对被分析器件全面分析，准确找出造成失效的原因。

3）金相学分析法：实质是制备供分析样品观察用的典型截面，可以获得其他分析方法所不能得到的有关结构和界面特征方面的现象。

4）析因试验分析法：即根据已知的结果，去寻找产生结果的原因而进行的分析实验。通过试验，分清主要影响还是次要影响的因素，可以明确进一步分析试验的方向。

5）变电流观察法：对于 LED 器件，其失效分析还需关注光参数方面的变化。待分析器件如果按额定电流通电，观察时可能因为出光太强而无法看清，而通过改变电流大小，就可清楚观察其出光情况。

6）试验反证法：失效分析过程中，由于受到分析仪器设备和手段的限制，不能直观地证明失效原因，有些时候就需要通过某些分析试验，采取排除的方法，推论反证失效原因。

（4）大功率 LED 封装可靠性试验试验及寿命评估标准

在业界，常默认将 LED 的寿命定义为在正常工作条件下，其光输出衰减至初始值的 70% 的时间。目前，大功率 LED 封装可靠性试验通常为加速寿命试验。它是在不改变失效机理的条件下加大应力，从而加快 LED 内部物理化学的变化，缩短试验时间。加速寿命试验是半导体器件可靠性试验中最重要、最基本的试验之一。加速寿命试验的目的在于求出器件在不同的工作状态下的加速因子，用来预测它们在正常状态下的失效率。同时，在加速寿命试验的同时也应当考虑 LED 的热学特性、环境耐候性、电磁兼容抗扰度等与寿命和可靠性密切相关的性能，以期对 LED 寿命预测得更准确。

寿命评估准则主要以北美体系和国际电工委员会（IEC）体系最为典型，我国标准则融合了这两个体系。主要的评估准则包括：

- IES LM-08-08 测量 LED 光源流明保持时间的准许方法；
- IES TM-21-11 突出 LED 封装的长时间流明保持；
- IEC/PAS 62717 针对普通照明的 LED 模块的性能要求；
- EC/PAS 62722-2-1 LED 灯具的特别要求；
- 我国的标准 GB/T24824、GB/T24823、QB/T4057 等。

（5）大功率 LED 封装可靠性设计虚拟仿真技术

以试错为基础的经验方法，因其超长的研发周期，不能满足微电子封装对降低成本、缩短从设计到市场时间的需求。因而提出并发展了以数值模拟仿真为基础的虚拟设计、工艺及可靠性的方法，以解决微电子封装发展中工艺与可靠性设计的技术瓶颈。以数值模拟仿真为基础的虚拟设计、工艺及可靠性方法，是通过建立半导体器件封装功能设计、封装工艺以及可靠性加速试验等环节的多物理场耦合数值仿真模型，设计和优化微电子封装的性能、封装制造工艺参数、结构参数、材料选择与匹配、可靠性等，从而实现提升微电子封装产品品质、提高可靠性、降低成本以及缩短研发周期的目的。

图 18 和图 19 分别展示的是利用热—应力顺序耦合进行模拟仿真分析 LED 器件工作情况下的热应力分布的结果，以及在 85℃ /85%RH 条件下，LED 器件的湿气扩散情况的模拟结果图，结果表明：湿度和温度是造成 LED 缺陷并导致 LED 器件光效快速衰减的重要原因。

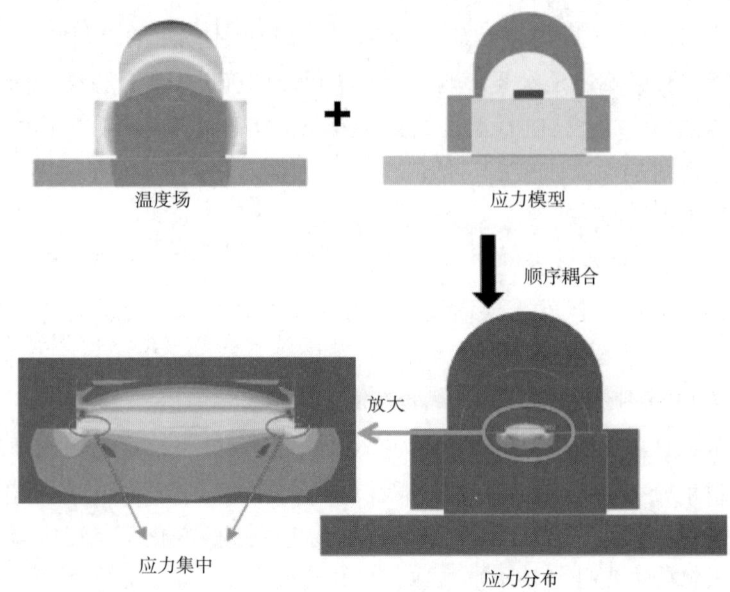

图 18　LED 热—应力顺序耦合模拟

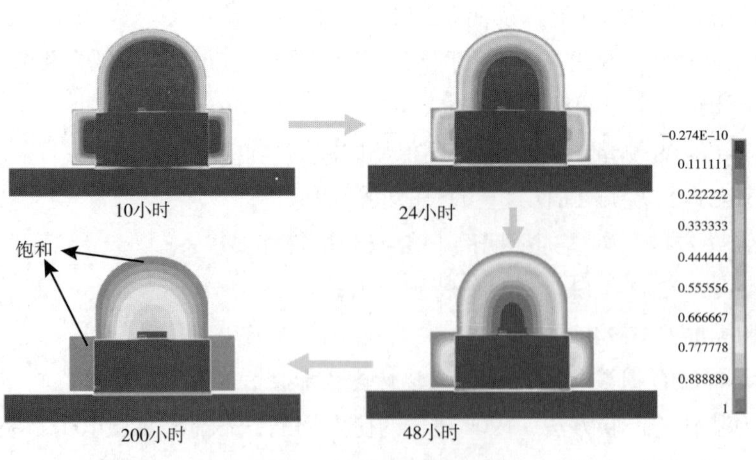

图 19　LED 湿气扩散模拟

5.OLED 封装技术的发展

传统的 OLED 器件是在刚性基板（玻璃、金属）上制作电极和各有机功能层，对这类器件进行的封装一般是给器件加一个盖板，并将基板和盖板用环氧树脂粘接。研究表明，空气中的水汽和氧气等成分对 OLED 的寿命影响很大，其原因主要从以下方面进行考虑：OLED 器件工作时要从阴极注入电子，这就要求阴极功函数越低越好，但做阴极的这些金属如铝、镁、钙等，一般比较活泼，易与渗透进来的水汽发生反应。另外，水汽还会与空穴传输层以及电子传输层（ETL）发生化学反应，这些反应都会引起器件失效。因此对 OLED 进行有效封装，使器件的各功能层与大气中的水汽、氧气等成分隔开。此外，随着封装和需求的多样性，OLED 另外一个重要的优势就是可以实现柔性显示。1992 年 Gustafsson 等人发明了基于 PET（ploy-ethylene-terephthalate）基板上的柔性高分子材料的 OLED 封装；1997 年 Bulovic 等人发明了柔性小分子材料的 OLED 封装。这类显示器件柔软可以变形且不易损坏，可以安装在弯曲的表面，甚至可以穿戴，因而日益成为国际显示行业的研究热点。

三、国内外比较

（一）大功率 LED 封装技术的比较

1. 大功率 LED 封装形式及材料

目前主流的大功率 LED 封装形式主要是支架式封装或者 CoB 式封装。其中封装材料的主要作用是密封和保护芯片，使其正常工作，不受周围环境的影响，同时还有固定芯片和导线防止其受机械振动冲击的影响、减小芯片与空气之间的折射率增加取光效率、加强散热等重要作用。封装材料应该具有优良的密封性、高透光率、高折射率、耐热老化、耐机械冲击等性能特点。

常见的 LED 封装材料有环氧树脂和有机硅材料两大类。环氧树脂作为 LED 封装材料应用的历史较长，它具有优良的介电性能、黏结性和透光率，操作简便、可在常温下固化、成本低廉。但是，环氧树脂也有一些缺点，比如固化后内应力大，不耐机械冲击，耐热性差，使用环境一般不能超过 150℃，使用环氧树脂封装的 LED 普遍具有可靠性差、不耐冲击、不耐热等缺点。所以目前高性能的大功率 LED 产品都普遍转为采用有机硅材料作为封装材料。有机硅材料相比环氧树脂材料，具有耐高温、透光率更高等显著的优点，但是目前市面上的高性能有机硅封装材料还主要还以进口产品为主，成本较高，间接拉高了 LED 产品的价格。

2. 大功率 LED 封装工艺

目前大功率 LED 封装工艺中荧光粉涂覆是白光 LED 封装中的研究热点。传统的自由点胶涂覆法已被证明不适用于高品质 LED 生产。美国 Lumileds 公司开发的保形涂覆技术具有产品一致性好、空间颜色均匀等特点。在 Lumileds 之后，美国的 Cree 公司开发出了溶液蒸发法，将荧光粉和特定成分的溶液混合在一起，当溶液蒸发之后，荧光粉通过残留的溶液成分能紧密地黏附在芯片表面。德国的 Osram 公司开发出晶圆级旋涂法实现保形涂覆，荧光粉胶通过旋转的方式被均匀地涂覆在整个 LED 晶圆的表面，然后将晶圆切片得到单个直接覆盖有荧光粉层的 LED。韩国的 Yum 等人总结了这些方法，并提出了沉降法和粉浆法两种方法，利用荧光粉颗粒的沉淀效应实现保形涂覆。国内电子科技大学的饶海波等人利用粉浆法和紫外固化胶实现了芯片级的保形涂覆。

由于上述保形涂覆的工艺方法所得到的荧光粉胶层十分薄，在后续的工艺操作中易被损坏，美国 Lumileds 公司开发出了荧光粉陶瓷技术——Lumiramic。Lumiramic 技术将荧光粉材料烧结成透明的、微晶型的薄陶瓷材料，然后键合在芯片表面，从而得到白光 LED。日本 Fuujita 等人的研究表明，荧光粉玻璃陶瓷技术的高机械强度和高湿热稳定性，能有效提高白光 LED 的可靠性。

（二）大功率 LED 封装光学设计的比较

如图 20 所示是市场上常见的大功率 LED 封装模块及其透镜设计。LED 自由曲面透镜是国内外研究的趋势。现有自由曲面光学的算法主要有剪裁（tailored）法、SMS 法、基于能量守恒微分方程的非连续透镜等设计方法等。但各种方法各有优缺点，剪裁法通过解偏微分方程而得到自由曲面，但不适用于扩展光源；SMS 法能有效地解决扩展光源问题，但计算复杂；基于能量守恒微分方程的非连续透镜只适用于特定光源，应用面狭窄。基于这些方法的局限性，更多的基于这些方法的反馈优化方法被提出，极大地改善了设计效率。图 21 为 Y.Ding 等人设计的一款透镜的矩形光斑图。

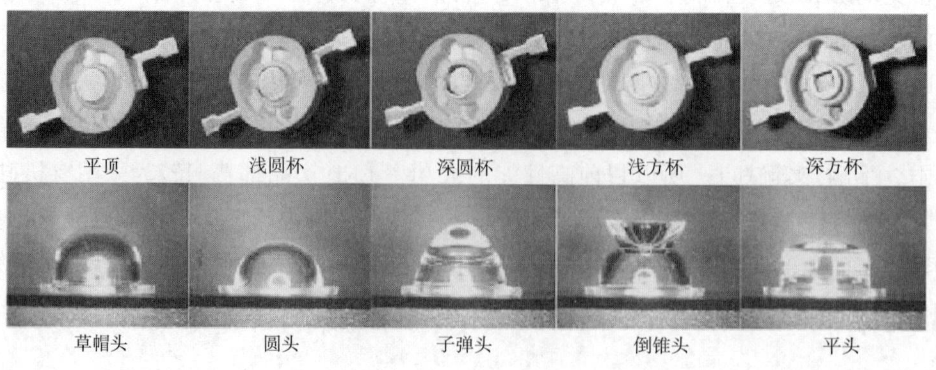

图 20　几种常见的封装支架和透镜类型

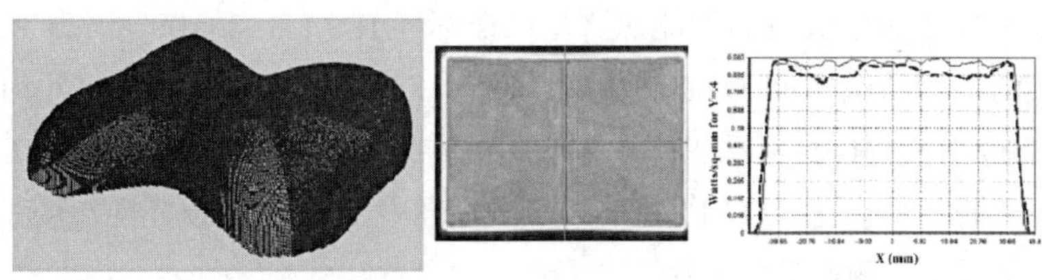

图 21 非连续自由曲面透镜及其矩形光斑图

（三）大功率 LED 封装散热设计的比较

图 5 所示的是大功率 LED 封装的典型结构，芯片发出的光，经荧光粉、硅胶、透镜，往上发射出去；而芯片产生的热湿经界面材料、铜柱、基板、翅片，往下传递到周边空气中。封装的整体热阻是各部分热阻的串联结果；降低任何一个环节的热阻，都有助于降低 LED 封装的整体热阻。在这个热阻网络中，翅片是直接与空气进行热交换的，其热阻也是最大的，其次是各个界面的热阻。因此，人们通常都是通过优化翅片结构、降低界面涂覆材料的厚度等方面降低封装的整体热阻。

大功率 LED 散热方式主要分为主动散热方式和被动散热方式，其中主动散热包括液冷（微通道散热、微喷散热等）、强制风冷（风扇）、半导体制冷等，被动散热方式主要包括自然风冷。虽然主动散热方式的散热能力比被动散热的散热能力强几十甚至几百倍，但是出于 LED 模块可靠性的考虑，目前只用最多的还是被动散热方式。为了提高被动散热方式的散热能力，许多研究者对优化翅片散热结构、翅片表面涂层、提高界面材料性能等方面开展了大量研究。

（四）大功率 LED 封装可靠性试验及寿命评估的比较

1. 大功率 LED 封装可靠性试验试验方法

目前，可靠性试验通常包括环境试验、寿命试验、筛选试验、现场使用试验和鉴定试验。其中寿命试验分为长期寿命试验和加速寿命试验。

2. 大功率 LED 封装寿命评估模型

由于 LED 光源的复杂性和特殊性，对于 LED 光源产品的流明维持寿命，目前国际上还没有专业机构发布加速寿命试验的方法，不能通过短时间内加速的试验结果外推，而是需要进行较长时间的寿命试验才能近似评估，因此，寿命评估方法的正确性和准确性对评估结果至关重要。

针对 LED 光源缓慢退化的寿命评价标准，主要以北美体系（IES）和国际电工协会（IEC）体系最为典型。其中，IEC 体系不主张对 LED 光源的寿命进行评估，而是按照限定时间内的流明维持率进行分级，且老化试验的温度不能超过光源使用的最高环境温度。

2008 年，美国照明工程学会发布的能源之星认证标准 IES LM-80-08 要求，LED 光源流明维持寿命试验的最短持续时间为 6000 小时，推荐试验持续时间为 10000 小时。而能源之星 2011 年发布的 IES TM-21-11 LED 光源流明维持寿命的推算方法，是对 IES LM-80-08 中试验结果处理的一个补充。在 IES TM-21-11 标准中，对于 LED 光源流明维持寿命的拟合推算也只能是近似预测产品的寿命。

3. 大功率 LED 封装可靠性失效分析

与其他电子器件类似,LED 的失效是指：在规定的时间内，器件不能完成规定的功能。LED 封装可靠性失效主要包括：①封装材料的退化：用于封装 LED 的聚合物材料其透射率会由于温度升高产生热退化，由于短波辐射产生光生退化，这是目前 LED 光衰的主要原因；②荧光粉退化：LED 中的荧光粉由于热效应以及氧化而发生退化；③金属电迁移：p 型电极金属会沿着缺陷到达 pn 结区形成欧姆通路，造成结区特性退化；④欧姆接触退化：p 型欧姆接触在大电流和高温下退化，使得串联电阻增加，导致 LED 的 IV 特性退化；⑤静电：静电会引起 pn 结区短路或在结区形成结构缺陷，使得漏电流增大；⑥其他失效机理：散热不良、热迁移等等。

4. 大功率 LED 封装可靠性试验试验及寿命评估标准

大功率 LED 的可靠性测试包括环境试验和耐久性试验。而其使用寿命一般指 LED 输出光通量衰减为初始的 70% 的使用时间，寿命测试通常采取加速环境试验的方法进行可靠性测试与评估。国内主要采用以下几个国家标准评估 LED 寿命：

1）电子元器件的加速寿命试验总则（GB 2689.1-81 简称总则）。

2）电子元器件的寿命估计方法（GB 2689.3-81 和 GB 2689.4-81）。

3）半导体器件耐久性的估计方法（GB/T 4589.1-2006）。

4）LED 应用产品寿命的估计方法（GB 5080.4-85）。

5）LED 器件寿命试验的图估法（GB 2689.2-81）。

而国际上一般以美国电子器件工程联合委员会（JESD）、日本电子情报技术产业协会（JEITA）和美国军方标准（MIL-STD）等几个标准为主，来进行大功率 LED 的可靠性测试。常用的大功率 LED 的环境试验和耐久性试验的参照标准如表 2 所示。

表 2　大功率 LED 的环境试验和耐久性试验方法

可靠性试验项目	参　照　标　准
室温条件下工作寿命试验	JESD22-A108
高温条件下工作寿命试验	JESD22-A108，或 Mil-STD-810 Method: 501.4
低温条件下工作寿命试验	JESD22-A108，或 Mil-STD-810 Method: 502.4
高温高湿条件下工作寿命试验	JESD22-A101
热冲击试验	MIL-STD-202G

续表

可靠性试验项目	参　照　标　准
温度循环试验	JEITA ED-4701 100 105
盐雾试验	JESD22-A107
机械冲击试验	JESD22-B104
高温存储试验	JEITA ED-4701 200，201
低温存储试验	JEITA ED-4701 200，202
高温高湿存储试验	JEITA ED-4701 100，103

目前行业内还没形成比较统一的针对大功率LED可靠性试验规范或者标准，这也导致不同的企业各自形成自己的可靠性试验方案，这也造成市场上的LED产品质量参差不齐。

5. 大功率LED封装可靠性设计虚拟仿真技术

由于白光LED的光学性能会受到芯片产生的热量、材料退化、界面脱层、杂质等多重因素的影响，因此，单纯地利用实验研究LED封装光学性能的因素往往比较困难。仿真技术已经普遍应用于电子封装，可靠性虚拟仿真技术主要包括有限元方法、边界元法等，根据仿真结果，可以对产品的材料和机构进行优化从而改善整个系统的性能，大大缩短产品的开发周期，所采用的软件有ABAQUS、ANASYS、CFD等。

可靠性设计包括虚拟仿真（数值模拟方法）和试验验证方法。数值模拟方法包括有限单元法（FEM）、边界单元法和耦合有限单元法。它们的计算流程一般为：实体建模（包括选择材料参数等）、划分网格、导入求解器计算以及后处理。对于大功率LED封装，当前制约其发展的其中一个主要原因就是散热问题，热量无法耗散以及各种材料间的热膨胀系数（CTE）的失配等都会导致封装结构一系列的热可靠性问题，如不同材料间的分层、裂纹萌生及其扩展等，运用虚拟仿真技术可以计算相应的温度场、热应力、应变、热阻以及热应力下的层间裂纹萌生和扩展行为。

（五）OLED封装技术的比较

薄膜封装比阻挡层封装更具优势，显示器件可以做到很薄，而且不用担心在柔性期间的使用当中因为摩擦而造成的使用寿命的降低。柔性OLED器件的薄膜封装，通常采用单层薄膜封装和多层薄膜封装两种封装方式。

1. 单层薄膜封装

这种封装方法一般是利用等离子体化学气相沉积（PECVD）或真空蒸镀技术，在基板上和器件上制备一层阻挡层，以此来阻挡水汽和氧气的渗透。阻挡层材料多为硅氧化合物或硅氮化合物等。如果要用单层膜对FOLED（柔性有机电致发光器件）进行封装，应该采用几乎没有针孔和晶粒边界缺陷无机物薄膜，才能使密封性更好。韩国Elia TECH于2002年研究出这种薄膜封装技术，是在基板背面形成薄膜覆层，借此阻断造成OLED亮度不足与出现黑点等致命性缺陷的水分或空气，且由于可不使用玻璃或金属板、干燥剂，可将OLED模块的厚度由过去的211mm缩减到小于111mm，并节省50%以上的成本。

2. 多层薄膜封装

另外一个比较有效的方法是在聚合物基板和有机发光器件上采用多层薄膜包覆密封，也就是我们常说的Barix封装技术。方法是用覆膜材料对柔性有机发光器件进行密封包装，该混合防护层由真空沉积聚合物膜和高密度介电层交替构成，有效地消除了各防护层材料间的相互影响。在Barix封装技术中所用的聚合物膜层能使衬底表面光滑。聚合物在真空中沉积并交联，形成一种非共形的聚丙烯酸酯膜，然后将介电质薄膜层的层数和成分加以调控。Barix结构的最后一层为ITO层，可作为有机发光二极管的阳极。制成的衬底的透过率在可见光谱区大于80%，而膜层的电阻小于40Ω。

四、发展趋势

（一）大功率LED模块封装技术

随着半导体照明技术的发展，LED封装技术主要朝着高发光效率、高可靠性、高散热能力、低成本等几个方向发展。比如晶圆级封装技术：荧光直接涂覆在整个晶圆片上，这样将荧光粉集成到上游芯片制造中，可以有效降低成本，实现直接白光芯片的制备。为了增加光通量，一般是通过提高LED封装模块的驱动电流，但这样会产生更多的热。大约每升高20℃，LED效能就要降低5%，如果采用CoB封装方式，减少散热路径，就能有效增强散热能力。LED区别于传统照明光源，最大的特点之一就是其单色性，随着不同颜色LED技术的发展，可调色温LED封装模块愈发成为研究热点；这种封装模块可根据场合甚至人的心情，调节输出光的色温。此外，随着LED封装的集成化，也有人提出将驱动电路集成到LED封装中，实现系统级封装（system on package）。

（二）晶圆级封装及直接白光技术

当前制约白光LED走向普及的障碍之一就是封装成本。目前封装技术工艺步骤多，产品的一致性较差，离理想的单Bin档还有距离，其中封装及测试成本占据了LED制造成本中的近一半。然而封装成本下降是未来的一个趋势，所以研发低成本大批量高质量的

LED 封装技术也成了亟待解决的难点和热点。华中科技大学最早在 2006 年就提出过一种新思路——大尺寸晶圆级封装，可以提高单位时间的产率（如图 22 所示），此外，各大跨国 LED 公司也都在研究晶圆级 LED 封装。可见，研究大尺寸晶圆级封装是厂商和研究人员的共识。

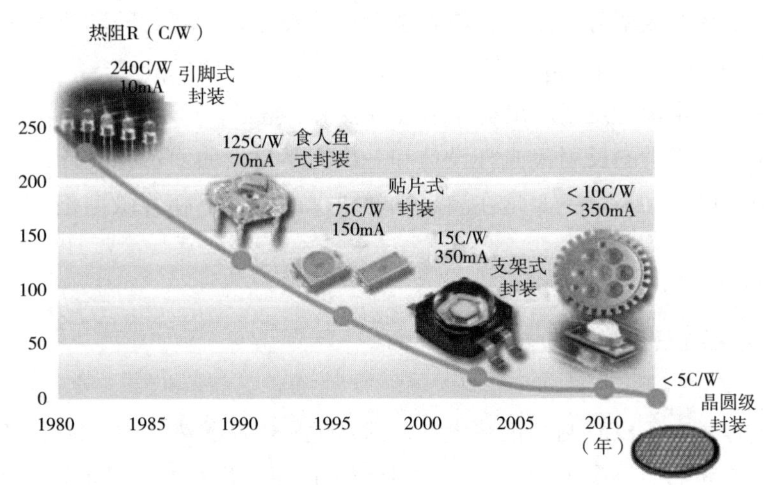

图 22　LED 封装发展趋势：朝着晶圆级封装发展

（三）特种照明

LED 光源具有体积小、耗电量低、使用寿命长、低热量、环保等优点，可用作医疗机械的照明光源。特别是对于进入人体内检查的仪器，因为 LED 体积小，可采用 LED 及光纤把光源放在仪器头上，然后深入人体，利用 LED 发出的光照亮所要观察的部位。这非常方便医生进行观察或摄像。目前，日本长野市的 RF 系统实验室研制出的 Sayaka 胶囊内窥镜是世界最小的人体内窥镜。

另外，由于 LED 可产生单色光，可用作促进植物的生长的光源。利用动物对某个波长特别敏感，可将 LED 用作捕鱼器。国内的一家公司利用 LED 发出的某波段的光和能发出某种频率的声音，进行深海捕捞。

（四）OLED 封装技术

OLED 目前朝着柔性封装方向发展，然而真正实现柔性 OLED 的有效封装还需要薄膜封装技术的进一步发展。单层的薄膜封装，对柔性 OLED 来说是不够的，但有许多薄膜封装方式可以借鉴这种方法。有机 / 无机多层薄膜结构可以应用于对柔性 OLED 的封装。对有机 / 无机薄膜阻挡作用增强的研究，会进一步延长柔性 OLED 的寿命。

（五）大功率 LED 封装光学设计

LED 封装的光学设计包括内光学和外光学设计。内光学设计是指灌封胶和荧光粉设计，用以提高光通量、光效和调整光色。由于光通量与光效有关，而光效则取决于内量子效率以及荧光粉转换效率等，因此，内光学设计的关键在于灌封胶和荧光粉的选择与应用；未来主要是朝着高光效、低成本方向发展。

LED 封装外光学设计是指对出射光束进行会聚、整形，以形成光强均匀分布的光场，主要包括属于一次光学的反射聚光杯设计和一次光学自由曲面透镜设计，以及属于二次光学的整形透镜设计。未来主要是在满足光学要求的条件下朝着微型化、高可靠性方向发展。

（六）大功率 LED 封装散热设计

纵观目前的大功率 LED 封装散热设计，都是优化翅片散热结构、优化 LED 芯片结构等。未来的发展趋势可以预测的是，LED 灯具将朝向模块化发展，因此散热设计也将从大型 LED 模块阵列发展成为小型 LED 模块阵列。对于 LED 封装模块来说，散热设计也将从传统的仅仅降低翅片与空气间的热阻（环境热阻），发展成为降低整体热阻，包括芯片热阻、界面热阻、环境热阻等。所以，未来将从芯片、封装结构、界面、翅片设计等方面，降低 LED 封装热阻，提高 LED 散热能力。

（七）LED 封装可靠性试验及寿命评估

LED 产品的使用寿命有许多部件需要考虑，例如，灯具、驱动或者透镜等。目前，人们越来越意识到大功率 LED 的可靠性问题更多是由于封装引起的，对 LED 封装可靠性的快速评估是当前国际上的难点和热点问题之一。快速评估技术可以通过加速试验来进行，国际上通常采用电流、温度及机械等应力对 LED 模块或模组进行加速寿命试验，通过实验分析（光、电、热等物性参数表征、显微形貌表征和化学成分分析等）结合理论分析（数值模拟）的方法对 LED 可靠性机制进行有效的分析与预测。目前美国的 Mentor Graphics 公司正在研制适用于 LED 产品的在线热测试设备，国内部分检测机构，例如远方光电等，也在研究如何实时获取 LED 加速寿命试验中的光学参数。综合最近的国内外研究，许多机构期望使用可靠性强化测试方法来缩短 LED 可靠性试验时间，通过确定 LED 产品可靠性控制点和极限工作条件，进而对可靠性控制点进行局部评价，实现 LED 封装可靠性的快速评估。

参 考 文 献

[1] S. Liu，X. B. Luo. LED Packaging for Lighting Applications: Design，Manufacturing and Testing [M]. New York: John Wiley & Sons，2011.

[2] E. F. Schubert，J. K. Kim. Solid-state light sources getting smart [J]. Science，2005，308(5726).

[3] S. Pimputkar，J. S. Speck，S. P. DenBaars，et al. Prospectsfor LED lighting [J]. Nature Photonics，2009，3(4).

[4] J. H. Choi，A. Zoulkarneev，S. I. Kim，et al. Nearly single-crystalline GaN light-emitting diodes on amorphous glass substrates [J]. Nature Photonics，2011，5.

[5] M. Arik，C. Becker，S. Weaver，et al. Thermal management of LEDs: package to system [C] //Proceeding of SPIE，2004，5187.

[6] P. Hartmann，F. P. Wenzl，C. Sommer，et al. White LEDs and modules in chip-on-boardtechnology for general lighting [C] // Proceeding of SPIE，2006，6337.

[7] B. Braune，K. Petersen，J. Strauss. A new wafer level coating technique to reduce the color distribution of LEDs，in Light-Emitting Diodes: Research，Manufacturing，and Applications XI. pp. 64860X，2007.

[8] S. H. Ahn，L. J. Guo. Large-area roll-to-roll and roll-to-plate nanoimprint lithography: a step toward high-throughput application of continuous nanoimprinting [J]. ACS Nano，2009，3(8).

[9] 刘宗源. 大功率 LED 封装设计与制造的关键问题研究 [D]. 武汉：华中科技大学. 2010.

[10] P. Schlotter, R. Schmidt, J. Schneider. Luminescence conversion of blue light emitting diodes [J]. Applied Physics A: Materials Science & Processing，1997，64.

[11] G. E. Holfer，C. Carter-Coman，M. R. Krames，et al. High-flux high-efficiency transparent-substrate AlGaInP/GaP light-emitting diodes [J]. Electronics Letters，1998，34.

[12] J. Hu，L. Yang，M. W. Shin. Thermal effects of moisture inducing delamination in light-emitting diode packages [C] // Electronic Components and Technology Conference，2006.

[13] Y. C. Hsu，Y. K. Lin，M. H. Chen，et al. Failure mechanisms associated with lens shape of high-power LED modules in aging test [J]. IEEE Transactions on Electron Devices，2008，55(2).

[14] 雷曼光电. 白光 LED 的封装材料对其光衰影响的实验研究 [J]. 现代显示，2008，86.

[15] J. W. Park，Y. B. Yoon，S. H. Shin，et al. Joint structure in high brightness light emitting diode (HB LED) packages [J]. Materials Science and Engineering: A，2006，441.

[16] L. Tan，J. Li，K. Wang，et al. Effects of defects on the thermal and optical performance of high-brightness light-emitting diodes [J]. IEEE Transactions on Electronics Packaging Manufacturing，2009，32(4).

[17] 方福波，王垚浩，宋代辉，等. 白光 LED 衰减的光谱分析 [J]. 发光学报，2008，29.

[18] 戴炜峰，王军，李越生. 大功率 LED 封装的温度场和热应力分布的分析 [J]. 光电器件，2008，29.

[19] F. Z. Hou，D. G. Yang，G. Q. Zhang. Thermal analysis of LED lighting system with different fin heat sinks [J]. Journal of Semiconductors，2011，32(1).

[20] 国家半导体照明工程研发及产业联盟，北京新材料科技促进中心. 中国半导体照明产业发展年鉴 [M]. 北京：机械工业出版社，2009.

[21] 罗雁横，张瑞君. 新型陶瓷 / 金属化合物基板—直接敷铜板 [J]. 电子与封装，2005(2).

[22] http://www. laminaceramics. com [EB/OL].

[23] http://www. tai. com. tw [EB/OL].

[24] http://www. thermastrate. com [EB/OL].

[25] http://china. sinodiamondled. com [EB/OL].

[26] 余彬海，夏勋力，李军政. 在线路板装配热沉的方法及该方法制作的散热线路基板 [P]. 中国发明专利：101583241A，2009.

[27] M. Edwards, Y. Zhou. Comparative properties of optically clear epoxy encapsulants [J]. Proceeding of SPIE, 2001, 4436.

[28] S. Nakamura, G. Fasol. The blue laser diode: GaN based light emitters and lasers [M]. New York: Springer, 1997.

[29] 张书生，赵春雷，黄小卫，等. 助熔剂对 $Y_3Al_5O_{12}$: Ce荧光粉性能的影响 [J]. 中国稀土学报，2002，20.

[30] T. Tachiwaki, M. Yoshinaka, K. Hirota, et al. Novel synthesis of $Y_3Al_5O_{12}$ (YAG) leading to transparent ceramics [J]. Solid State Communications, 2001, 119.

[31] R. J. Crawford, D. E. Mainwaring, I. H. Harding. Adsorption and coprecipitation of heavy metals from ammoniacal solutions using hydrous metal oxides [J]. Colloids and Surfaces A: Physicochemical and Engineering Aspects, 1997, 126.

[32] Y. Pan, M. Wu, Q. Su. Tailored photoluminescence of YAG:Ce phosphor through various methods [J]. Journal of Physics and Chemistry of Solids, 2004, 65.

[33] J. K. Park, K. J. Choi, J. H. Yeon, et al. Embodiment of the warm white-light-emitting diodes by using a Ba^{2+} codoped Sr_3SiO_5: Eu phosphor [J]. Applied Physics Letters, 2006, 88(4).

[34] C. J. Summers, B. K. Wagner, H. Menkara. Solid state lighting: diode phosphors [J]. Proceeding of SPIE, 2004, 5187.

[35] R. Mueller-Mach, G. O. Mueller, M. R. Krames, et al. High-power phosphor-converted light-emitting diodes based on III-Nitrides [J]. IEEE Journal of Selected Topics in Quantum Electronics, 2002, 8(2).

[36] R. Mueller-Mach, G. Mueller, M. R. Krames, et al. Highly efficient all-nitride phosphor-converted white light emitting diode [J]. Physica Status Solidi (A), 2005, 202(9).

[37] K. Zhang, Y. Chai, M. M. F. Yuen, et al. Carbon nanotube thermal interface material for high-brightness light-emitting-diode cooling [J]. Nanotechnology, 2008, 19(21).

[38] J. G. Bai, Z. Z. Zhang, J. N. Calata, et al. Low-temperature sintered nanoscalesilver as a novel semiconductor device-metallized substrate interconnect material [J]. IEEE Transactions on Componentsand Packaging Technologies, 2006, 29(3).

[39] P. Paul, T. Wang, X. Chen, et al. Improved heat dissipation and optical performance of high-power LED packaging with sintered nanosilverdie-attach material [J]. Journal of microelectronics and electronic packaging, 2001, 7(3).

[40] K. C. Chen, Y. K. Su, J. Q. Huang, et al. Fabrication of high power AlInGaP-based red light emitting diodes with novel package by electroplating [J]. Proceeding of SPIE, 2007, 6486.

[41] W. D. Collins, M. R. Krames, G. J. Verhoeckx, et al. Using electrophoresis to produce a conformal coated phosphor-converted light emitting semiconductor [P]. US Patent: 6576488 B2, 2001.

[42] Z. Y. Liu, S. Liu, K. Wang, et al. Optical analysis of color distribution in white LEDs with various packaging methods [J]. IEEE Photonics Technology Letters, 2008, 20(24).

[43] R. T. Rao, E. R. Eugene, G. K. Alan. 微电子封装手册 [M]. 北京：电子工业出版社. 2001.

[44] Z. W. Zhong. Wire bonding using copper wire [J]. Microelectronics International, 2009, 26(1).

[45] T. Ikeda, N. Miyazaki, K. Kudo, et al. Failure estimation of semiconductor chip during wire bonding process [J]. Journal of Electronic Packaging, 1999, 121(2).

[46] Haque, S., Steigerwald D., Rudaz, S., et al. Packaging challenges of high-power LEDs for solid state lighting [EB/OL]. www. lumileds. com/pdfs/techpaperspres/manuscript_IMAPS_2003. PDF.

[47] 赵阿玲，尚守锦，陈建新. 大功率白光LED寿命试验及失效分析 [J]. 照明工程学报，2011，21(1).

[48] G. Gustafsson, Y. Cao, G. M. Treacy, et al. Flexible light-emitting diodes made from soluble conducting polymers [J]. Nature, 1992, 357.

[49] V. Bulovic, S. R. Forrest, P. Burrows, et al. High reliability, high efficiency, integratable organic light emitting devices and methods of producing same [P]. U S. Patent: 6046543, 2000.

[50] B. P. Loh, N. W. M. JR, P. Andrews, et al. Method of uniform phosphor chip coating and LED package fabricated using method [P]. U S. Patent: 2008079017A1, 2008.
[51] J. -H. Yum, S. -Y. Seo, S. Lee, et al. Comparison of Y3Al5O12:Ce0. 05 phosphor coatingmethods for white-light-emitting diode on Gallium Nitride [C] //Solid State Lighting and Displays, SPIE, 2001.
[52] B. Hou, H. Rao, J. Li. Methods of increasing luminous efficiency of phosphor-converted LED realized by conformal phosphor coating [J]. Journal of Display Technology, 2009, 5.
[53] 李君飞，饶海波，侯斌，等. 提高基于粉浆法的功率型白光LED发光效率的研究 [J]. 半导体学报. 2008, 29.
[54] H. Bechtel, P. Schmidt, W. Busselt, et al. Lumiramic: a new phosphor technology for high performance solid state light sources [C] //Eighth International Conference on Solid State Lighting, SPIE, 2008.
[55] S. Fujita, S. Yoshihara, A. Sakamoto, et al. YAG glass-ceramic phosphor for white LED (I): background and development [C] //Fifth International Conference on Solid State Lighting, SPIE, 2005.
[56] S. Tanabe, S. Fujita, S. Yoshihara, et al. YAG glass-ceramic phosphor for white LED (II): luminescence characteristics [C] //Fifth International Conference on Solid State Lighting. SPIE, 2005.
[57] Y. Ding, X. Liu, Z. R. Zheng, et al. Freeform LED lens for uniform illumination [J]. Optics Express, 2008, 16(17).
[58] JEDEC Solid State Technology Association. Cycled Temperature-Humidity-Biased Life Test [S]. JEDEC Standard JESD22-A100-B. 2000.
[59] JEDEC Solid State Technology Association. Steady State Temperature Humidity Bias Life Test [S]. 2009.
[60] D. L. Barton, M. Osinski, P. Perlin. Life test and failure mechanisms of GaN/AlGaN/InGaN Light Emitting Diodes [C] // IEEE International Proceeding Annual Symposium of 5th Reliability Physics, 1997.
[61] H. Kim, H. Yang, C. Huh. Electromigration induced failure of GaN multi-quantum well light emitting diode [J]. Electronics Letters, 2000, 36(10).
[62] G. Meneghsso, S. Levada, E. Zanoni. Failure mechanisms of GaN-based LEDs related with instabilities in doping profile and deep levels [C] //IEEE International Symposium on Reliability Physics, 2004.
[63] Sheng Liu, Yong Liu. Modeling and Simulation for Microelectronic Packaging Assembly [M]. New York: John Wiley & Sons, 2011.
[64] L. X. Tan, J. Li, K. Wang, et al. Effects of defects on the thermal and optical performance of high-brightness light-emitting diodes [J]. IEEE Transactions on Electronics Packaging Manufacturing, 2009, 32(2).
[65] F. Welsh. Cost trends for solid state lighting [R]. 2011.
[66] 刘胜，陈明祥，罗小兵，等. 采用旋胶和光刻工艺封装发光二极管的方法 [P]. 中国发明专利：200610029857. 1. 2008.
[67] G. H. Negley, M. Leung. Methods of coating semiconductor light emitting elements by evaporation solvent from a suspension [P]. US Patent: 20070224716, 2007.
[68] http://www. rfsystemlab. com/en/index. html [EB/OL].

撰稿人：刘　胜　李水明　赵志力　陈　飞　郑　怀　刘孝刚　付　星

半导体照明系统技术发展研究

一、引言

（一）定位

在半导体照明产业链中，介于 LED 封装器件和半导体照明工程应用之间的技术领域为半导体照明系统技术，是本专题研究的技术领域。根据使用习惯的不同，半导体照明系统也可称为半导体照明器具或半导体照明装置。

与基于卤钨灯、荧光灯、高压钠灯、金卤灯等传统光源的照明技术不同，半导体照明的光源和灯具之间的界限并不总是很清晰，即在某种情况下两者之间是可区分的，在某种情况下两者实际是一体的。另外，LED 器件的性能对其工作温度高度敏感，并且与驱动关系密切。上述复杂的情况也决定了半导体照明光源的性能与 LED 封装器件的性能之间关系错综复杂，特别是在基于不同技术路线的产品和不同厂家的产品之间，难以直接通过判断 LED 器件的性能评价半导体照明系统的优劣。另一方面，从工程实际应用的角度看，仅仅从半导体照明光源的光度学、色度学、驱动等性能指标不能判断一款半导体照明系统是否适用于某类照明应用，原因同样如此。

（二）半导体照明系统的分类

与系统的配光、光通量、色度学、散热特性、防护指数等相适应，半导体照明系统可以根据应用环境进行分类。第一类是普通照明，包含室外照明和室内照明，前者还可具体细分为 LED 道路照明灯、LED 景观照明灯等，后者还可具体细分为 LED 射灯、LED 球泡灯、LED 管灯、LED 吸顶灯等；第二类是特种照明，包括 LED 舞台剧场照明灯、LED 医用灯、LED 机场辅助照明灯、LED 航空器照明灯、LED 应急灯、LED 防爆灯、LED 植物照明灯等。

限于本书的分工，本章仅讨论与普通照明相关的技术进展。

（三）半导体照明系统关键技术分类

半导体照明系统的设计和制造是建立在包括光学、器件封装、机械加工、新材料、散热、驱动和控制等在内的基础技术之上的系统集成技术，其目的是使各类封装型式的 LED 器件及其组合构建成适合各类应用要求的照明系统。上述基础技术之间通常互相联系、互相制约又互相促进。但半导体照明系统最关键的技术主要包括三种：第一种为光学技术，其目的是将常规封装 LED 器件的朗伯型光分布转换成适应各类应用需求的光分布即配光，当然，在此过程中不能使封装器件的色度学特性恶化；第二种为散热技术，其目的是以较为合适的成本，根据使用环境的特点，尽可能降低在半导体照明系统工作时的 LED 器件的结温，在保持较高节能效果的同时，提升器件的稳定性；第三种为驱动和控制技术，其目的是将 220V 或 110V 交流电以较高效率转变为适应 LED 工作的直流和低压输入条件，并且保持较好的耐候性和实现高质量的智能控制。

二、半导体照明系统技术的发展现状

（一）概述

在过去五年中，在国家有关科技计划和政策的支持下，产、学、研各方共同努力，极大地推动了我国半导体照明系统技术的进步，LED 筒灯、自镇流反射式 LED 灯、LED 路灯和 LED 隧道灯首次列入国家半导体照明示范工程招标产品。这些进步主要突破表现在如下几个方面：

1. 将非成像光学拓展至半导体照明领域

为消除传统道路照明光源所引起的光污染和光浪费，针对 LED 光源，罗毅（2007 年）等人提出了基于分离变量法的自由曲面光学系统设计方法，利用自由曲面对 LED 发出的光进行重新定向和分配，使其恰好均匀覆盖道路宽度和周边一定区域，从而实现理想的高光能利用率配光。该方法首先根据能量守恒方程建立光源发光角度和目标平面坐标之间的划分关系，然后通过几何构型数值构建自由曲面。由此构建的室外半导体照明光源首次获得与传统高压钠灯相比节电 60% 以上的节能效果，该项成果荣获 2009 年度广东省科学技术奖一等奖。此后，非成像光学在半导体照明应用中的研究取得了突飞猛进的发展。

2. 多种强化散热技术在半导体照明系统中得到了发展

为降低半导体照明系统的重量和成本，同时保持 LED 器件较低的结温，国内多个研究机构发展了强化散热技术，包括热管散热技术、循环液体冷却技术、微通道冷却技术。

同时，还发展了诸多主动散热技术，包括热电制冷、离子风散热和合成热流散热等。通过上述技术的进步，半导体照明光源变得更加小巧，同时市场竞争力也有所提高。

3. 半导体照明的驱动和控制技术引起广泛重视

业界普遍认识到，驱动和控制是决定半导体照明光源光效和可靠性的重要因素，因此，相当多的企业对此进行了研发，涌现了一批成果，比如采用 Zigbee 的无线控制技术，与国际接口兼容的 LED 调光控制技术等。

（二）半导体照明系统光学技术的发展现状

1. 室外照明方面

为消除传统道路照明光源所引起的光污染和光浪费，针对 LED 光源，清华大学罗毅课题组提出了基于分离变量法的自由曲面光学系统设计方法（2007 年），利用自由曲面对 LED 发出的光进行重新定向和分配，使其恰好均匀覆盖道路宽度和周边一定区域，从而实现理想的高光能利用率配光。如图 1 所示，该方法首先根据能量守恒方程建立光源发光角度和目标平面坐标之间的划分关系，然后通过几何构型数值构建自由曲面。由于一般的网格划分方式难以保证所构建曲面的连续性以及在构型过程中存在法向矢量误差的积累，通常需要用引入非连续曲面。

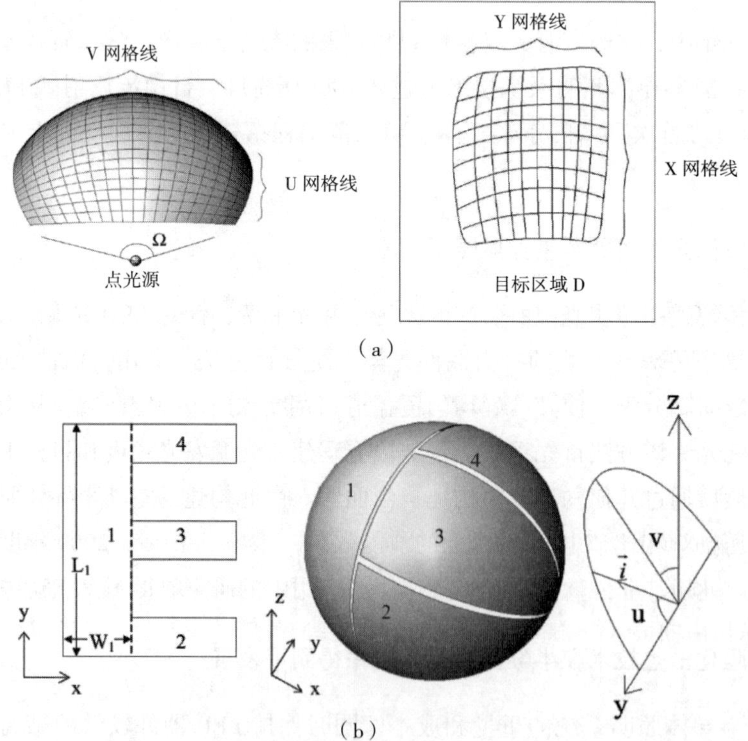

图 1 （a）光源能量网格与屏幕能量网格划分；（b）论文中所设计的能量对应实施例

基于同样的原理，浙江大学的丁毅（2008 年）等人基于 Snell 定律确定了入射、反射或折射光线与自由曲面表面法矢之间的矢量关系，根据光源发光角度和目标平面坐标之间的对应关系推导出了一组代表自由曲面面型的一阶偏微分方程组，并采用 Lax 的显示格式进行数值求解，由于差分法解偏微分方程存在一定的误差，也采用了多个子面拼接的方式来提高设计的精度；郑臻荣（2009 年）等人进一步在得到自由曲面的法线方向和输入 / 输出光线向量之间关系微分方程组的基础上，使用龙格—库塔公式来解微分方程组并完成自由曲面的设计。其中所选用的龙格—库塔公式的阶数越高计算越精确，但阶数高也会导致计算量增大耗时。通过研究，选用四阶龙格—库塔公式是一个较合理的折中选择；吴仍茂（2013 年）等人认为，针对给定照度设计自由曲面的问题类似于最优输运问题，在此思想下自由曲面的设计就变成了解一个具有非线性边界条件的椭圆形 Monge-Ampere 方程，通过数值方法可计算得出自由曲面形貌，如图 2 所示，该方法可很好地解决非对称的照度设计。

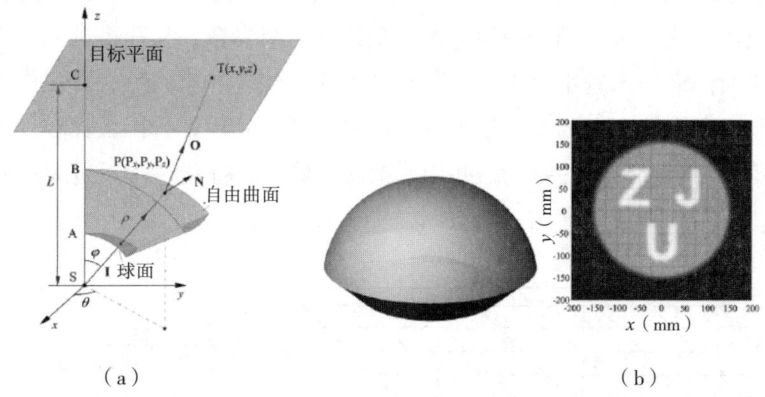

图 2 （a）自由曲面与光线的几何关系；（b）设计的透镜及模拟效果

香港理工大学的蒋金波（2008 年）等人对自由曲面的设计采用了边缘光线扩展度（etendue）守恒的原理，并创建了一套自由瞳面控制网格的节点矢量的精确计算方法。

复旦大学的刘木清课题组提出的方法（2010 年），在确定了能量映射方式和单面自由曲面透镜的初始结构后，由矢量形式的折射定律和光通量守恒定律，建立光源的光线、最终出射光线及入射点的法向矢量的关系方程组，进而得到此方程组的数值解，并通过 CAD 软件的逆向工程建模即得到设计的透镜。

上述几种设计方法都是将 LED 光源看作是点光源，但在实际应用中，为了减小透镜材料对光能的吸收损耗，同时也出于降低制造成本的考虑，需要将透镜的尺寸尽可能减小，从而导致光源的尺寸无法忽略，会引起给定照度分布的偏移，如图 3 所示。

为了消除自由曲面表面误差和光源的扩展性带来的影响，清华大学罗毅课题组提出了反馈迭代方法（2010 年，2011 年）。通过实际仿真的光分布与预期的光分布之间的偏差以一定的反馈系数补偿修正预设的光分布，并依次迭代，直到设计的结果接近给定的光分布。迭代反馈法在初始仿真的光分布与理想光分布偏差不大的情况下具有很好的效果（如

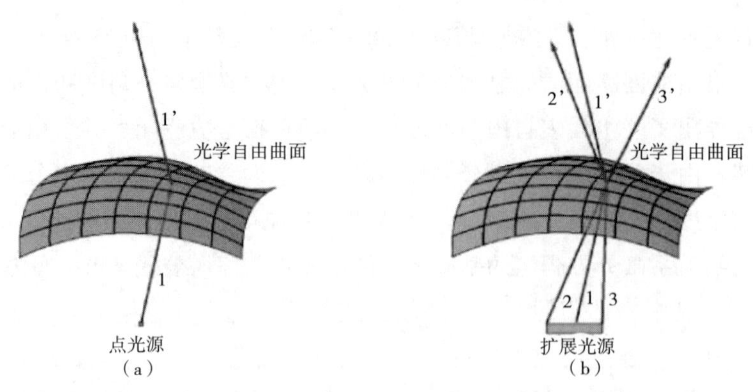

图 3　点光源与扩展光源在自由曲面设计上的区别

图 4 所示）。浙江大学的余飞鸿课题组提出的基于自由曲面坡角的优化方法（2010 年）也是一种解决扩展光源问题的优化方法，首先利用坡角对自由曲面进行参数化并把坡角作为优化的变量，然后以基于点光源近似得到的自由曲面作为优化的初始点并利用单纯形法、遗传算法等全局优化算法找到使得评价函数最优的一组参数，从而得到一个优化的自由曲面。长春光机所的刘华课题组提出了一种自动优化方法（2011 年），首先由能量守恒确定入射光角度与光线在屏幕上的落点位置的对应关系，再利用评价函数比较使用扩展光源的追迹光线的落点与目标落点的差别，并用反馈函数修正，优化过程通过编写 ZEMAX 的宏，可自动完成。

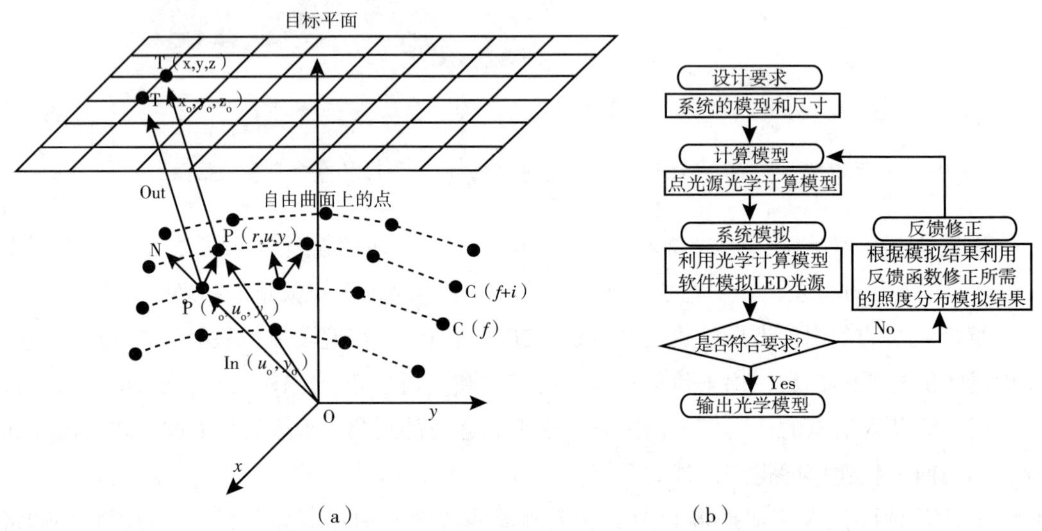

图 4　（a）三维自由曲面的构建；（b）反馈法流程

目前 LED 应用于道路照明普遍采用等照度配光的形式，即将光能量均匀地分布到路面上，而实际上，人眼感知的是路面的亮度而不是照度，路面亮度与入射光线的强度、路面的反射性能以及观察位置有关。等照度配光会使得路面上产生明暗相间的“斑马纹效应”，会导致驾驶员眼睛的视觉灵敏度下降。针对这个问题，罗毅课题组提出了系统的按路面亮度设计 LED 自由曲面透镜的方法（2010 年），在保证总亮度均匀度、纵向亮度均匀度、眩光因子满足照明标准的前提下，获得可产生最高平均亮度与平均照度比的优化照度分布，并根据这种优化的照度分布设计自由曲面光学系统，并已经应用于实际新型高效 LED 道路照明光源中。图 5 给出了按照均匀亮度设计的二次光学系统及其配光分布。

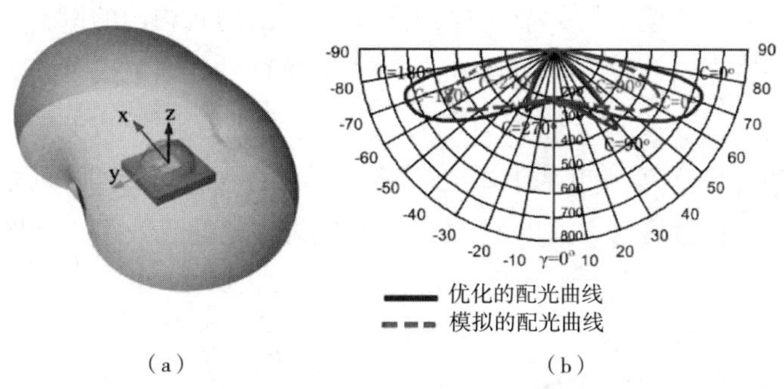

图 5　满足亮度均匀要求的道路照明光源及其配光分布

此外，自由曲面通常需要依次构点，因此构点方式也在一定程度上影响着最终的自由曲面形貌的照明效果。浙江大学的吴仍茂（2011 年）等人提出了利用 B- 样条插值的自由曲面构型方法，使构建得到的自由曲面更加接近设计目标，因此而提高了自由曲面的照明效果，如图 6 所示。

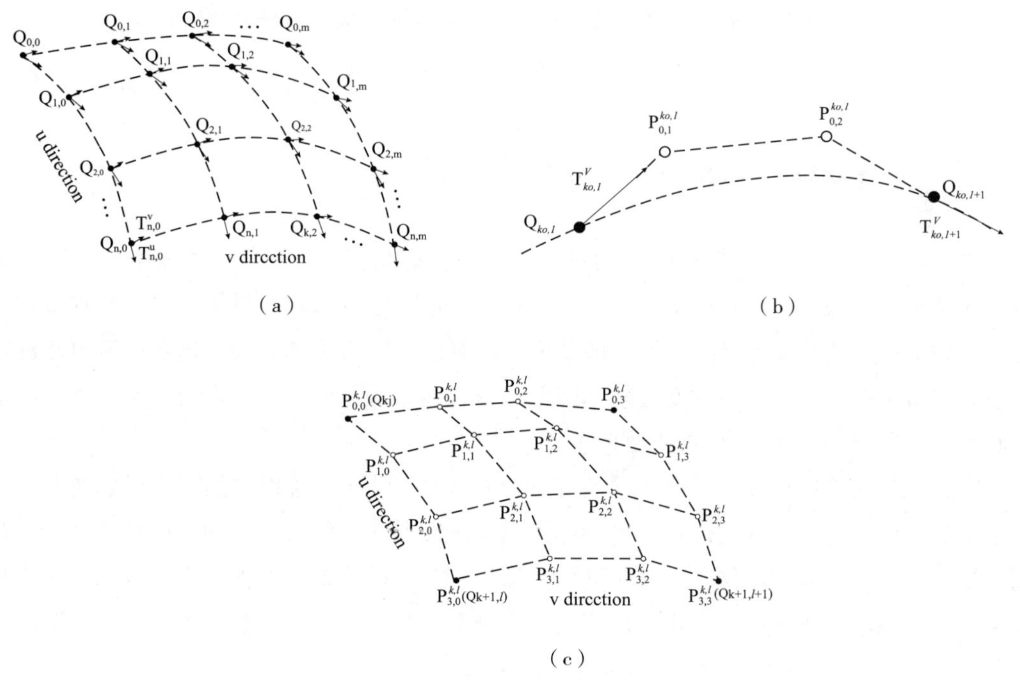

图 6　（a）用于双三次样条插值的数据点；（b）由数据点计算控制点；（c）由 16 个控制点构成的双三次 Bézier 曲面片构成自由曲面

2. 室内照明方面

光学室内照明除了对灯具的色温、显色指数等要求较高外，还要求尽可能消除不舒适眩光。大部分的室内照明光源都是采用在光学系统表面进行磨砂或者是涂覆散光颗粒等方式来消除眩光，会对光学系统的效率产生极大的影响。罗毅（2009 年）等人通过利用非成像光学设计具有一体微透镜结构的散光板，将 LED 发出的光均匀的散射为均匀亮度的面光源，发光柔和，平均光出射度为 0.046lm/mm^2，与荧光灯的光出射度处于相同的量级，较为有效地降低了眩光，并且整灯光能利用率为 88.1%，维持在较高的水平。此外，中国计量学院的孙理伟（2009 年）等人也基于非成像光学提出了一种微透镜阵列结合准直反射镜的光学系统，其能够对任意发光方式的 LED 光源实现较好地匀光效果，如图 7 所示。

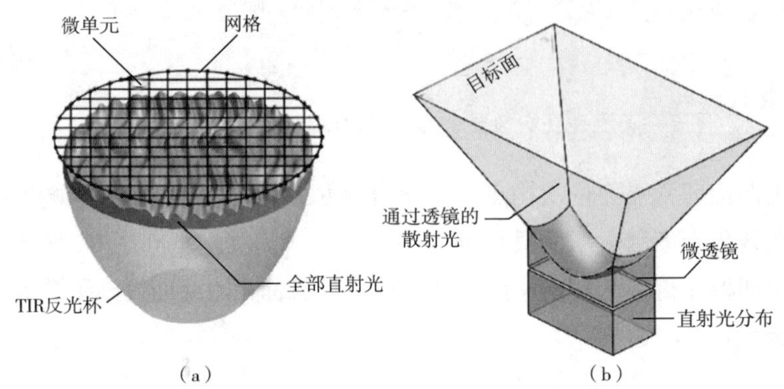

图 7 （a）光学系统由 TIR 反光杯与顶部的微透镜阵列构成；

（b）透过每一个微透镜的光分布覆盖目标区域

（三）半导体照明系统级散热技术的发展现状

虽然相对于传统照明光源 LED 的发光效率明显提高，但就目前的水平而言，其电光转换效率远没到极限，一般仅有 30% ~ 50% 的电能转化为光能，而其余的电能则转化为热量，如果产生的热量不能有效及时地散出，LED 结温将会迅速升高，这会影响电流注入效率，内量子效率和荧光粉的发光效率降低，并直接影响器件的使用寿命。所以，解决散热问题是一项推动 LED 发展的重要课题。

LED 正常工作时的温度一般不会高于 100℃，通常情况下辐射散热基本可以忽略，所以主要靠传导和对流来散去热量。半导体照明系统级散热要解决的问题主要是两个：芯片到散热器（片）的高效热传导和芯片到散热器再到空气的高效热交换，主要技术也可以分为两类，即被动式散热和主动式散热。下面将分别介绍它们的基本情况及在国内的发展。

1. 被动式散热

被动式散热是指在空气环境下自行散发热量，不需要其他辅助设施。传统的被动式散热包括自然对流散热、均温板散热、热管及回路热管散热等。新型的则有微通道式散热基板以及使用新型导热材料等。

（1）自然对流散热

自然风冷散热是最简单也是最常用的散热方式，对于功率不大的LED采用自然风冷散热，只需要设计散热基板的形状尺寸，便可以达到令人满意的效果。为了增大散热基板与环境的接触面积，增强散热效果，其形状通常采用鳍片式。并且，鉴于导热率、价格以及可塑性，散热基板材料通常采用铝合金。杨红军等人通过仿真，研究了散热器翅片高度、宽度、个数以及环境温度和风速对结温的影响。刘红、庄四祥等人通过正交参数试验法分析了翅片高度、厚度、个数以及基板的长度、厚度等参数对其温度场的影响，获得了能基本反映全面情况的试验资料，同时得出不同参数对LED散热及质量的影响程度。其优点是成本低、运行可靠，但效果差，只能用于低功率LED照明系统，不适合大功率LED的冷却。

（2）热管散热技术

热管是一种传热效率极高的换热元件，冷、热流体间的热量传递通过热管内工作介质的相变来完成的。传统的形状包括平板、回路式和翅片式。其特点为传热效率高、等温性能好以及使用寿命长等。

在国内，P.Zhang等人设计了一种用于100W LED阵列的平板热管散热器，以平板热管结构为例，如图8所示，热管的冷凝端接鳍片通过自然风冷散热将热管传递的热量散出。其工作原理为冷凝端的液体通过热管侧壁毛细管的毛细作用到达热管的蒸发端，液体吸收蒸发端侧壁热量汽化，再到冷凝端遇冷凝结，依此循环传递热量。他们还用铜基底取代平板热管进行了对比实验。结果表明，用热管散热的实验组LED最高温度为47.0℃，最大温差为19.0℃，平均温度33.9℃；而采用铜基底的对照组最高温度达122.9℃，温差为88.6℃，平均温度64.8℃。采用热管明显提高了散热器的散热性能。华云峰等人设计了一种热管加翅片的散热器，包括四组翅片，均通过热管与基底连接，间隔90°分布。研究了热管导热系数、直径以及自然风风速等因素对芯片结温的影响。鲁祥友等人提出了一种用于LED系统散热的回路热管，并且研究了热负荷、倾角、加热方式等对热管的启动性、均温性、热阻等的影响。设计的热管散热器热阻在0.19 ~ 3.1K/W之间，并且均温性被控制在1.5℃以内，在热负荷为100W时，蒸发器的温度被控制在100℃以下，满足大功率LED节点温度的控制要求。

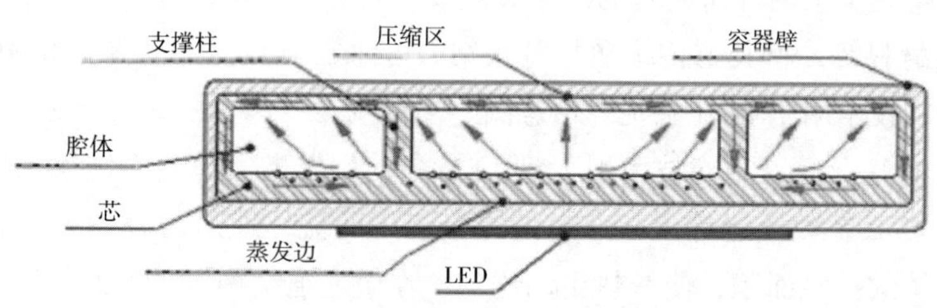

图8　平板热管结构原理示意图

目前国内的研究主要集中于优化其结构和寻找新的材料。如2010年北京工业大学研究表明翅片结构的不同会极大地影响其散热心能（如图9所示）。另外，环境温度、热管根数、散热装置的工作倾角都会影响散热能力。

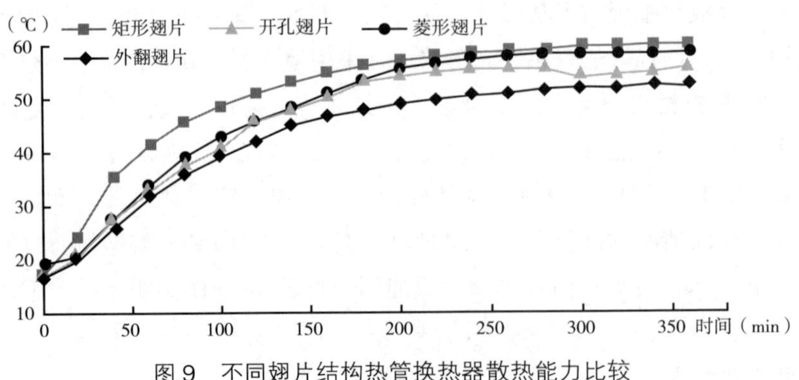

图9　不同翅片结构热管换热器散热能力比较

（3）循环液冷散热

由于液体的导热性能比空气优良，所以液冷的散热效果往往优于风冷散热。循环液冷散热是一种常用的液冷散热方式。散热系统包括水冷板、微型水泵以及散热盒。微型水泵为水流循环提供动力，LED灯具的热量通过水冷板传递到循环水中，达到散热盒中，一般再通过强制风冷方式，将热量排向外界。这种方式散热效率高，明显高于传统的强制风冷效果。滕道祥在太阳能LED路灯的散热设计中使用了强制水冷散热，并在液体流经散热盒时，通过包围导管的粉末的化学反应，将水流中热量提取出来，散热效果最终达到了设计要求。

液冷散热方式有诸多不利之处，如产品成本高、不能用于高温、震动等恶劣 环境中。而且液体循环致冷装置的面积大，使得真正运行起来散热装置体积过于庞大。同时，液体循环致冷装置对密封要求极高，若稍有不当，就会对设备造成毁坏。目前，国内液冷方面的工艺技术水平有限，若在大功率LED上用液体循环致冷装置，则在器件的可靠性方面存在严重的问题。

（4）微通道冷却技术

要想让自然对流散热有更大的用武之地，必须对其做一些改变或者突破。利用液体对流散热技术也得到了国内外研究者的注意和重视，现在国内的研究主要是基于一些微结构以及新的界面材料等，将其与传统散热基板结合起来得到更好的效果。图10是以较为典型的微通道冷却技术用于LED系统的示意图。

吕家东将硅基微通道制冷技术引入到LED中，指出微通道制冷传热系数高、结构紧凑以及与芯片膨胀系数接近等。微通道的冷凝板中的流体通道为直径为百微米量级的通道，增加了流体的接触面积，使散热更加均匀。在微通道结构设计方面，国内分别研究了交错结构微通道散热器，指出该结构可有效提高换热系数，提高芯片阵列的均温性。

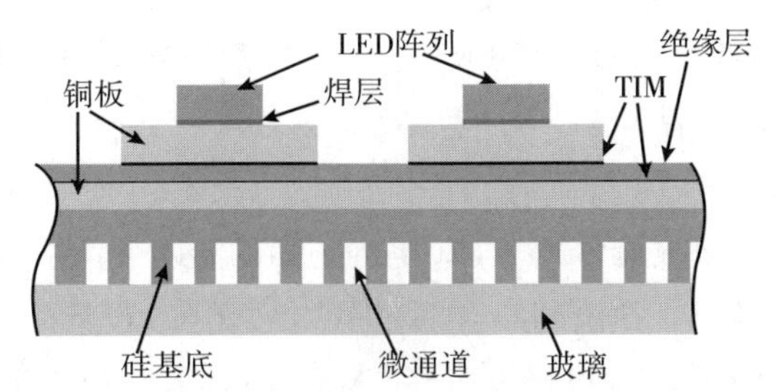

图 10　安装微通道冷却的大功率 LED 结构示意图

（5）高导热界面填充材料技术

这方面的进展则表现在对纳米材料和碳纤维材料方面的探索。由于某些纳米材料具有极高的导热性能（例如银纳米颗粒的热导率为 429W/mk），所以一些国内外学者尝试将纳米技术应用在 LED 散热中，主要包括纳米导热胶和纳米流体。纳米导热胶是将纳米结构材料添加到导热胶中，而纳米流体是将纳米颗粒分散到传统流体之中。其导热性优于传统导热胶和流体。在国内，有人研究了银纳米材料对热接触材料导热性能的提升作用，并分析了纳米颗粒、纳米棒和纳米链对导热性能改善的大小比较，结果表明，纳米颗粒效果最好，纳米棒次之，纳米链相对改善最弱，并且对于每种结构，添加 10% 的纳米材料相对于只添加 5% 的纳米材料的导热性有明显提高。但是，新型导热胶也会碰到其他问题，例如，银原子分散形成的导热胶，可以明显提高热量的传导能力，但是，银原子对于光的吸收会成为另外一个干扰因素。

碳纤维是由有机纤维或低分子烃气体原料在惰性气体中经高温碳化及石墨化处理而得到的微晶石墨材料。其力学性能优异，比重小，抗拉强度高。并且与树脂、金属、陶瓷等机体复合生成结构材料。碳纤维复合材料无论在导热性能还是质量、强度等物理性能都远优于铝合金。国内廖良斌对碳纤维复合材料散热器和铝合金散热器的散热性能进行了对比分析。研究发现，形状相同的翅片型散热器，碳纤维复合材料和铝合金散热器的上升温度分别为 20.8℃和 33.4℃，而质量对应为 81g 和 125g。由此可见，作为散热器，碳纤维复合材料无论是重量还是性能远优于铝合金，是一种非常有潜力的材料。

2. 主动式散热

LED 照明主动散热是指消耗一定量的电能，采用风扇、泵等驱动散热介质受迫流过 LED 照明设备，或采用半导体制冷等制冷装置对其进行冷却的技术。主动冷却技术具有冷却强度高、冷却效果好的优点，特别适用于超大型 LED 照明装置的冷却。主要包括加装风扇式、水冷式、热电制冷、离子风散热和合成射流等。

（1）强制风冷散热

强制风冷散热主要通过在散热器上安装风扇，增强散热器表面空气流动速度，加快热量在散热器与周围环境之间的传递。张万路等人选取了两个相同的高能耗灯具样品上，对比了安装了风扇的效果，实验发现，安装风扇的实验组明显增强了散热器的散热效果，

LED 芯片结温下降了 45%。使用这种散热方式，散热效率虽明显提高，但添加风扇也会带来的尺寸、封装以及稳定性问题，影响其应用范围。

（2）热电制冷散热

基于帕尔贴效应，热电制冷片（TEC）的一面的温度会低于环境温度，与 LED 芯片连接，从而达到冷却的效果。热电制冷有体积小、无噪声、设计简单、维护方便等优点。只需控制输入电流大小，便可控制制冷功率。Nan Wang 等人研究了在不同的 LED 驱动电流下，TEC 输入电流对芯片结温、散热基板温度、冷热端温度的影响。并且对比了不加散热基板与只加散热基板时 LED 芯片的结温。结果表明 TEC 散热效果最优，并且当 LED 输入功率小于 20W 时，TEC 可以满足 LED 封装散热要求。

但是，热电制冷也面临着诸如提高制冷效率以及降低成本的问题，目前还没有产业化。

（3）离子风散热（EHD）

离子风的形成原理是：高压电极将空气中的气体分子电离，在一个电极周围产生的正电离子飞向另一个产生负电离子的电极，从而带动空气流动，形成离子风。相比于风扇散热，离子风不存在机械运动，不会产生噪音，并且随着风速增加，风扇的叶片面积需要增大，其效率也会随之降低，而离子风散热器不会受到空间以及效率降低的影响。无论在效率和设计空间都优于传统的风扇。其缺点是离子风的产生需要几千伏的高压直流电，并且对灰尘的耐性不及普通风扇。国内 S.W.Chau 等人研究了两种形式的电极的散热效果（线型和针型），并且分析了电极个数、倾角以及电极与电极和电极与散热基板之间的距离对 LED 散热效果的影响，同时与传统的风扇的散热效果进行对比，结果表明，离子风在节能降噪以及设计空间等方面都优于传统风扇。

然而，其工作条件所需要的 3000V 高压，大大限制了其使用范围，而且高压环境对于环境灰尘的敏感性也使得其稳定性不高。

（4）合成射流散热

自 1950 年 Ingard 等人在实验室中利用声波驱动元罐内气体产生振动以来，将声能转化为流体振动能量的研究越来越多。南京航空航天大学在 1992 年也提出了通过空腔的 Helmholtz（亥姆霍兹）共振效应，可以将声能最有效地转化为流体振动能量，从而实现对流动分离的控制。2000 年罗小兵等人研究了关于合成射流的机理及数值模拟。Synthetic Jet 的大致原理是利用一个类似振动膜的元件以一定频率振动压缩腔内的空气，空气受压缩后从细小的喷嘴高速喷出。图 11 显示了微喷射流过程中形成的喷射粒子，这些微喷粒子形成空气弹后喷向散热片，同时空气弹带动散热片周围的空气流动带走热量。

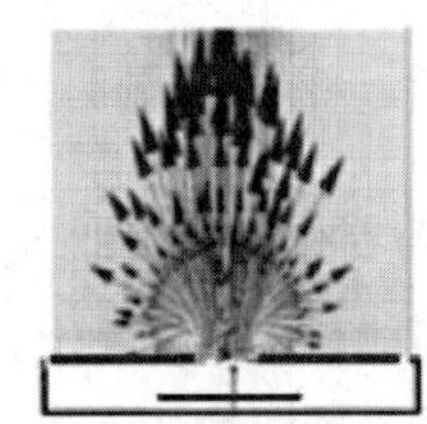
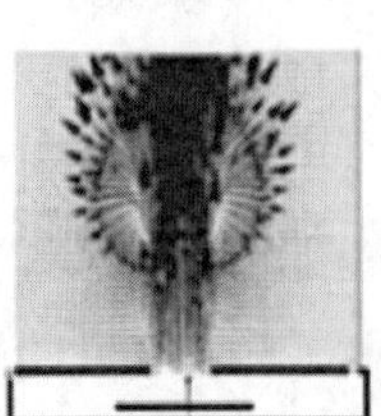
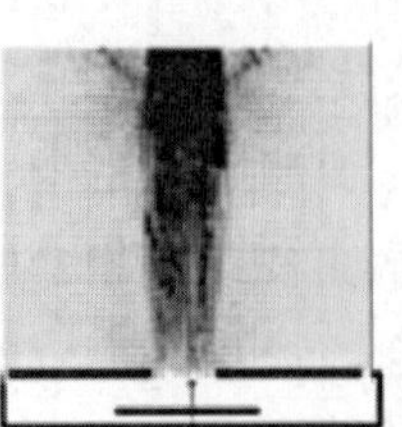
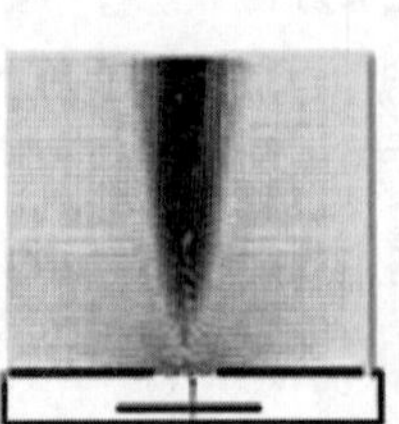
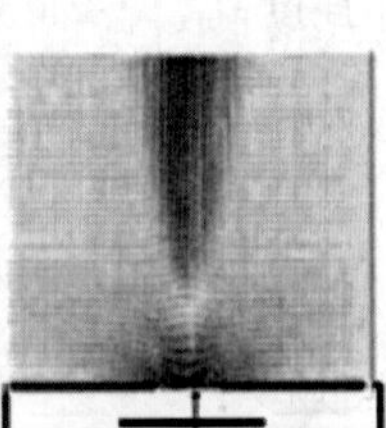

图 11　微喷射流过程中形成的喷射粒子

这项技术虽然比起加装风扇具有体积小、功耗低和寿命长等优点，但产生的空气弹能否覆盖整个 LED 热源区域还待研究。

（四）半导体照明系统级驱动和控制技术的发展现状

1. 半导体照明系统驱动技术的发展现状

LED 的亮度由流过的电流决定，为了确保 LED 最佳的性能和长久的工作寿命，就需要一个有效的恒流驱动电路，而不是传统 AC/DC 或 DC/DC 的恒压控制，与荧光灯的电子镇流器不同，LED 驱动电路的主要功能是将交流电压转换为直流电压，并同时完成与 LED 电压和电流的匹配。LED 驱动技术具有以下特性：直流控制、高效率、PWM 调光、过压保护、负载断开、小型尺寸以及简便易用等。

由于 LED 是特性敏感的半导体器件，又具有负温度特性，因而在应用过程中需要对其进行稳定工作状态和保护，从而产生了驱动的概念。LED 器件对驱动电源的要求近乎于苛刻，LED 不像普通的白炽灯泡，可以直接连接 220V 的交流市电。LED 是用 2 ~ 3V 的低电压驱动，必须设计复杂的变换电路，不同用途的 LED 灯，要配备不同的电源适配器。

LED 驱动电源不仅是简单的控制与驱动，对能效、寿命、功率因数、恒流精度、电磁兼容等都有严格要求。这些都对 IC 设计、工艺及应用等诸方面的技术提出了挑战。因此，众多厂商投入大量资金和人力开展结构更加紧凑、功能更强、效率更高的白光 LED 控制、驱动 IC 的研发工作。从而在各个应用领域中，在技术和产品方面都有较明显的突破（见表 1）。

表 1　中国 LED 驱动技术专利申请 IPC 分布 TOP10 及其涵义

IPC 分类号	申请量	百分比（%）	分类号含义
H05B37	534	36.6	控制一般电光源的电路设置
F21S2	168	11.5	非便携式照明装置或其系统
G09G3	114	7.8	电致发光光源应用的电路装置
F21S8	91	6.2	准备固定安装的装置
H05B33	54	3.7	电致发光光源零部件
F21S9	31	2.1	带机内电源非便携式照明装置或系统
F21V23	31	2.1	照明装置内或上面电路元件的设置
F21S4	27	1.8	非便携式照明装置或其系统，使用光源串或带的装置或系统
F21S10	26	1.7	产生变化的照明效果的装置和系统
G09F9	21	1.4	采用选择或组合单个部件在支架上建立信息的可变信息的指示装置

由表 1 可知，LED 驱动电路技术中国专利的重点领域，主要集中在 H 部的电及元件分部的电光源大类（H05B37、H05B33）。G 部的仪器分部的光学、调节控制、信号装置、显示广告等大类（G09G3、G09F9），F 部的照明分部 F21（F21S2、F21S8、F21S9、

F21V23、F21S4、F21S10）。其中 H 部是发明专利集中的领域，而 F 部涉及具体的产品，则是实用新型专利集中申请的领域。由 LED 驱动技术中国专利 IPC 分布 TOP10 分布可以看出，该技术属于发明专利较多的高科技领域。

国内申请专利 IPC 主要分布在 H05837（控制一般电光源的电路装置），多为控制单一或者少量 LED，复杂度低的驱动电路；另外，在 F21S2、F21S8、H05B33，多应用于单一或小规模的 LED 芯片灯具，固定的如路灯、广告牌、警告灯等，便携的如手电筒、作指示测量用的 LED 照明设备。

中国 LED 驱动国外专利申请 IPC 主要分布在 G09G3、G02F1、H05B33。H05B33 为电致发光光源零部件，G02F1 为来自独立光源的光的强度、颜色、相位、偏振或方向的器件或装置，而 G09G3 是电致发光光源应用的电路装置。总体上来看。国外申请人在中国申请的专利主要是用于显示器等具有大量 LED 阵列的复杂驱动电路。

目前，我国半导体照明光源的驱动方式主要包括如下几种：

（1）直流恒压驱动

直流恒压驱动一般为小功率 LED 光源，通过光源串联和串入恒流源电路使灯具可接入直流电源中，并可多个并联，安装方便；目前的光源有 12V- 单色 LED 灯带（或 24V），12V-RGB 彩色灯带（或 24V），12V MR16 灯泡，和 12 ~ 24V 灯泡；由于 LED 恒压光源并联安装方便，应用较广。

直流恒压调光驱动器分为两种，一种为直流调光驱动方式，是在光源和电源之间增加“恒压调光驱动器”；另一种为交流调光驱动方式，是将恒压调光驱动器和电源组合在一起。

（2）直流恒流驱动

LED 光源功率超过 1W 的（或并联后电流超过 350mA 的）需为恒流驱动，恒流驱动电流有 350mA/450mA/600mA/700mA/900mA 及 1A/1.4A/1.5A 等多种；串联的数量从 1 ~ 50 颗都有，即恒流源的输出电压从 3 ~ 150V；这给生产驱动电源的系列化带来不便，从行业到国家甚至国际上没有相关标准，应尽快制定行业标准。

但在实际应用时，LED 灯具的电流和电压是可以通过调整 LED 颗粒的串并联来达到基本的合理；如规定 350mA/700mA/1A/1.5A 等四种电流，LED 串联的数量从 3 ~ 12 颗，恒流芯片允许负载有一定范围的变化。

2. 半导体照明系统控制技术的发展现状

目前，我国 LED 调光的主要技术是 PWM 脉宽调制技术，其主要技术指标为 PWM 频率和 PWM 分辨率。

PWM 的频率：是 LED 调光的关键，由于 LED 光源发光不像热光源发光有热惰性，通过实验摄像机和手机在 PWM 频率小于 3kHz 时会有频闪现象。

PWM 分辨率：在热光源调光至 256 级时，感官认识调光平滑性很好，因其发光原理为热丝发光，有热惰性；但 LED 光源发光无热惰性，在 4096 级时的低端还会有台阶感，在10000级以上时台阶感才消失。

LED调光的专业要求同传统光源有一样的品质，同样LED照明的控制也要求越来越高。

为实现上述调光，市场上的LED控制系统主要是国内厂商自定义的控制协议，随着演艺行业LED厂商的加入，目前的主流控制系统以演艺行业的国际标准DMX-512为主，随着LED光源的大量进入商业照明及家居照明，市场进入LED照明灯具与智能照明系统的结合和系统创新时代；影视及舞台也进入LED的变革时代，传统的控制系统由于LED的加入而进入大发展阶段。

目前在照明控制领域与调光电源（节能灯/日光灯称调光镇流器）的接口方式主要为0～10V/DALI/DMX512/TRIAC为主，此外还有其他自定义接口驱动LED驱动的接口方式。

（1）DMX-512接口

DMX-512是由美国剧场技术协会USITT提出的，USITT DMX512/1990是调光和灯光控制台数据传输标准，是娱乐灯光领域常用的控制协议。现在DMX512是娱乐灯光行业最主要的控制协议。DMX512是围绕工业标准EIA485接口设计的，该协议目前在LED专业灯具及建筑灯光领域成为标准接口；LED的色温控制及色彩变化对于DMX系统更易实现。

（2）0～10V接口

是传统的模拟方式的灯光控制接口。通过改变0～10V的电压信号，控制灯光亮度。智能控制系统中0～10V控制用于日光灯驱动器。现在流行于LED驱动器。其流行广泛是因为传统的智能控制系统大都有0～10V接口的日光灯调光驱动器，目前最流行的室内照明控制系统的LED调光接口为0～10V。其主要原因是照明控制系统和电源驱动企业都有该接口，且协议简单易被接受；其缺点是如大规模使用一致性差，对于LED变色动态控制，0～10V系统接线繁琐，且大部分照明控制系统没有相应的控制程序。

（3）DALI接口

DALI总线是PHILIPS，OSRAM，Tridonicatco三家公司发起的数字日光灯（节能灯）驱动器，并被作为IEC929节能灯驱动器电气标准的附录，该总线接口在欧洲被广泛使用，但在国内该接口未被大多数企业接受，应用案例较少；同样对于LED变色动态控制，DALI也没有相应的控制程序。

（4）其他数字接口

一些控制厂家及研发机构自成体系地研发的控制系统，但由于其影响力有限，目前还没有相关标准。

（5）无线数字接口

目前有报道一些国际和国内公司在开发，如利用ZigBee及蓝牙等无线控制技术。

（6）TRIAC可控硅调光（直接通过交流电源斩波调光）

前面的控制接口都是弱电控制接口，线路复杂；对于传统的可控硅调光器目前有许多光源生产厂商生产TRIAC（支持可控硅调光）的光源，如蜡烛泡/球泡灯/PAR灯等；其线路简单更易被接受；缺点：多个光源起光点不一致，调光有台阶感（原有负载为热光源，有热惰性无此问题），针对 LED 灯泡的调光器还没有，影响了该类产品的推广。

目前在照明控制领域，调光电源（节能灯 / 日光灯称调光镇流器）的接口方式主要为 0 ~ 10V/DALI/DMX512/TRIAC，此外还有其他自定义接口驱动，智能控制系统大都有 0 ~ 10V 接口及 TRIAC 调光器；LED 的色温控制及色彩变化对于 DMX 系统更易实现。

DMX 接口接入智能照明系统存在问题，DMX 系统又无法实现多点控制。国内外有大量的产品是 DMX 系统的产品，但大都是一点控制。

国内也有企业研发恒压调光光源，如星光莱特（LIGHTSPACE）研发出一款 120W 恒压调光电源，4 路 PWM 输出，接口为 DMX512 和照明总线 LT-NET 接口两种接口。

用于照明系统的恒流调光驱动，控制接口一般为 0 ~ 10V 可与国内外控制系统连接；国内也有生产 DALI 总线主要是为出口。

用于影视舞台专业灯光的灯具及外景照明的灯具，控制接口大部分为 DMX-512 信号接口，主要是因为专业应用大部分灯光需要有变化。大部分灯具为电源控制光源做成一体。如目前影视舞台专业应用最多的 LED 光束灯，功率 200W，采用 RGB+ 白一体大功率光源；灯具为 6 通道，分别为：红 / 绿 / 蓝 / 白四通道 / 调光 / 频闪等。

三、半导体照明系统技术的国内外研究进展比较

（一）概述（比较评析国内外学科的发展状态）

从世界范围看，半导体照明产业方兴未艾。国内外在半导体照明系统技术方面都在迅速发展，国内在非成像光学系统研究方面还走在世界前列。

半导体照明市场最大的部分将是普通照明，包括室内照明和室外照明两大类。这两类应用都要求灯具具有高发光效率、长寿命、环保等特性，其主要差别在于室内照明光源对照明效果和品质（包括显色性、色品一致性、光源的出射度和均匀性、人眼舒适性等）有较高的要求，且其面向的消费群体对灯具价格更敏感。因此，受限于成本和照明品质，半导体照明将率先在室外照明大规模应用，之后随着技术的不断发展逐渐进入室内照明领域。另外，随着每千流明成本的不断下降，半导体照明还将在设施农业照明、医疗照明等需要特殊谱线照明的领域发挥重要作用。

室外照明的一个典型应用是路灯，路灯是城市照明的重要组成部分，其耗电量占整个照明用电的很大部分。传统的路灯采用高压钠灯，高发光效率的高压钠灯显色指数很低（约为 30），使得被照射物体颜色失真非常明显；高显色性高压钠灯显色性有所改善，但其发光效率、寿命都有所损失；受限于其寿命较短，因此需要经常进行价格不菲的高空维护作业。一般高压钠灯的配光性能较差，也就是说道路照明时的均匀性不够好，而为了满足道路照明对均匀性的要求，一般高压钠灯路灯都采用比灯杆下照度需求大许多的额定功率，从而造成了能源的浪费，因此，开发新型高效、节能、长寿命、显色指数较好、环境

友好的路灯对城市照明节能具有十分重要的意义。室外照明领域的巨大市场需求，推动着功率型 LED 路灯等灯具的技术水平不断进步，成本不断下降，新产品不断涌现。在“十城万盏”、“千里十万盏”等示范工程的带动下，随着技术的不断成熟，LED 路灯市场必将迎来新的高速发展期。此外，LED 隧道灯、地下停车场照明灯、庭院灯、景观照明灯、广告照明灯等市场也在不断扩大。

另一方面，室内照明最常用的产品是白炽灯和荧光灯。白炽灯的发光效率极低，每瓦只有十几流明，而荧光灯含有汞等有害物质，不利于环保。因此，室内照明对高效环保照明产品的需求更加强烈。尽管目前的白光 LED 器件在发光效率和环保等特性上已经超过了白炽灯和荧光灯，但是由其构成的灯具的照明效果和品质还没有迅速形成对传统照明光源的优势，其在室内照明的应用还刚刚开始。然而，室内照明巨大的市场需求，必将推动面向室内照明应用的封装和系统级应用技术的快速发展。

在半导体照明系统级光学方面，我国走在了世界的前列。清华大学电子工程系率先在半导体照明的光学设计方面取得突破，条状照度分布光学系统的产业化一举改变了半导体照明光源照明效果差的状态，引发了非成像光学在半导体照明中的研究热潮，国内的清华大学、浙江大学、华中科技大学、中科院长春光机所等单位近期发表了很多篇高水平的学术文章，对半导体照明光源的配光、光色一致性等进行了深入系统的研究。我国台湾地区也做了不错的工作。国外的诸多研究机构如 lighttools 公司、罗切斯特大学等也在非成像光学的设计方面取得了一些成果。

不断降低光源的重量和成本，是半导体照明光源散热方面的国内外研发目标。我国在半导体照明光源的散热技术方面与世界保持同步，但在基础原材料方面与世界高水平的产品有一定的差距。在半导体照明光源的驱动和控制方面，囿于我国微电子工业的设计和制造水平以及信息化技术水平，驱动和控制技术较为落后，许多接口、控制标准和协议由国际组织提出。

（二）半导体照明系统级光学技术的国内外研究进展比较

如前所述，国内研究机构提出的基于点光源近似的自由曲面光学系统的设计方法，可以通过建立光源和目标平面之间的能量映射网格划分关系，然后数值求解偏微分方程或者利用几何方法直接构点的方式获得自由曲面表面点。但是随意的能量映射网格划分并不能保证可以获得连续光滑的自由曲面，国内相关研究单位通过多个子面拼接的方式解决了这个问题，但是由于曲面不连续对加工造成了一定困难。美国中佛罗里达大学的 F.R.Fournier（2010 年）等人基于 V.Oliker（2002 年）提出的椭球面拼凑构型的方法，利用优化理论重新建立了满足表面可积性条件的能量映射网格划分关系，获得了连续的反射式自由曲面光学系统。利用同样的思想，D.Michaelis（2011 年）提出了笛卡儿卵形曲面拼凑的方法，可以应用于折射式光学系统的设计，如图 12 所示。X.J.Wang（2004 年）和 V.Oliker（2005 年）等人利用变分方法将抛物面或椭球面拼凑的方法转换成了线性规

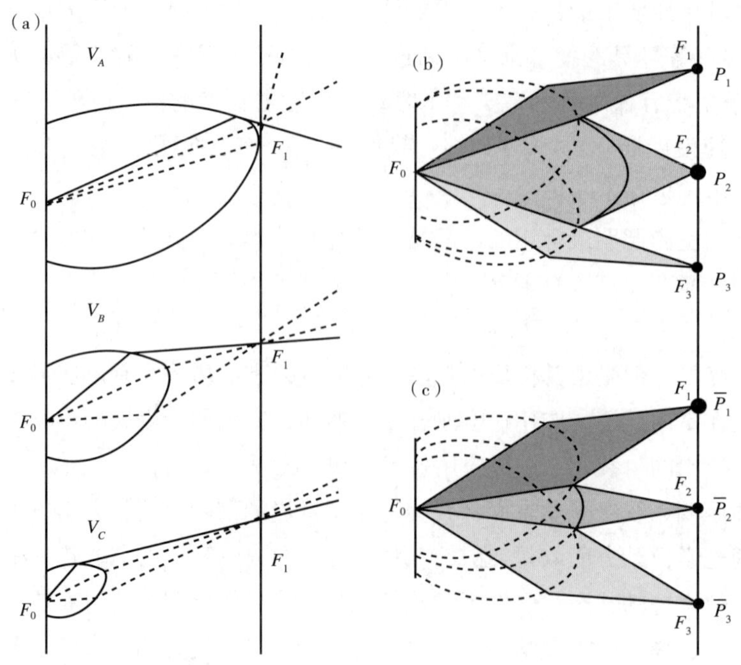

图 12　笛卡儿卵形曲面拼凑的方法

划方法并给出了设计方法，Cristina Canavesi（2012 年）等人在这个方法的基础上做了进一步的研究，分析了线性规划方法和抛物面拼凑方法的联系，并给出了 2D 和 3D 的反光杯设计实例，利用线性规划方法可以大大降低计算的复杂度，并获得比抛物面拼凑更优异的结果。

对于扩展光源引发的问题，国内大多是采用迭代反馈修正的方法进行补偿设计，但是当光源的尺寸进一步增大或者是设计的光分布与预期的光分布偏差很大时，反馈法便难以收敛或是得到一个满意的结果。W.J.Cassarly（2010 年）提出了累积光通量补偿修正的方法，在初始设计结果与理想设计结果偏差很大的情况下，仍然具有很好的效果，其设计结果如图 13 所示。同样是针对扩展光源，John Bortz（2007 年）等人提出了一种广义函数的方法，将扩展光源的表面离散成许多点光源，每个离散点有一条光线出射，通过多个折射面与反射面对这些光线进行优化控制，减小扩展光源所引起的劣化问题，实现均匀照明，可以有效克服扩展光源问题，但是光学系统比较复杂，往往需要 2 个及以上的透镜组成。F.R.Fournier（2008 年）等人提出了一种基于扩展光源的反光杯的优化设计方法，在点光源设计的基础上通过优化输入参数（如光源的出光位置等），优化光源在目标平面上的照度分布，最终实现预期的设计要求。

室内照明在光度学上需解决的问题主要在于减少眩光的同时保证较高的光效率。国内主要研究的是微透镜阵列的方式，这是一种非常有效的方法。国外研究人员提出了基于其他原理的方法来解决眩光问题，如 N.M.Ganzherli（2009 年）等人利用全息的方法在光

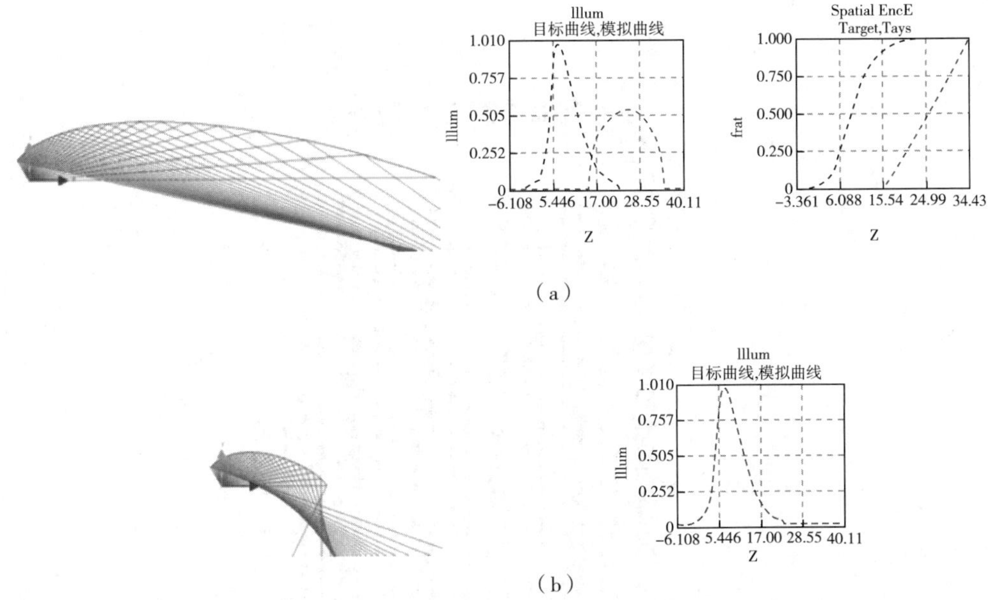

图 13 （a）从左至右依次是：初始设计的反光杯，预设的和模拟得到的光分布比较，相应的屏幕和模拟的角度累计光通量分布；（b）左图：一次补偿迭代后的反光杯，右图：预设和模拟得到的光分布

学胶片上得到浮雕型结构，可较好实现光学散光效果，同时该全息散光片可实现很高的光透过率，而 Ivan Moreno（2010 年）分析并准确计算了锥形导光管出射端的发光特性，为锥形导光型匀光系统的设计提供了理论指导，但其设计方法对导光管内壁的反射率要求较高，否则无法达到高效率，此外基于导光原理的照明系统往往体积较大。

（三）半导体照明系统级散热技术的国内外研究进展比较

国外对于 LED 散热的研究开始比国内要早，所以很多方面都走在前面，国内无论从理论建构，还是工程技术以及材料上，与国外都有不小的差距。

首先，在新型散热模型和结构的开发方面，国外做出的成果更多。很多典型的结构都是率先在国外设计出来的，如 Piyanun Charoensawan 等人研究了一种自激震荡流热管的散热性能及影响因素，其结构如图 14 所示，毛细管中液柱与汽柱间隔排列，毛细管束一端吸收热量，另一端放出热量，液柱吸热生成气泡或汽柱膨胀，汽柱放热收缩或消失，随着热量的传递汽柱不断收缩膨胀，毛细管内各处压力不断变化，形成自激震荡的动力，反过来液柱不断地收缩膨胀增强了热量在毛细管中传递。他们主要研究了毛细管内径、重力、工作流体以及毛细管匝数对热性能的影响。结果表明，重力、工作流质和毛细管匝数均对散热性能有重要影响，并且导热性能在一定范围内，随毛细管内径增大而增强。

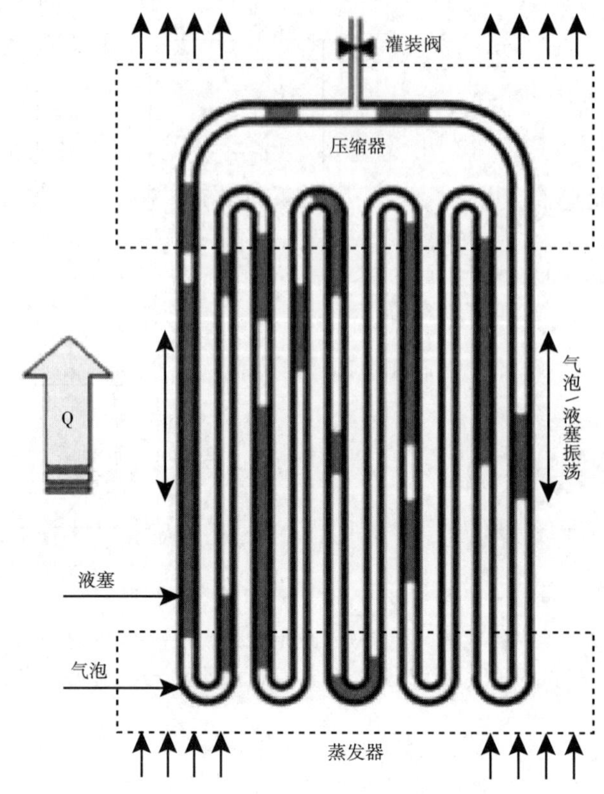

图 14　自激震荡流热管结构原理示意图

另外，H.K.Ma 等人提出了一种新型震动压电翅片结构，建立了三维仿真模型，震动压电翅片由压电晶片和弹性翅片组成，通过压电震动，使得翅片高速摆动，增加与周围空气间的相对速度，从而提高翅片散热能力。他们研究了翅片长度、震动频率、斜率以及振幅对散热性能的影响，结果表明：震动压电翅片散热性能明显优于传统翅片；通过增加翅片宽度能提高散热效率；随着一特定参数 γ 减小以及频率增大，强制对流效果显著性提高（图 15）。

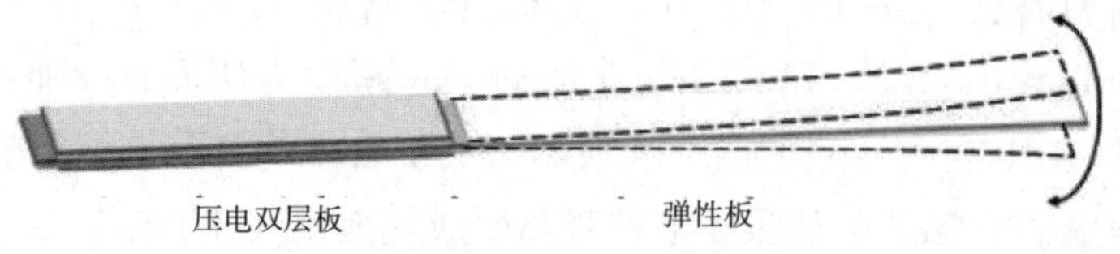

图 15　震动压电翅片结构

这对于国内 LED 散热的发展起到了一定的指向作用，在促进国内产业发展的同时，我们也应该注意到，必须从物理以及工程的角度入手，寻找新的散热理论，才可能有新的突破。

其次，国外研究的侧重点或者优势与国内不同。国外的新材料领域发展更为成熟，所以在LED散热领域，很多新材料频频涌现，例如制作散热基板的各种合金，以及飞利浦等公司开发的导电尼龙材料等，充分发挥了其在材料领域的优势。而国内的新材料发展尚不完备，所以实际研究或者生产中都会受到各种限制。因此，国内的研究侧重点主要集中于封装结构上的创新与突破。

最后，我们也应该注意到。在其他很多方面，国内与国外的研究也基本保持了一样的步调。例如，新兴起的纳米领域，它在LED散热中的应用被国内外很多人研究，在国外，Sadik Kakac等人对纳米流体的导热性能进行了详尽的分析，在液冷中，液体的导热性直接关系到散热器的散热效果，所以如果能提升液体的导热性能，将直接对散热效果有大幅度改善，研究结果也表明纳米流体对传统流体（水、油等）的导热性能有了显著提高。与此同时，国内关于这方面的研究也有很好的进展。

（四）半导体照明系统级驱动和控制技术的国内外研究进展比较

从佰腾网（http://www.5ipatent.com）选择中文专利数据库，采集1987年1月1日到2010年12月31日期间的中国LED驱动技术专利文献，共检索到与LED驱动电路技术相关的中国专利申请量为1459项。其中，发明专利579项（38%），实用新型843项（55%），外观专利37项（2%）。

在我国，LED驱动电路技术的重点申请地域为广东（436项，占30%）、浙江（193项，占13%）、江苏（124项，占8%）、上海（122项，占8%），另外中国台湾（188项，占13%）。国外来华申请的重点区域主要有日本（64项，占4%）、韩国（59项，占4%），紧随其后的为荷兰，美国有32项，占2%。

虽然在中国专利的数量上国内申请领先，但国内申请的专利主要以实用新型为主，属于技术原创性不高的单一产品的应用技术。而国外企业在华申请专利则以原创性较高、覆盖面更广的发明专利为主。如：德国欧司朗为新型白色LED发光效率40lm/W的LED，开发出了一整套大电流LED驱动器产品，驱动电流为500mA时的光通量为64lW。采用脉冲驱动时，电流最大可达2A，面向车载和相机闪光灯等用途。

美国Linear科技公司推出了最高可将亮度调至3000∶1的发光二极管（LED）驱动IC，主要面向车载和工业用设备的LED显示器和背照灯。Supertex公司推出业界首个通用、高亮（HB）LED驱动器IC产品，效率超过93%，可减少相关元件的数量，从而降低了系统成本。还推出了第二代高电压LED驱动器IC，提供精确的LED电流，输入电压范围（9～250V），用于三原色背光、汽车照明和电池驱动LED灯。微设备公司推出了低噪音LED驱动器，在一个芯片里整合了电荷泵和线性稳压器。

上述情况说明在LED驱动技术专利方面，我们的原创性核心专利较少，还有待提高。

至于半导体照明光源的控制技术，我国大多数是沿用国外的标准，国内自主创新的成果还比较少，差距较为明显。

四、半导体照明系统技术的发展趋势及我国的对策

应当看到，市场上已有的多种半导体照明系统可能都是过渡性的产品。未来五年，半导体照明系统方面的技术将主要针对以下问题进行研发：

（一）半导体照明灯具的照明效果和品质包括显色性、色品一致性、人眼舒适度等有待进一步提高

基于目前封装技术的高效白光 LED 大多色温偏高、显色指数较低，而包括家居在内的室内照明、体育场馆照明和广告照明等领域要求有较高的显色指数；另一方面，目前的封装技术不同批次甚至同一批次不同个体之间的色品一致性较差。这些因素使得半导体照明灯具在室内照明等领域相对于传统光源尚不具备明显的优势。

LED 具有的小体积、接近半空间 180° 发光的特性使得可以利用多种手段对其发光的远场分布进行调控，从而形成人眼舒适、环境友好的新型照明光源。但是能够充分发挥 LED 上述优势的创新、实用的设计理念和设计方法还比较少。

（二）半导体照明灯具的可靠性还存在一定问题

半导体照明灯具的实际寿命与理论预期还有较大的距离，尚需从系统级散热、灯具制造工艺以及高效率、长寿命的驱动电源技术等方面进行深入研究。LED 驱动电源存在两个主要发展趋势：一是目前有电解电容的恒流驱动电源向低成本、结构简单、高性能、高可靠性、功能增加的方向发展；二是研究无电解电容的脉冲驱动方式，向提高寿命方向发展。

（三）节能优势尚需进一步提高

目前市场上可获得的高水平功率型白光 LED 的发光效率已经超过了 100 lm/W，但从市场上大批量可以获得、价格较低的白光 LED 的光效还没有那么高，由此构成的室内 / 外照明灯具的效率还比较低，影响了客户的消费心理和市场规模的扩大。

（四）高端产品成本高

发光效率高、热阻低、寿命长的半导体照明产品对材料外延、管芯制作工艺、后步封装工艺以及灯具制造工艺有较高的要求，造成了产品的制造成本高；加上国外和我国台湾地区对向我国出口高端产品的限制，使得高端产品价格居高不下。目前，市场上可获得

的高端产品每流明的成本远远高于现在的传统照明方式，是制约半导体照明发展的瓶颈之一。

（五）半导体照明系统的模块化和互换性尚待突破

不同厂家生产的半导体照明系统不可互换，同时，目前的半导体照明可维护性较低。这些因素都制约了半导体照明系统的竞争力。

针对上述问题，我国应当有重点地发展半导体照明系统技术，应当设置的重大课题包括人眼舒适、环境友好、高光能利用效率的 LED 照明系统二次光学设计，空间受限情况下半导体照明灯具整体散热设计，高可靠性高效率的智能化驱动系统设计和制作，低成本半导体照明产品制作技术，新颖的半导体照明灯具设计，半导体照明光源的模块化设计和制造技术等。

此外，应当看到，我国的半导体照明系统的标准不够健全，即使已有的标准也还比较混乱，而且标准制定部门很多。有的标准制定得过细，限制了创新。不仅如此，灯具的结构不合理，真正合乎规范的产品较少。

为促进半导体照明光源设计和制造的快速发展，建议以景观亮化、商业照明、学校照明、酒店照明、体育场馆照明、剧场照明、植物工厂、医疗照明、文化创意、LED 电视等凸显我国优势的半导体照明示范工程建设为抓手，强化我国半导体照明产业的特色和优势。另外，需要大力发展半导体照明技术服务、人才培训和出版事业，搭建国际化的公共服务平台，形成企业难题凝练、技术服务、中试生产等一条龙技术服务体系；打造国际化的人才培训基地；设立半导体照明出版基金，大力促进半导体照明版权交易，提升我国半导体照明领域的出版水平。

参 考 文 献

［1］L.Wang，K.Y.Qian，Y.Luo. Discontinuous free-form lens design for prescribed irradiance［J］. Appl.Opt.，2007，46（18）.

［2］Y.Ding，X.Liu，Z.R. Zheng，et al. Freeform LED lens for uniform illumination［J］. Optics Express，2008，16.

［3］Y.Luo，Z.Feng，Y.Han，et al. Design of compact and smooth free-form optical system with uniform illuminance for LED source［J］. Optics Express，2010，18.

［4］W. Situ，Y.Han，H.Li，et al. Combined feedback method for designing a free-form optical system with complicated illumination patterns for an extended LED source［J］. Optics Express，2011，19.

［5］W. Zhang，Q.Liu，H.Gao，et al. Free-form reflector optimization for general lighting［J］. Optical Engineering，2010，49（6）.

［6］Zexin Feng，Yi Luo，Yanjun Han. Design of LED freeform optical system for road lighting with high luminance/illuminance ratio［J］. Optics Express，2010，18.

［7］罗毅，冯泽心，韩彦军. 一种基于发光二极管的光源结构［P］. 中国专利：200910077198. 2009.

[8] L.W.Sun, S.Z.Jin S.Y.Cen. Free-form microlens for illumination applications [J]. Applied Optics, 2009, 48(29).
[9] F.R.Fournier, W.J.Cassarly, J.P.Rolland. Fast freeform reflector generation using source-target maps [J].Optics Express, 2010, 18.
[10] V.I.Oliker. Mathematical aspects of design of beam shaping surfaces in geometrical optics [J]. Trends in Nonlinear Analysis, 2002.
[11] D.Michaelis, P.Schreiber, A.Bräuer. Cartesian oval representation of freeform optics in illumination systems [J]. Optics Letter, 2011, 36.
[12] X.J.Wang. On the design of a reflector antenna Ⅱ [J]. Calculus Var. Partial Differ. Eq., 2004, 20(3).
[13] V.Oliker. Geometric and variational methods in optical design of reflecting surfaces with prescribed irradiance properties [J]. Proc. SPIE, 2005, 5942.
[14] C.Canavesi, W.J.Cassarly, J.P.Rolland. Observations on the linear programming formulation of the single reflector design problem [J]. Optics Express, 2012, 20(4).
[15] 杨红军，杨坤，初元红，等. LED 路灯散热器的优化设计 [J]. 郑州轻工业学院学报，2011，26(2).
[16] 何国安，季翠娟，孙志坚. 环境温度及风速对 LED 照明产品散热的影响分析 [J]. 中国照明电器. 2011，3.
[17] 刘红，赵芹，蒋兰芳，等. 集成式大功率 LED 路灯散热器的结构设计 [J]. 电子器件，2010，33(4).
[18] 庄四祥，张跃宗，梁鸣娟，等. 大功率 LED 路灯的散热结构设计和参数优化 [J]. 电子设计工程，2011，19(4).
[19] P.Zhang, M.Cai, W.B.Chen, et al. Enhancing Thermal Performance of Compact High Power LED Array using Vaper Chamber-Based Plate [C] //9th China International Forum on Solid State Lighting.Guangzhou, 2012.
[20] 华云峰，李争显，杜明焕，等. 大功率 LED 热管散热器的热设计研究 [J]. 光学与光电技术，2011(2).
[21] 鲁祥友，华泽钊，方廷勇，等. 照明用大功率 LED 回路热管散热器的研究 [J]. 制冷技术，2010，38(6).
[22] 勾昱君，刘中良. 热管换热器用于 LED 冷却系统的实验研究 [C] // 中国工程热物理学会（传热传质学）学术会议论文集. 西安，2011.
[23] 滕道祥. 90W 太阳能 LED 路灯的设计及优化 [J]. 应用光学，2010(6).
[24] 吕家东. 一种新的 LED 制冷方案 - 微通道致冷器 [J]. 光源与照明，2007(1).
[25] 廖良斌. 碳纤维技术在大功率 LED 灯具中的应用探讨 [J]. 中国照明电器，2011(4).
[26] Wang N, Wang C, Lei J, et al. Numerical Study on Thermal Management of LED Packaging by Using Thermoelectric Cooling [C] //International Conference on Electronic Packaging Technology & High Density Packaging (ICEPT-HDP):2009.
[27] S.W.Chau, C.H.Lin, C.H.YEH et al. Study on the Cooling Enhancement of LED Heat Sources via an Electrohydrodynamic Approach [C] //The 33rd Annual Conference of the IEEE Industrial Electronics Society (IECON). Taiwan, 2007.
[28] F. R. Fournier, W. J. Cassarly, J. P. Rolland. Fast freeform reflector generation using source-target maps [J]. Optics Express, 2010, 18.
[29] V. I. Oliker. Mathematical aspects of design of beam shaping surfaces in geometrical optics [J]. Trends in Nonlinear Analysis, 2002.
[30] D.Michaelis, P.Schreiber, A.Bräuer. Cartesian oval representation of freeform optics in illumination systems. Optics Letter, 2011, 36.
[31] X. J. Wang. On the design of a reflector antenna II [J]. Calculus Var. Partial Differ. Eq., 2004, 20(3).
[32] V.Oliker. Geometric and variational methods in optical design of reflecting surfaces with prescribed irradiance properties [J]. Proc. SPIE, 2005, 5942.
[33] C.Canavesi, W.J.Cassarly, J.P.Rolland. Observations on the linear programming formulation of the single reflector design problem [J]. Optics Express, 2012, 20(4).
[34] W.J. Cassarly. Iterative Reflector Design Using a Cumulative Flux Compensation Approach [C] // International Optical Design Conference 2010, 2010.

[35] John Bortz, Narkis Shatz. Iterative generalized functional method of nonimaging optical design [J]. Proc. SPIE, 2007, 6670.

[36] F.R.Fournier, W.J.Cassarly, J.P.Rolland. Optimization of single reflectors for extended sources [J]. Proc. SPIE, 2008, 7103.

[37] N. M. Ganzherli, I. A. Maurer D. F. Chemykh. Microlens rasters and holographic diffusers based on PFG-01 silver halide photographic material [J]. J. Opt. Technol., 2009, 76(7).

[38] I.Moreno. Output irradiance of tapered lightpipes [J]. J.Opt.Soc.Am.A, 2010, 27(9).

[39] Piyanun Charoensawan, Sameer Khandekar, Manfred Groll, et al. Closed loop pulsating heat pipes Part A: parametric experimental investigations [J]. Applied Thermal Engineering, 2003(23).

[40] H.K.Ma, B.R.Chen, H.W.Lan, et al. Study of an LED Device with Vibrating Piezoelectric Fins [C] // 25th IEEE SEMI-THERM Symposium, 2009.

[41] Sadik Kakaç, Pramuanjaroenkij A.Review of convective heat transfer enhancement with nanofluids [J]. International Journal of Heat and Mass Transfer, 2009(52).

撰写人：罗　毅　钱可元　孙　伟　韩彦军　李洪涛　梁华兴　张晓林

半导体照明视觉应用发展研究

一、半导体照明视觉应用的特点

（一）产品外观的特点

20 世纪 30 年代后发展起来的电光转换效率高于白炽灯的低强度荧光灯和随后发展起来的高强度气体放电灯（HID），由于它们的体积、热量和形态灵活性上的诸多限制，不少场合还无法成为全面替代白炽灯的理想光源。上世纪末和本世纪初就处于这样的此消彼长的交织状态，进展缓慢。

21 世纪出现的半导体照明白光光源由于体积极小、光效特高，很快打破了这种僵局，其高的电光转换效率（目前水平已达到或超过气体放电光源）和高度的灵活性受到各界的青睐，几乎在大多数场所都能替代或行将替代各式各样的白炽光源和绝大多数的气体放电光源，成为照明界的新宠。它可以做成细长的灯带，也能组合成几十到上百瓦的光源。细小的光源和高度的灵活性使它的产品可以实现渗入家具、嵌入建筑、配合空间意境的多种形态，让艺术设计师的创意发挥得淋漓尽致，让光的感觉得到升华，让光艺术和环境变得更加协同和配合；而用大功率的组合件做成的投光灯具放射出五彩斑斓的光效果，更是以往各类光源望尘莫及的。

利用半导体照明光源细小的外形，除了容易做成各种令人喜欢的视觉形态和高的电光转换效率产品外，产品自身的特征和形态的纤细化所创作出来的构思和体积大小对包装和运输也将带来特别深远的意义，更添绿色、环保的潜质。

（二）形成光的特点

1. 高的亮度

高的光输出集中在很小的芯片中，必然带来了极其明亮的视觉效果，即亮度很高，形成眩光，也成为最容易察觉的直接的主观感觉。

高的亮度来自极小的发光体积（对眼睛来说是看到的微小的立体角），引起的眩光的程度就更严重，用传统光源照明中评价眩光（不舒适眩光——统一眩光值 UGR）的方法（适用观察眩光源的立体角 ω 在：$0.0003 \leqslant \omega \leqslant 0.1$）在立体角趋于零时难免会有所出入，眩光的计算也在另行考虑，有待进一步的研究。

目前化解眩光的办法是不要让小颗粒的 LED 光源直接暴露发光，采用通过扩散材料降低光源亮度的照明设备。

2. 低的光输出

尽管小功率的 LED 光电转换效率高，但受发光机理的限制无法做成大功率的产品，所以光输出很小。

所谓替代传统光源的产品只能采用集腋成裘的方法把它拼大，使光输出与之相当，在产生相同的视觉效果的同时得到节能的效果。

3. 光色在空间分布的不均匀性

目前常用的白光是在半导体蓝光芯片外面涂覆荧光粉后得到，芯片发出蓝光和荧光粉被激发后产生黄绿色光混光后得到。由于涂覆层厚度在各个方向上控制的困难所带来的不均匀性，得到的合成白光在各个方向的颜色会有所差异（光谱不同）。这就是半导体照明产品空间色的不均匀性，往往眼睛很容易看出来。

各个方向上光的颜色可以通过测量它的光谱后计算得到，目前有色坐标、相关色温和显色指数三个色参数。因此，产品的空间色均匀性可用这三个参数表示。

光谱的测量必须使用光谱仪，因此，采用加上光谱仪作为探头的分布光度计是测量这三个参数空间角分布的基本测量仪器设备。由于光谱仪的采样时间和三个参数的计算需要一定时间，因此整个测量时间一定长于空间光强分布数据的测量。目前测量的方法和时间视计算程序的编写和计算机的运算速度而定，有分转停法和连续法两种。

作为限制 LED 产品的光色在空间分布的不均匀性，目前各国的判据尚不一致，美国用空间平均色坐标差异 $\Delta u'$，$\Delta v' \leqslant 0.004$ 表示，而欧洲未见相应的表述。

4. 同一产品在新和旧的时候光色的变化

在使用到光衰寿命时，LED 器件的颜色也会变化，自然也影响灯具在维护过程中表观感觉——色一致性的问题，因此，规定产品达到光衰寿命时的色变化的要求十分重要。

目前各国的判据尚不一致，美国用平均色坐标的差异 $\Delta u'$，$\Delta v' \leqslant 0.007$ 表示，而欧洲未见相应的表述和结果。

（三）带来的视觉问题

高亮度的 LED 带来的眩目问题给灯具设计和应用带来一些问题，主要是灯具的截光和光源的眩光。

1. 截光问题

为了不让或少让高亮度的光线在眼睛视线经常观看的方向上直接射入而引起眩目，许多照明场所要求将灯具发出的某些角度上的光要遮蔽起来，因此，在空间的角度上从发光体被彻底遮蔽到完全暴露出来就会有一个过程，这就是截光措施和随后的截光过程。

截光过程反映了光线在这些角度中光强度的衰减，对应了该角度中的照明效果。直观的反映是眩光源对眼睛刺激的变化，而间接的反映却在各种照明效果上，如室内照明中创造光影效果的墙上光圈或室外道路照明路面的亮度分布等。

在视觉上，完全截光将得到完全没有眩光的效果，而没有截光措施裸露光源的话，就要看发光体亮度的大小和周围环境的明暗了，因此，眩光是相对的，不是绝对的。

一般照明场所的亮度有高有低，高的如办公室，低的如晚上的户外。不同场所眼睛适应的亮度水平不同。如室内办公适应在 $100cd/m^2$ 左右，晚上的户外道路上只适应在 1 ~ 2 cd/m^2 甚至更低的水平，加上这两类场所中的眼睛适应亮度完全不同，造成眼睛对空间中存在的光源或灯具的亮度的敏感程度不同，特别是后者，截光问题显得格外重要了。

半导体照明中的光源是高亮度的光源，在室内外照明中需要注意它的视觉效果，是否刺目是关注的重点，因此，在不少场合恰如其分的遮蔽是必要的。例如，除景观照明外，几乎很少见到裸露出半导体颗粒做产品的例子。

半导体照明光源中的 OLED 光源亮度很低，类似高亮度的显示屏或卤粉荧光灯，因此在应用时一般不会考虑它的截光问题。

2. 眩光问题

光源或灯具在使用时总会存在它的亮度和周围环境亮度之间的差异，亮度差异的大小就决定了眩光的程度，因为人的眼睛总是适应了周围环境的明暗。

有的照明场所，明亮的光源或灯具发出的光会在一个适应暗环境的眼睛（例如晚上的道路照明）中产生了严重的光幕，形成了减少视看目标可见度的眩光，这就是失能眩光，在晚上的道路照明中表现得非常突出。

有的时候，明亮的光源或灯具发出的光在一个适应了亮环境的眼睛中产生了不舒适，还没有构成减少视看目标可见度的后果，这就是不舒适眩光。

各种场所半导体照明设备产生的眩光都能用处理传统照明一样的方法进行，只要在半导体表面再装上扩散材料加以遮蔽，就可以解决。因此，不建议用看得见裸露半导体光源的这类设备。

3. 频闪问题

半导体照明是电光之间响应速度最快的光源，几乎没有发光和荧光粉带来的滞后，达微秒数量级。半导体照明灯具发的光受输入电流的影响很大。目前，绝大多数半导体照明灯具都用直流供电，不会产生频闪现象而对调光的半导体照明灯具就要关注调光方法了。

目前有两种调光方法，见图 1。一种是恒电流减少法（CCR），将通过半导体的直流电流逐渐调低，不会产生频闪，但可能会引起半导体照明色参数的变化；另一种是脉宽调制（PWM），必须控制每秒调制的次数达上万到几十万次才能使眼睛感觉不到频闪，但不会引起半导体照明色参数的变化。

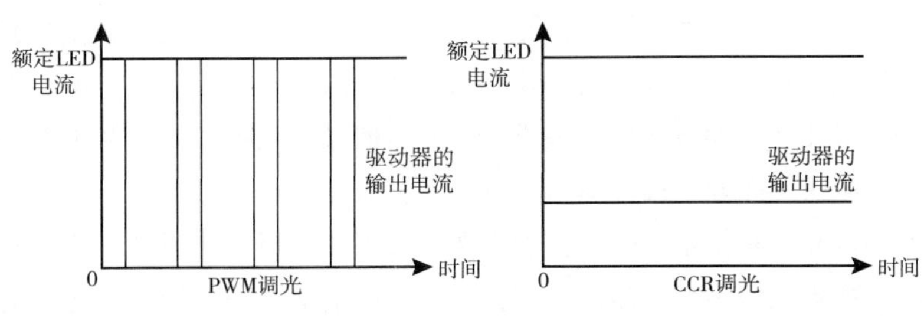

图 1　目前的两种调光方法

二、半导体景观照明应用及研究

（一）发展现状

作为节能产业，半导体照明受到国家和各级地方政府以及企业的高度关注，近年来吸引各方投入了大量资源。虽然市场评价褒贬不一，但在我国景观照明项目中，半导体照明应用的迅猛发展却是不争的事实。

在光效方面，五年前国际上可量产的半导体光源最高功率仅为 107lm/W，当时实验室的水平为 161lm/W，而目前大功率白光半导体产业化的光效水平已经超过 130lm/W，最新的实验室半导体芯片光效水平已经达到 276 lm/W。当前国内的量产水平超过 90lm/W。

半导体景观照明灯具方面，外形设计与光源发展相比相对较弱，品质较好的半导体照明产品，价格比较昂贵，而低价产品做工粗糙现象较为普遍。在性能实现上，二次光学扮演着举足轻重的关键角色。

半导体景观照明检测行业，近几年也得到迅速发展，建设了一批国家级照明检测机构。与此同时，各国纷纷出台半导体照明行业认证和相关标准，至 2012 年年底，广东、浙江、湖北等省以及各城市纷纷成立半导体照明产业联盟，推出联盟标准，为检测提供依据。

灯具厂家认为半导体照明具有传统光源无可比拟的优势，在景观照明中，半导体照明替代传统光源是大势所趋，已呈现出爆发式增长的态势。

照明设计师认为半导体照明产品具有色彩丰富、动态表现强大、体积紧凑、组合灵活等无可替代的优点，已被市场广泛接受。但在实际工程中也反映出产品稳定性不足、不同品牌灯具接口和控制协议不兼容等多种问题，产品在应用上依然存在技术瓶颈。

政府则鼓励半导体照明产品的应用，除“十城万盏”等导向推动外，大量重要政府项目均应用半导体照明，如北京奥运建筑“水立方”首次实现世界上最大规模的全彩色可变场景，其项目规模之大，应用面之广，影响之深，都是无可比拟的。

1989年以来，中国城市景观照明在褒贬并存中蓬勃发展，从无到有，从突发增长到循序渐进，从盲目热崇到理性反思，经历了一条起伏跌宕的发展道路。城市景观照明曾一度陷入勾边、亮化、彩化的误区，而半导体照明因为自身的性能特点，亦曾被指为这些现象的罪魁祸首。但任何一种技术仅是手段，只要不把景观照明聚焦于表现产品的多样和炫目，应用半导体照明同样能创造合理、舒适、宜居的光环境。

半导体照明产品具有丰富的表现性和极强的可控性，但目前国内市场上半导体照明产品却存在同质化严重的问题，产品良莠不齐，标准也很不统一。各家厂商往往种类齐全却品质不精，缺乏真正满足设计要求的产品。国外部分大企业半导体照明灯具产品品质高但价格昂贵，仅在精品项目适量采用。

（二）国内外研究进展比较

目前半导体照明产品的竞争也异常激烈。国内外半导体照明应用市场广大，因而产品的技术开发同市场紧密结合是其快速成长的关键。应用与研究的主要热点集中于以下三方面：

1. 视觉表现

在应用中，半导体丰富的色彩、多场景的动态表现能为照明设计创造具有震撼力的效果。中国第七届花博会场馆外立面照明设计，大胆地运用彩色半导体照明灯具，渲染出绚丽多彩的花卉主题，并通过照明手法展示“花卉”的生长形态。由于半导体具有彩色丰富的优点，商业建筑经常采用半导体作为幕墙的媒体立面播放视频，起到广告和泛光照明的双重作用。

半导体照明的蓝光危害，对人体健康的影响也是目前的一个研究热点问题。

半导体照明灯具适用于多光源组合，具有不同的配光曲线和指向性。半导体光源体积小巧，有利于做灯具的精准配光，可采用模块化设计全方位组合不同反射功能的反光罩和遮光罩，控制光的投射方向和光束形状，同时改善照明灯具控光材料的光学性能，提高灯具的光输出效率，降低灯具溢出光及偏射光，减小人工照明形成的天空杂散光，提高照明场合的照明水平和视觉舒适度，控制光污染，节省能源，降低照明成本。

2. 成本控制

在实际工程项目中，客户希望用最少的资金实现最理想的照明效果。半导体照明产品价格过高是制约其大面积推广的最大障碍。

一方面，降低半导体照明成本的关键因素在于芯片技术的提升、光效的提高。目前，美国、日本在半导体芯片等核心器件方面具有竞争优势，国际竞争的焦点主要集中在GaN基半导体外延材料以及芯片、高效和高亮度大功率半导体器件及相关重大装备开发等方面，我国也在加大力度进行研发。

另一方面，半导体产品通用性和互换性的研究，有利于规范市场、实现规模化生产，从而对半导体照明产品价格的下降具有积极的推动作用。国际上的Zhaga联盟吸引了来自美国、亚洲和欧洲的数百家灯具、光源、半导体模组等制造商及行业相关企业，正在开展半导体照明灯具的规格接口标准制定。在中国，由国家半导体照明工程研发及产业联盟牵头组织的九洲光电等多家企业，也在积极开展相关工作。

3. 性能构造

为了更好地与建筑相匹配，灯具的小型化能够更好地隐藏灯具，但是体积的减小，必然会带来散热问题，散热处理是灯具设计的关键，散热的好坏会影响产品的寿命、发光效率和稳定性。

在散热方面，目前更多的采用主动冷却技术，来实现更好的散热。微槽群复合相变集成冷却技术能够将热量瞬间分布在散热空间中，目前相对比较成熟。合成射流冷却法是未来的趋势，散热技术一直以来都是照明领域的研究重点，是国内外大厂努力的方向。

（三）发展趋势及我国的对策

半导体照明市场需求巨大，发展前景为所有人看好。需求的细分必然导致产品的细分，半导体照明产品必须从改善精确配光、提高控制技术等方面发展，从技术核心上提升竞争力，避免在低水平上的重复雷同，开发出真正适用的产品。与此并进的是，需要完善评估标准、质量检测、服务保障等，这将真正促进整个半导体照明产业在中国的健康发展。

1. 智能照明

在未来全面步入半导体照明时代之后，半导体照明的发展趋势肯定是和现代人追求舒适、便利、时尚、潮流的消费诉求分不开的，智能科技、时尚潮流必然是大的趋势。从实现半导体照明节能、调光、提升寿命和可靠性等角度而言，引入半导体照明智能控制系统也是非常有必要的。只有实现控制协议的开放性与兼容性，传输信号的实时性、稳定性等，才能方便用户实现大场景、多灯具效果的联动控制，从而最大限度达到节能的目的。

2. 建筑化照明

城市景观照明追求的是艺术的创意设计，随着对景观照明更多的考虑白天的视觉效果，隐藏灯具，见光不见灯的设计理念，是景观照明的发展方向。小型化、模数化是对未来灯具的要求，灯具与系统集成技术的发展是必然趋势。

3. 个性化照明

趋于人性化、个性化的要求是照明时代的又一新发展，需要我们超越传统光源的概念束缚，研发符合人的视觉、心理、性别、年龄需要的照明应用技术，推动灯具设计朝着多功能新型照明方向发展。

三、LED 隧道、道路照明应用及研究

（一）发展现状

半导体道路照明的应用始于 2005 年的荷兰，接着欧、美、日等国家以及我国台湾地区开始建立小规模的示范路灯照明系统。2010 年全球半导体照明路灯装置数量约为 87 万盏，2013 年半导体照明路灯增长到 600 万盏。美国从 2008 年起每年增长 3 万盏，美国加州将 14 万盏路灯更换成了半导体照明路灯。美国能源部（DOE）主导在各州建立了数十项半导体照明路灯示范项目。

我国很多城市从 2007 年开始试装半导体照明灯具进行道路照明，取得一定进展。2009 年 4 月，科技部推出“十城万盏”计划，同年 9 月，发改委、科技部、工信部、财政部、住建部和质监总局等六部委联合制定并发布《半导体照明节能产业发展意见》，计划于 3 年间在全国 21 个城市试点发展 100 千米的道路和 1000 千米街道的 LED 照明，2011 年又扩大了 16 个试点城市，将半导体照明路灯的应用推向一个新的高潮。2010 年 10 月，在《国务院关于加快培育和发展新兴战略性产业的决定》中，半导体照明产业包括在内（道路照明）。2010 年 11 月，三部委共同推出“半导体照明产品应用与示范”项目，入选项目中路灯和隧道灯占比超过 22%。根据市政工程协会道路照明委员会和 CSA 的统计，截至 2011 年 6 月，全国 2200 万盏路灯中，半导体照明应用超过 80 万盏，占比 4.19%；400 万盏隧道灯应用中，半导体照明隧道灯超过 40 万盏，占比超过 10%。入选三部委示范项目的半导体照明路灯平均节能率为 40%，半导体照明隧道灯节能率约 50%。

总体而言，半导体照明在隧道照明中应用的比例比在城市道路照明应用的比例高，主要基于两个原因：一是半导体照明替代传统的小功率钠灯或荧光灯用于隧道基本照明，能真正实现节能且同时满足照明标准，容易获得业主的认可从而得到推广；二是隧道照明燃点时间长，能在相对较短时间内通过节电回收投资，从而可以采用 EMC 模式创造照明改造业务。

在超过 120 万盏的半导体照明路灯和隧道灯的应用中，各省市的发展并不均衡，从应用规模和占比来看，半导体照明路灯推广力度最大的是广东省和山东潍坊、江苏扬州等地，位于半导体照明隧道灯应用排名前列的是安徽、浙江和辽宁等省，这与地方政府的推动力度和半导体照明产业的地域分布有关。

因为缺少统一的产品性能标准，至今为止，半导体照明路灯和隧道灯的设计和生产仍处于厂家自由发挥阶段；由于对《城市道路照明设计标准 CJJ45–2006》和《公路隧道通风与照明设计规范》的不遵循，使用方对半导体照明技术水平的不了解，半导体照明道路和隧道照明应用中存在较大的问题：

1）首先是产品性能问题，从有关检测机构的检测结果看，灯具的系统光效低，多数达不到发改委要求的 85lm/W（4000K），光色偏移和光衰大，可靠性低系统寿命短，二次光学设计不合理，配光不符合道路照明灯具的基本要求。

2）其次是照明质量问题，许多项目实测不能满足道路照明标准的亮度、亮度均匀度、车道纵向均匀度、眩光和环境比要求，多数使用高色温半导体，色温感觉太白太冷，使得视觉效果偏阴冷，不舒适眩光感受明显。

但在各级政府的正确引导下，通过国内照明专家、设计院、行业学会 / 协会、检测机构、标准制定机构、道路照明建设和管理机构及大型专业照明厂商的共同努力，目前国内半导体道路照明基本形成了共识：力推基于满足照明应用标准的 LPD 节能评价，强调用户的总体使用成本，平衡节能与视觉舒适的色温选择和二次光学设计，这对行业的规范发展起到了正确的引导作用和强大的推动作用。

（二）国内外研究进展比较

1. 产品标准研究

2012 年 11 月发改委颁布的《半导体照明应用节能评价技术要求》中对半导体道路、隧道照明灯具的电气安全和光电性能指标做了明确要求，效能应不低于表 1 的规定，同时路灯光分布应符合《城市道路照明设计标准》CJJ45 的要求，70% 流明维持 L70 燃点时间不小于 30000 小时。

表 1　LED 道路、隧道灯具的效能

色　温	≤ 3300K	3300K<CCT ≤ 4300K	4300K<CCT ≤ 5300K
灯具效能（lm/W）	80	85	90

而各地也希望通过制定相应的地方标准或技术要求规范半导体道路照明产品的生产及应用，如广东、湖南、陕西、山西、福建等省都制定了半导体路灯和隧道灯地方标准或技术规范，而《广东省半导体照明产品评价标杆体系管理规范》颁布后已经多次修订完善，在广东省内安装应用的半导体道路和隧道照明灯具已纳入了该体系的评价管理。

但我们也看到各地制定的规范和地方标准本身也存在一些问题，有的过于笼统，有的过于细致甚至规定灯具的尺寸和形状，有的没有前瞻性，大多片面只强调产品效能而不注重产品的配光要求，更不注重实际应用的视觉效果；各个规范和地方标准对产品规格的定义也不统一，有的按系统功率，有的按灯具流明输出量，有的要求模组化，有的要求是一体式灯具。

在产品结构设计方面，Zhaga联盟极力在推动光引擎接口的标准化，国内有些用户（如上海市政工程处）也在这方面对自己的供应商提出了要求，都是为了力求实现不同厂商半导体照明产品的互换性，降低总体使用成本。

2. 检测标准研究

美国能源部于2011年10月颁布了《半导体照明路灯说明书模板》，对半导体照明灯具的检测方法、系统电气与光学性能、适用道路照明计算等都做了详细规定，制造商应在产品说明书里详细标明按照LM–79测试的光学性能，按照TM–21测试的光衰曲线，芯片在灯具中的最高测试结温不应低于芯片LM–80报告的温度，提供的计算照度应该是维持值，光源维护系数按0.7选取，灯具维护系数按0.9选择，计算不允许考虑光源S/P值的中间视觉效应。

我国也已启动《半导体照明光通维持率的测试和预测》《半导体照明灯具可靠性试验方法》和《半导体照明灯加速寿命评价方法》等标准的制定。

3. 应用标准研究

2010年CIE发布的《机动车和行人交通道路照明CIE115–2010》修订版针对LED的方便控制的特点，细化了道路照明分级，使得道路在不同时间段不同交通特点实施不同照明水平有据可依（表2）。

表2　CIE115–2010机动车道路照明等级定义

<table>
<tr><th rowspan="2">参　数</th><th rowspan="2">选　择</th><th rowspan="2">权　重</th><th colspan="4">选择权重Vws</th></tr>
<tr><th>Δt_1</th><th>Δt_2</th><th>Δt_3</th><th>Δt_4</th></tr>
<tr><td rowspan="3">设计车速</td><td>很高</td><td>1</td><td rowspan="3">1</td><td rowspan="3">1</td><td rowspan="3">1</td><td rowspan="3">1</td></tr>
<tr><td>高</td><td>0.5</td></tr>
<tr><td>中等</td><td>0</td></tr>
<tr><td rowspan="5">交通量</td><td>很高</td><td>1</td><td rowspan="5" colspan="4">1 1
0
–1</td></tr>
<tr><td>高</td><td>0.5</td></tr>
<tr><td>中等</td><td>0</td></tr>
<tr><td>低</td><td>–0.5</td></tr>
<tr><td>很低</td><td>–1</td></tr>
<tr><td rowspan="3">交通复杂程度</td><td>非机动交通比例高</td><td>2</td><td rowspan="3">0</td><td rowspan="3">0</td><td rowspan="3">0</td><td rowspan="3">0</td></tr>
<tr><td>有非机动交通</td><td>1</td></tr>
<tr><td>仅机动交通</td><td>0</td></tr>
<tr><td rowspan="2">车道分隔</td><td>无</td><td>1</td><td rowspan="2">0</td><td rowspan="2">0</td><td rowspan="2">0</td><td rowspan="2">0</td></tr>
<tr><td>有</td><td>0</td></tr>
<tr><td rowspan="2">路口密度</td><td>高</td><td>1</td><td rowspan="2">0</td><td rowspan="2">0</td><td rowspan="2">0</td><td rowspan="2">0</td></tr>
<tr><td>中等</td><td>0</td></tr>
</table>

续表

参　数	选　择	权　重	选择权重 Vws			
			Δt_1	Δt_2	Δt_3	Δt_4
路边停车	有	0.5	0	0	0	0
	无	0				
环境亮度	高	1	0	0	0	0
	中等	0				
	低	–1				
视觉引导 / 交通控制	差	0.5	0	0	0	0
	中等或好	0				
权值总和 Vws			2	1	0	2
M=6–Vws			M4	M5	M6	M4

4. 照明质量研究

1）光源 S/P 与白光道路照明：针对包括陶瓷金卤灯在内，特别是 LED 在道路照明的实际应用和前景，国内外对白光道路照明的视觉特点进行了广泛和深入研究，并取得了一些成果，发布了一些标准和技术文件，如 2010 年 9 月发布的《基于视觉表现的中间视觉推荐系统 CIE191–2010》汇总了不同研究者、不同数学模型对各种 S/P 值的光源在不同亮度水平下的视觉亮度的计算值。CIE TC4–48 研究白光道路照明，重庆公路研究所则利用实体实验隧道进行半导体照明白光用于隧道照明的课题研究。

2）能见度：CIE 第四分部 TC4–19 负责雾中的道路能见度研究，复旦大学同时也在进行不同照明光源下的道路照明透雾性研究。

3）不舒适眩光：CIE TC4–33 负责道路照明不舒适眩光研究，飞利浦亚洲研究院和复旦大学联合进行了色温对道路照明舒适度的影响研究、半导体道路照明不舒适眩光研究，发现低色温白光视觉舒适度更好，眩光更小。

4）可见度研究：CIE TC4–36 负责道路照明可见度研究，复旦大学与 Steve Fotios 联合进行了不同照明光源下的道路照明的面部识别的课题。

5）路面材料：CIE TC4–50 研究照明应用的路面材料特性。复旦大学、浙江大学目前也在进行新型路面材料反射特性的测量与研究，以更好地为 LED 道路照明设计服务。

CIE 第四分部在接下来的几年将持续专注于半导体道路照明的应用和质量评估、路面材料对照明节能的影响、中间视觉与应用等研究。

国内一些半导体道路照明灯具生产企业基于道路路面照度要求进行了道路照明灯具矩形配光设计的探索，但道路照明的实际照明效果并不佳；而另一些企业则基于道路照明的亮度标准和环境系数 SR 的要求，设计出了完善的适合不同路宽、安装高度的半导体路照明配光系列，以推动半导体道路照明的正确发展。

这些基础研究都将帮助指明半导体道路照明的正确发展方向，强调半导体道路照明产品系统光效和照明节能的同时，更要重视照明质量和视觉舒适性，包括合适的色温、合理的二次光学设计、适宜的均匀度和环境比 SR 等。

5. 照明控制研究

照明控制在半导体道路和隧道照明节能和管理中有很重要的影响，国内外照明研究和应用都已提出智慧城市照明的概念，市场上也出现了一些半导体道路照明控制和管理的产品，但成熟度和系统化还有待提高。不同的半导体照明灯具制造商采用的半导体照明调光方式不同，PWM 方式、0 ~ 10V 方式、Dali 方式等等，控制信号传输也有有线、无线及电力载波的区别，有的照明控制系统不能全部兼容这些调光方式，从而客观上限制了某些调光产品的应用。

欧洲、北美和亚洲的一些照明公司联合成立了 TALQ 联盟致力于制定全球范围的统一的室外照明控制标准，主要成员包括飞利浦、GE、欧司朗等著名传统照明巨头，我国的东莞勤上光电也是该组织成员之一。

（三）发展趋势及我国的对策

“十二五”期间，我国中央政府和地方政府都将出台更多政策鼓励半导体照明在道路和隧道的应用，但应冷静、科学、合理地分析对待半导体道路照明，需要从以下方面进一步促进半导体道路照明的健康发展。

1. 开展半导体照明产品和应用标准的研究

相关部门应制定全国性权威的半导体道路和隧道照明灯具产品标准，改变目前国家、行业、联盟和地方标准“百花齐放”的局面；针对半导体的特点，并结合行业对暖白光照明视觉应用和中间视觉应用的研究，半导体道路照明质量评估方法和配光的影响的研究，制定国家级半导体道路照明应用技术要求，从照明效果出发规范和提升半导体道路照明的质量，满足道路夜间交通安全，同时应考虑细化夜间不同时段道路等级的定义，引入照明控制，实现更大程度的节能。

2. 半导体照明灯具规格的表示：功率还是光通量

随着半导体技术水平的发展和不断成熟，需要考虑目前按灯具系统输出流明来确定产品规格的方式是否仍然合适。当半导体光效提高到一定水平并进入缓慢提升期，需要考虑是否用灯具功率来表示半导体道路照明产品的规格，以方便设计使用，而系统光通量（或者说光效）会成为一个性能衡量指标。

3. 半导体照明应用范围的进一步扩展

半导体道路照明的应用将从支路照明扩展到主干道应用，隧道照明将从隧道基本照明扩展到加强照明应用。

根据美国能源部（DOE）规划，到 2015 年，色温 2580 ~ 3710K，显色指数 CRI 80 ~ 90 的 LED 光效将达 184lm/W；色温 4746 ~ 7040K，显色指数 CRI 70 ~ 80 的 LED 光效将达 215lm/W，届时，LED 道路照明灯具和 LED 隧道照明灯具系统光效将达 140lm/W（2580 ~ 3710K）和 161lm/W（4746 ~ 7040K），远高于目前高压钠灯灯具的系统光效。目前阶段，市场主流 LED 路灯产品系统效能在 80lm/W 左右，用于支路和次干道可以满足照明标准而且比传统灯具节能，随着高光通量、高系统光效 LED 路灯产品的出现，在主干道和快速路上半导体道路照明产品的应用也将全面实现，从而全面覆盖各等级道路和隧道各区段照明应用。

4. 半导体道路照明色温研究

基于目前阶段的各种视觉感觉评价实验和理论研究，考虑半导体道路照明的视觉舒适度和透雾功能性能，应进一步加快半导体道路照明的色温研究，如暖白光应用等课题，半导体道路照明产品在满足基本能效指标和节能要求的前提下，色温是否应从中性白光过渡到暖白光，即其目标色温不超过 3000K，以提高视觉舒适度，降低眩光。

同时，应在相应的半导体道路照明产品技术要求和评价指标、修编的《城市道路照明设计标准》中明确半导体道路照明产品的色温要求。

5. 限制灯具表面亮度

道路照明需要适宜的灯具表面亮度、较高的光通输出和合适的光分布，随着半导体光效的不断提高，灯具表面亮度进一步提高，眩光将是一个很大的问题，必须加以限制。应对半导体道路照明灯具表面亮度与眩光的关系进行新的研究，提出解决方案，给出灯具表面亮度的最高限制参考值。

6. 控制系统的开发和应用

进行基于智慧城市概念的半导体道路照明智能调光节能标准研究，开发兼容性高的半导体道路照明智能控制系统，通过半导体智能道路照明控制，建设智慧城市中的智慧交通，实现对单灯及远程路灯进行集中控制与管理，降低城市照明的运维费用，减少运维人员数量和工作方式，实现照明资产的精确管理。照明方案的节能比较将不限于 LPD 的比较，而将是结合照明控制的灯具寿命期内能源消耗量的整体比较。

在隧道照明应用中，隧道出入口照明要求与洞外亮度相关，因而根据探测到的洞外亮度自动调节洞内照明水平的控制系统，可以在节能方面起到更重要的作用。而且隧道的运行管理相对独立，照明控制系统相对简单，所以半导体隧道照明控制系统的研发更为紧迫。

四、LED 室内功能照明应用及研究

（一）发展现状

近年来随着半导体照明产业的快速发展，半导体照明产品逐步在照明领域中体现出其节能优势。根据美国能源部 DOE 数据，2007—2012 年，半导体照明产品光效及单灯光通稳步提升（见图 2、图 3）；同时半导体照明产品光色品质也有了较大提高，光源显色指数有了较大提高（见图 4）。

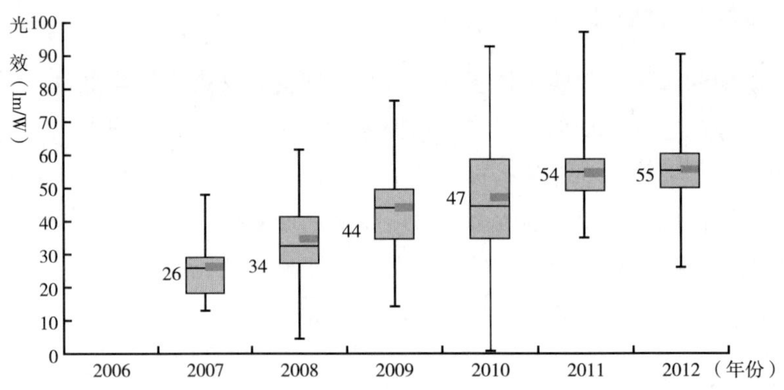

图 2　半导体照明产品光效变化图

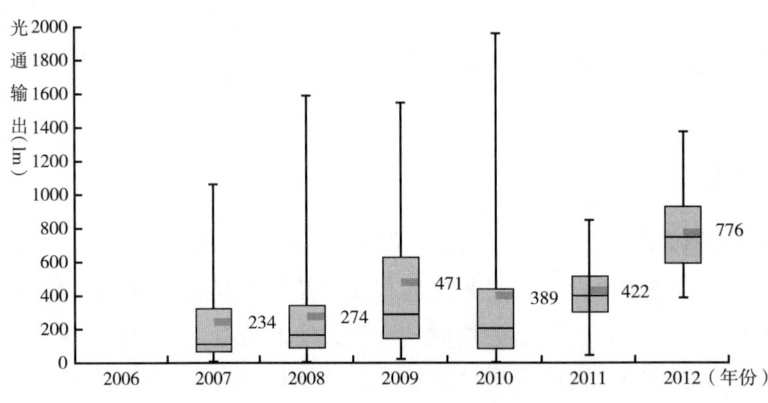

图 3　半导体照明产品光通输出变化图

可以预见，随着半导体照明技术的不断发展，半导体照明产品在室内照明领域中的应用将更加广泛。目前，国内已逐步应用于以下几类建筑场所。

1）住宅或类似场所的楼梯间、走道。以前这类场所装设有节能自熄开关的灯几乎都用白炽灯作为光源，用半导体照明进行替代后，节能效益可观。

2）使用白炽灯和卤素灯较多的宾馆建筑。客房需调光的床头灯、床头顶上阅读灯、

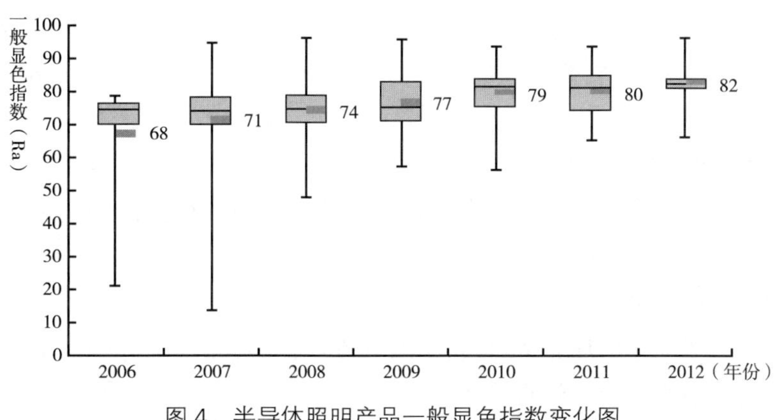

图 4　半导体照明产品一般显色指数变化图

夜灯、衣柜灯、吧台灯、开门灯、进门过道灯以及卫生间洗浴灯等。

3）应用于公共建筑的筒、射灯、商店建筑（商场）作重点照明的射灯，博览建筑（博物馆、美术馆等）的射灯等。

4）建筑里视觉条件要求不太高的辅助场所，如走道、卫生间、一般用途的库房、风机、水泵房等。

5）疏散照明灯、疏散标志灯以及其他标志灯，还有部分备用照明灯（当正常照明采用 HID 灯时）。

6）局部照明灯。采用安全特低电压（SELV）的检修灯。

（二）国内外研究进展比较

半导体照明产业受到了国际社会的高度重视，已成为世界上许多国家未来发展新的经济增长点。当前就半导体照明产品在室内照明应用中的研究热点主要集中于以下方面：

1）开发新型半导体照明产品以逐步满足建筑照明需要。

2）研究制定半导体照明产品标准及检测方法，从而更好引导产业健康发展。

3）适用于半导体照明光源的新型照明方式。

1. 研究制定半导体照明产品性能标准及评测方法

（1）半导体照明产品性能标准

为了更好地引导半导体照明产品在室内照明中的应用，相关组织均组织编制完成了相关标准，其中包括：美国能源部（能源之星），IEC，CIE，欧盟，英国（EST 超高效照明行动），中国。

（2）半导体照明产品的评价方法研究

半导体作为一种新型光源，具有许多传统光源所不具有的特征，这就对传统照明质量评价方法提出了新的要求，因此 CIE 第三分部设立“室内环境和照明设计”技术委员会，研究现有评价方法在应用半导体照明的室内照明环境中的适用性。而我国国家标准《建筑照明设计标准》GB 50034 在修订的过程中，就半导体照明产品在室内照明应用中的色品质等问题进行了专题研究。

1）不舒适眩光。半导体照明产品具有体积小、亮度高等特点，从而使得不舒适眩光成为半导体照明产品在室内照明应用中的首要问题。当前评价室内照明不舒适眩光的主要方法为 UGR 和 VCP 方法。两种方法均需要计算灯具表面的平均亮度，而当半导体颗粒能够被人眼可见时则可能会产生更大的不舒适眩光，因此 UGR 和 VCP 方法的适用性则需进一步研究确认。尽管 CIE147：2002 也就小光源和复杂光源给出了 UGR 计算方法，然而该方法同样未就半导体照明产品进行验证。

当前相关研究表明，当光源位于观测者视线方向时，对于非均匀分布的光源（见图 5）其不舒适眩光比均匀分布光源要大。然而对于当光源位于视线上方时的眩光感受仍未达成共识，2007 年 Lee 等人的研究表明当眩光源位于视线上方（夹角大于 10°）时，对于非均匀分布的光源的眩光感受比均匀分布光源要大；而 Takahashi 同年的研究成果则显示两者之间基本一致。对于线性分布的光源，相关研究则证明其眩光感受比均匀分布的光源小。如果是后两种情况，则传统的不舒适眩光评价方法同样适用于半导体照明产品。

同时也有研究表明半导体光源色温对眩光感受具有影响，但该现象在传统光源的评价中未发现，因此同样需要更多研究进行验证。

图 5　非均匀分布的光源示意图

2）室内亮度分布。半导体照明产品具有方向性强等特点，从而使得半导体照明产品具有较大的利用系数。然而这同样会导致作业面与非作业面间产生较大的对比，从而影响使用者的主观感受。然而截止到目前，大多数传统光源均可以产生适当的垂直照度，因此过去室内亮度分布未得到有效重视。因此，在新修订的国家标准《建筑照明设计标准》GB 50034 中明确要求“墙面的平均照度不宜低于 50lx，顶棚的平均照度不宜低于 30lx。”

3）显色指数。传统的 CRI 方法在实际应用中存在一些问题，比如当光照使物体色的饱和度增加时，CRI 的数值并不能与视觉的感受相一致，而将传统的显色指数评价方法应用于半导体照明时也出现了许多问题。CIE 的技术委员会 TC1-62“白光 LED 光源的显色性”在其报告中总结了 CRI 用于白光 LED 光源时的几个问题，认为 CRI 数值的大小在很多情况下往往不能与眼睛的感觉相一致。CIE 认识到 CRI 存在很多问题，并在 1991 年成立了 TC 1–33 技术委员会，企图提出一个新的评价方法替代 CRI，但是 1999 年该委员会关闭，未能提出一个被大家广泛接受的方法。国际照明委员会 CIE 在 2006 年成立了一个新的技术委员会 TC 1–69，研究白光光源的显色性问题，目的是开发并推荐一个新的 CIE 显色指数评价系统，对传统光源和 SSL 光源都适用。在 2010 年普林斯顿会议后，提出了 7 种新的评价方法，即 color quality scale（CQS），CRI–CAM02UCS，rank–order based color rendering index（RCRI），feeling of contrast index（FCI），harmony rendering index（HRI），memory CRI（MCRI），categorical color rendering index（CCRI），除了这 7 种方法外，还有两种方法 CIE CRI + GAI（gamut area index）和一种 monte carlo 方法也提交到了该委员会，也就是说到目前为止，提出了 9 种新的方法。

在普林斯顿召开的 CIE 第一分部的会议上，TC1–69 推荐了 nCRI–CAM02UCS（改变颜色试样组的 CRI–CAM02UCS 方法）和 CQS 两个评价系统，但专家们之间还存在分歧。

4）半导体白光定义及一致性。在人们的工作生活中主要使用白光光源进行照明，因此照明产品在建筑照明中应用，首先需要解决的问题就是其光色是否满足白光定义及范围，因此很多国家标准也对白光进行了明确定义。

相同光源间存在较大色差势必影响视觉环境的质量。比如传统光源中的金卤灯的光源间光色一致性相比于荧光灯有较大的差距，从而导致金卤灯很难在室内照明应用中得到推广。与金卤灯相似，白光半导体光源之间也存在着较为明显的色差，根据美国伦斯特理工大学照明研究中心（LRC）的研究表明，很多半导体照明光源间的色差甚至超过了 12 倍 MacAdam 椭圆。这样巨大的色差显然影响了半导体照明产品在室内照明中的应用。因此，在室内照明应用中，如何去评价其光源间颜色一致性，就成为当前标准制定中的一个重要问题。当前评价该问题的方法主要有：

- ANSI C78.377 标准利用偏离黑体普朗克曲线距离 Duv 来定义白光，并利用不同标称色温下的色坐标四边形界定光源颜色一致性。
- IEC 则采用传统的色差方法 SDCM 来进行评价光源一致性及白光定义。
- 我国新修订国家标准《建筑照明设计标准》同样采用 SDCM 方法进行评价，并规定“同类光源的色容差不应大于 5 SDCM”。

5）半导体照明产品的光生物安全要求。随着半导体照明技术的不断进步，半导体光效和亮度不断提高，半导体照明光生物安全问题日益引起广泛光注，欧洲、北美等发达国家和地区均着手开展关于此领域内的研究工作。然而，目前国内关于光生物安全的标准仅有《灯和灯系统的光生物安全性》GB/T 20145–2006，当前仍然缺乏关于半导体照明产品的光生物安全的详细研究成果，特别是针对不同人群的适用性研究。

2. 设计理念创新发展

半导体照明作为新兴产业，其在技术层面所取得的不断突破，正在使整个照明行业经历着由传统照明向半导体照明的全面转型，该进程融合了颜色科学、光学、能效设计、调光技术、模组产品、数字控制技术等多个学科。

特别是近年来研究成果表明，光除了对人体产生视觉功效之外，还具有非常重要的非视觉生物功效。从光照对人体昼夜节律的影响，探讨人工照明如何促进人类身心健康在今天具有一定研究价值，也是国内外研究的热点问题。而由于半导体不同于传统光源与灯具，易于构成特定光谱分布、便于实现智能控制，对于提升人工照明环境改善人体昼夜节律，具有无可比拟的优势。当前基于数字控制的半导体动态照明产品已经开始试用，如飞利浦开发的半导体动态照明系统可以根据昼夜时间变化对照明环境的照度以及色温进行相应的调节，满足人体生理和健康的需求。

2011 年复旦大学居家奇博士就半导体照明产品的光生物效应进行了研究，从而对于指导合理应用光生物效应，利用半导体照明产品为人们创造舒适、健康的室内光环境提供了理论依据。

（三）发展趋势及我国的对策

美国能源部根据半导体芯片光效和寿命等，综合预测了半导体照明灯具性能的发展趋势，预计到 2020 年暖白光半导体照明灯具效能应达到 170 lm/W，最终目标要达到 202 lm/W。

因此，半导体照明产品在照明市场份额也将逐步提高，根据美国能源部《半导体照明在通用照明领域的节能潜力（Energy Savings Potential of Solid-State Lighting in General Illumination Applications）》报告预计，半导体照明产品需到 2020 年将能逐步成为室内照明应用中的主流照明产品。然而当前半导体照明技术正处于快速发展阶段，照明产品还不够成熟，照明应用还在探索之中，因此，未来我国半导体照明在室内应用的主要研究方向包括以下几点：

1）开发能够满足人们视觉需要，且具有较高稳定性的半导体照明产品。

2）建立完善的半导体照明产品及应用标准体系，规范和引导产业健康发展。

3）基于光环境对于人的工效、主观舒适性以及生理指标影响，并结合半导体照明产品特征，实现室内照明设计的创新发展。

（四）智能控制将是未来半导体照明节能的灵魂

智能控制与半导体照明的结合将改变人们使用照明的方式，它将大幅提高照明产品的附加值，为行业提供长期成长动力。尽管在当前，智能控制在照明中的应用还差强人意，但不久的将来，它将是 LED 最大的优势。智能控制所能带来的商业价值被越来越多的企业所注重，为了能在半导体照明智能化时代抢占先机，很多企业的产品已不仅仅是停留在调光调色的水平上，而是在积极探索对整个照明系统的智能化控制上。发展进入人与环境的协调为出发点，积极挖掘客户的使用需求，使通用照明和情景照明有机融合，实现人与环境的协调发展，从而开创以整合、智能、节能为核心的照明应用新时代。通过智能化的控制，可以营造更为人性化的照明效果，可以通过控制器任意调节亮度、颜色的视觉环境照明空间，带给人一种全新的照明感受，提供更加方便有效地照明管理。在家居、商业、办公等不同的空间领域，与智能控制系统的无缝衔接都是未来半导体照明发展的重点。

五、半导体交通信号照明应用及研究

（一）发展现状

1. 汽车照明与信号

五年来，半导体照明光源在汽车灯具上的使用已日益广泛，相应的汽车照明技术得到很大的提高。

汽车外部灯具主要分为信号灯具和照明灯具。半导体照明光源由于开关速度高、可靠性好等特点，很适合作为信号灯光源使用。早期半导体效率较低，光通量不足，大多使用在转向灯、位置灯、制动灯等功率较低的信号灯上，而随着这几年半导体照明光源发光效率的不断提高，半导体照明已逐渐成为汽车上所有信号灯具的主要光源之一，倒车灯、后雾灯、昼间行驶灯等对光强要求较高的信号功能均已开始大量使用半导体照明光源，特别是昼间行驶灯，作为近年投入市场的新型灯具，其安全警示作用和装饰效果，获得许多汽车厂商的青睐，一度成为高端汽车的标志，而同时期高亮半导体照明的发展，使它们成为绝配，各大整车厂在昼间行驶灯光源的选择上均不约而同地选择了半导体照明。同时，半导体照明光源的成本也不断降低，目前半导体信号灯具已从最初的高级轿车逐渐普及至中低端轿车上，货车、挂车、微型车上半导体信号灯也都已得到广泛使用。

半导体照明光源的发展对信号灯具外观、设计以及内部结构都产生了重大的影响。信号灯中最初的插脚式半导体照明近年已被贴片式半导体照明代替了，其体积更小，结构更紧凑，使得更加炫酷的装饰性元素得到越来越多的应用。半导体照明光源阵列可按灯具外形设计要求组成任何形状的透光面，而如使用传统灯丝灯泡的话，由于需要反射面进行配光，需要体积较大的灯腔，只能形成形状较为简单的发光面。早期的灯具半导体照明光源和电源间没有专用的控制电路，大多采取限流电阻甚至直接驱动的方式，可靠性较差。而目前，汽车上的半导体照明灯具，均采用了专用的控制电路，采用横流方式驱动，并可以使用 PWM（脉宽调制）进行调光，使其可以通过车辆的智能控制系统，方便地实现发光强度随着外部环境的自动调整或制动灯随着踩刹车力度的不同，发出不同的亮度等级。近两年来，在灯具设计中，光的传播方式已更加灵活多变，借助半导体照明光源发光角小的特点，光导管、光导体等得到了大量使用。半导体照明光源安装于光导一段，通过全反射的原理，使光导形成亮度均匀的光带或发光面，不同亮度的光带和发光面可以组合特殊发光形状，实现诸如 3D 效果和进深效果等个性化和艺术化的造型。

相对半导体照明光源在汽车信号灯上的广泛使用，由于散热和成本控制等问题，半导体照明光源在汽车照明灯具上的发展相对要晚一些，直至近两年才开始渐渐加快发展速度。配光要求相对较低的半导体照明雾灯目前国内已有量产，大家广泛关注的半导体照明前照灯，国内各大灯具制造商经过数年的研究，也均逐步推出了相应的概念性产品，时至2012年，国内主要的灯具制造企业均开始了量产半导体照明前照灯的设计和开发，2013年将有大量以半导体照明前照灯为卖点新车型推向市场。届时，所有功能均使用半导体照明光源的“全半导体照明前组合灯”也将与广大消费者见面。未来几年，半导体照明前照灯主要发展方向是与“自适应前照明系统（AFS）”相结合，AFS前照灯可以随着车辆环境条件、所处道路状况的变化，对近光或远光自行实时调整，发射不同光强和光型的照明和光信号，提高行车安全，而半导体照明光源模组的体积小、开关速度快等特点，使得在前照灯上可以同时安装多个模组，通过点亮不同的模组来快速且可靠地实现不同的道路照明方式的切换。

2. 铁路照明与信号

近两年，半导体在铁路信号、照明领域也取得了快速发展。在铁路信号灯领域半导体照明光源已开始大面积取代12V、25W白炽信号灯泡和卤钨信号灯泡，半导体长寿命的优点得到充分体现，提高了铁路信号灯的安全可靠性，减少了铁路信号工人更换灯泡的工作量，受到现场欢迎。目前中国已有超过10个开发生产半导体铁路信号的机构。多个企业开发出由5 ~ 7个1W芯片组成的点式半导体灯泡，其灯头与现有信号灯泡灯头形状相同，可以使用现有铝合金信号灯箱。

铁道行业标准《LED铁路信号机构通用技术条件》TB/T3242-2010已经出台，目前正在制定半导体信号机构认定检验细则。为了保证产品安全可靠性，铁道部进行严格管理并规定：凡是在铁路线上使用的半导体信号机构，必须经过铁道部产品检测中心检验合格。

在机车照明领域，最近有的企业开发出半导体照明光源机车辅助照明灯和标志灯，由约40 ~ 50只功率为1W的半导体构成的机车辅助照明灯取代200W卤钨灯泡，不但节约了能源消耗，而且大大提高了光源寿命，发光强度达到30万cd。以750W卤钨灯泡为光源的机车前照灯，发光强度要求不低于90万cd，灯泡寿命不低于800h，用半导体照明代替卤钨灯的条件已经成熟。现有高铁机车前照灯主要使用2只50W氙气金卤灯泡，光强度要求200万cd，寿命2000h，高铁流线型机车结构限制，前灯发光面较小，目前LED很难满足要求。

在铁路其他方面，近两年开发出以大功率半导体为光源的半导体隧道灯、路桥灯、站场照明灯、车厢走廊灯、司机室照明灯等多种半导体照明灯具。

3. 航运信号

自半导体航标灯问世以为，随着半导体发光技术日臻成熟，高性能的半导体照明开始进入了实用阶段。近年来开始重点关注半导体航标灯替代传统白炽灯泡的航标灯问题。从小批量的试用到大规模应用事例有所增多。半导体航标灯作为新型光源的航标灯，因其高效、省电、光色色谱准确和长寿命、免维护等优点，已被世界各国的航标管理当局广泛使用。但半导体航标灯不是“普通透镜 +LED 发光源”的简单组合。有关半导体信号灯器在世界航标业界乃至交通信号灯、航空障碍灯制造业界都有深入的理论研究和大量的实验数据。对于一个完整的半导体航标灯，除了光强度这个主要参数以外，还有诸如垂直发散角、水平配光均匀度、电－光转换效率、使用环境温度、透镜形式等一系列重要参数来描述。这些参数都会直接影响到航标灯的光强度值。我国行业专家也对半导体航标灯光强度等参数的准确计算具有丰富的实践经验。

（二）国内外研究进展比较

目前，国内外学者在使其半导体交通信号照明领域主要致力于产品的节能、设计，以在使用过程中能够保证使用者的视觉功能以及满足视觉舒适度的需要，由此来提高交通运输的安全性和舒适性。

目前国际上是以人为基本出发点，结合道路照明、交通信号照明及其他视觉信号，对交通运输安全进行整体评估和改进，这样的一体化研究初显雏形。此研究方法符合现实情况，所得出的研究结果受到学术界的广泛认可，继而推广致市场，被大众所接受。但是这也面临着诸多因素的影响，因此这需要在研究过程中对研究对象进行严格的控制，采用合理的设计、实施、分析等方法。我国学者也可从此获得新的研究思路开展一体化研究。

在交通信号照明领域中，我国重视应用，尤其是半导体新光源和新技术应用的种类和数量都远大于其他国家。例如，近年来我国的汽车灯具快速发展，不仅仅是产品外形美观和工艺精致，同时还提高了产品的舒适度和节能性，体现了产品的人性化设计。与国内相比，国外更为重视产品的研发，在这一部分国内与国外的差距目前仍然存在，如许多灯具的关键技术、开发和设计等。例如，由于国外厂家掌握着汽车所用新光源的大多专利技术，国内的厂家就只能对灯具的应用层面进行设计和开发。

（三）发展趋势及我国的对策

交通信号照明是交通运输的安全保障，它的首要任务是保证人的安全，其次才是考虑在安全的基础上如何提交效率、节约能源、改善人的舒适体验。因此，对交通信号照明的研究应该以安全作为立足点，保证人眼在夜间识别障碍物的能力，以便在安全的距离范围内，在最短的时间内做出正确的反应来应对突发状况。同时，对交通信号也应给予正确清晰的指示，才能保障交通井然有序且安全地运行，基于人的交通信号照明研究应以人的视觉探测理论为基础，选择照明光源、优化照明设计，这是研究课题的发展趋势。在安全性得到保障的基础上，提高人的舒适性是研究发展的趋势，例如降低不舒适眩光的影响、选择合适的照度—色温组合以提高感觉亮度等，都是照明研究者在研究过程中可以考虑的问题。除此之外，节能环保也是大势所趋，面对全球环境的严峻形势，应该提高大面积的交通信号照明设备工作效率、设计高光效的应用产品，从而实现节能，推广低碳照明的理念。新光源与新节能进一步结合实现多元化、多途径的绿色照明。

我国应该结合国内外研究的发展趋势、市场行业现状以及我国的基本国情，采取合适的发展策略。首先，针对半导体照明的出现而导致的新问题，加强相应的标准化制定工作。其次，解决半导体照明光源在交通信号照明领域应用的瓶颈，联合多家不同专长的科研机构，集中力量解决关键技术。最后，可小范围应用半导体照明新光源，结合智能先进的控制、网络技术，实现安全、舒适、节能和智能。结果由第三方检测机构进行检测、并对外公布接受监督。让社会大众接受这一新光源应用，再进一步在更大的范围内进行推广。

六、半导体舞台影视照明应用及研究

（一）发展现状

半导体是人类历史上继白炽灯、荧光灯、高压气体放电灯后的第四代电光源。在影视舞台照明应用上与前几代光源相比较具有光效高、色彩绚丽、寿命长、启动迅速、安全性好等诸多优点，因而迅速成为了影视舞台照明光源的发展趋势。影视舞台照明可分为常规照明和效果照明。彩色半导体照明灯具以其优异的混色性能、快速的控制响应在影视舞台效果照明中早已获得广泛应用，传统灯具已经处于面临全面退出的境地。影视舞台常规照明主要以白光照明为主，半导体照明灯具在近几年也取得了长足的发展。半导体用于舞台常规照明产生白光主要有两种方式，一种是在蓝光半导体芯片上加黄色荧光粉的白光半导体；另一种是在一个灯具中用多种彩（基）色半导体混合产生白光的方式。白光半导体光效较高，由于荧光粉的应用使其产生的光谱连续性比较好，显色指数也可以做得很高。多种色彩的半导体混合产生白光的灯具输出白光时光效稍低，由于光谱连续性差，显色性也劣于白光半导体，但由于是调节各种彩色半导体的发光比例而产生需要的彩色光，没有不需要的色光产生，因此相比靠滤色片产生彩色光的传统光源，彩色光效大大提高。这两种类型的灯具成为了影视舞台用半导体专业灯具的主流，分别应用于追求色彩还原和光色变换的影视舞台照明设计中。

2008 年“863”计划立项“大功率 LED 影视舞台系列灯具及其控制技术”，推动了 LED 在影视舞台专业照明领域的应用，通过研究全面攻克大功率半导体在光学设计、模组散热和控制技术等方面的技术难题，在国内首次将 100W 以上的大功率半导体照明技术应用于影视舞台专业领域的基础照明。推出了业内首款半导体菲涅耳透镜聚光灯，在满足色温、照度和显色指数等各项指标的同时，达到了节能 90% 的效果，同时具备寿命长、安全性高等诸多优点，2009 年成功应用到了中央电视台新闻联播直播演播室中，率先掀起电视演播室节能风暴。到目前为止，专题和新闻类电视演播室已全面推广半导体照明，传统的卤钨灯具和三基色荧光灯具正逐渐退出历史舞台。

在科技北京、节能减排等政策的引导下，2010 年北京市科委启动了北京市重大科技计划项目“舞台剧场用 LED 灯具关键技术研究及应用示范”，重点解决了大功率 LED 灯具远距离使用和杂散光控制问题，推出了 400W 远程 LED 聚光灯，可用于距离 30 米以上的剧场面光，标志着大功率 LED 灯具进入剧场专业照明领域。该灯具成功应用于长安大戏院的照明灯具全面改造，使长安大戏院成为全球第一家全部采用 LED 灯具照明的大型剧场。改造完成后，年节约电量 60.25 万千瓦时，其中舞台照明节约 50.25 万千瓦时，空调节约 10 万千瓦时。

2012 年人民大会堂党的十八大召开前夕，LED 远程聚光灯应用到了人民大会堂现场直播照明系统的改造中，此次改造用 400W 的 LED 远程聚光灯一对一替换了原有的 5kW 卤钨聚光灯和回光灯，在达到或超过原有照度的基础上，节能效果超过了 90%，色温和显色性能也达到了中央电视台直播的严格要求。由于 LED 属于固态照明器件，工作温度很低，不会出现大功率卤钨灯泡爆炸的危险和高温带来的火灾隐患，这对于人民大会堂这样的重要场所尤其重要。此次改造替换了万人大礼堂、大宴会厅和小礼堂的全部直播用卤钨专业灯具，在十八大现场直播应用中，照明效果超过了改造以前，得到了领导和专家的一致好评。

从以上案例可以看出，LED 舞台影视专业照明已经进入电视演播室、剧场和大型会堂等重要场所，可以达到高标准的专业要求。今后应该加大研发投入，研制出更多品种、更高效能的 LED 专业照明灯具，推进绿色照明的发展。

（二）国内外研究进展比较

1. 国内 LED 影视舞台灯具现状

目前几乎所有的影视舞台专业灯光企业都涉足 LED 灯具，更有一些企业已经完全放弃了卤钨灯具的生产。一时间，在专业展会上可以见到几乎每个灯光展台都有 LED 灯具，可以用“铺天盖地”形容，毫不为过。影视舞台常用的聚光灯、柔光灯、成像灯、天幕灯和地排灯等都有对应的 LED 灯具。但有些企业缺少研发投入，推出了大量同质化严重的 LED 灯具，大多采用 3 ~ 5W 的 LED 芯片，配合各种角度的 PMMA 透镜，组成各种规格的 LED 灯具，产品设计雷同，缺乏创新，质量良莠不齐，甚至有的灯具的光效只能达到卤钨灯具的水平。

由于 LED 芯片本身的光效在逐年提高，前几年国际上的白光 LED 的光效还在为争取 100lm/W 的指标而努力，目前商品化的白光 LED 已经普遍达到 120lm/W 左右，最高 160lm/W 的。在 LED 灯具快速发展的同时，灯具的光效有增加，质量也在不断提高。目前光效最好的 LED 成像灯为 18lm/W 左右，成像质量也十分清晰。用高效的气体放电泡的电脑灯也只有 11 ~ 12lm/W，普通的舞台聚光灯则只有 3 ~ 4lm/W 左右。

2. 国外 LED 影视舞台灯具现状

国外 LED 影视舞台灯具的发展从时间上看滞后于国内，灯具品种也少于国内。例如，国内厂家在 2009 年就已推出 100 ~ 200W 的 LED 菲涅耳聚光灯，而 ARRI 公司 2012 年才推出类似产品。但是国外企业研发起点较高，投入较大，推出的产品在某些方面具有较大的优势。以下是几个实例：

ARRI L7 系列 LED 聚光灯是 ARRI 公司研发的 LED 菲涅耳聚光灯，有白光和彩色两个系列，功率 180W。彩色 LED 菲涅耳聚光灯是业界首次推出，影响深远。另外，L7 系列还有不用风机的被动散热版本，处理 180W 的热量效果令人不免有些担心，实际散热效果我们只能拭目以待。

飞利浦 VLX LED Wash 是一款 LED 染色电脑灯，它采用 7 支 120W 的 RGBW LED 光管，具有优秀的性能：平滑的色彩混合、无级渐变、顺滑的调光、色温可调范围大。飞利浦旗下的 Selecon 公司采用 Vari-Lite VLX LED 光管开发出两款新型灯具：Philips Seleon PL1 和 PL3 LED 灯具。它们分别采用 1 支和 3 支 120W RGBW LED 光管，都具备光束角可调（15° ~ 55° ），色彩混合和渐变及调光性能都达到了很高水准，为剧院和演播室灯光提供了新的创新工具。

ETC 公司多年来主攻 7 色 LED 的色彩混合模式，取得了很大进展和成果。RGB LED 模式应用于 LED 全彩显示屏是最为经济和有效的，但不适宜应用于舞台专业照明，因其光谱的空缺和差异过于明显；RGBW LED 模式和 RGBAW LED 模式较之 RGB LED 模式有了改进，在光谱空缺和差异方面都作了一些修补，但应用于舞台专业照明仍不够理想，某些景物的颜色仍显不佳或失真。而 7 色 LED 混合模式则在最大程度上弥合了其他模式的不足，实现可见光的全光谱分布，提供欲匹配混合的任何色光中所需要的各种光谱成分。除了从硬件方面提供高精度色彩混合的可能之外，还需从应用软件方面提供技术支持。ETC 公司运用 HSI（即色调、饱和度和亮度）模式来匹配或复制灯光所需求的色光。同时，ETC 公司考虑到舞台灯光装备的现状，考虑到舞台灯光设计长期运用白炽光源灯具所沿袭的习惯和喜好，专门设计了 7 色 LED 灯具的调光模式与白炽光源灯具一样，亮度逐渐减弱，色温也逐渐降低，即光色渐渐红移。此外，ETC 公司还设置了若干个模拟白炽光源灯具附加滤色片所产生光色的仿真颜色，且一键定位，给灯光设计综合应用这两类不同性能的灯具提供了快捷通道。

从以上新型灯具可以看出，国外公司在新产品研发上走在了我们前面，他们对光学系统的深入研究值得我们好好学习。在 LED 这种新型光源的运用上，必须坚持创新，充分发挥 LED 光源的优点，克服其缺点，才能更好地推进 LED 在影视舞台行业的应用。

（三）发展趋势及我国的对策

人类进入 21 世纪，随着社会发展，能源危机始终伴随着我们，节能环保、可持续发展是人类不得不面对的重要问题。如何节约占重要耗能比例的照明用电越来越为各国政府所重视。减少甚至停止使用白炽灯纷纷提上了各国政府的议事日程，我国也已经提出了时间表。因此，LED 灯具全面进入影视舞台专业灯具领域是必然趋势。

影视舞台照明需要光通量大的灯具，许多灯具要求达到 1 万 lm 以上的光通量。目前单 LED 芯片或模组还不能达到这么高的光通量，因此一般采用多 LED 芯片配合多镜头来实现，但多镜头的 LED 灯具不易成像聚光，光学设计难度很大。因此，开发高功率密度的大功率 LED 模组成为未来急需解决的问题。功率密度增加，给散热系统提出了更高的要求，研发新材料、新工艺和新结构的热管理系统也是需要同步解决的课题。这需要上游 LED 芯片企业、中游 LED 封装企业和下游 LED 灯具生产企业加强合作、共同努力，才能有新的突破。

影视舞台专业灯具对色温和显色性的要求很高，目前这也是制约 LED 灯具应用的一个瓶颈。未来从 LED 光谱构成上研究提升 LED 显色性能，尽可能追求与卤钨光源同色同谱，是发展高端 LED 专业照明的一个重要方向。

由于 LED 舞台灯具是一个快速发展的新的产业，现代科技的普及速度已经远远超过以往灯具的研发速度，众多企业快速集中到这一行业领域，技术高低不一、产品质量良莠不齐，结果导致市场的混乱。由于技术专利得不到保护，高端企业开发新产品积极性不高。又由于没有技术标准，低端厂家没有技术门槛，粗制滥造的产品在市场泛滥，时有劣品驱逐良品的现象出现。混乱的市场，造成许多错误的认识，影响了 LED 影视舞台灯具的推广。

上述种种情况，需要政府和行业出面，保护知识产权，制定行业标准，规范市场行为，提升厂家采用新技术、研发新产品的积极性，持之以恒，LED 影视舞台灯具的新时代必将到来。

参考文献

［1］国家半导体照明工程产业联盟．半导体照明产业发展年鉴（2010–2011）［M］．北京：机械工业出版社，2011.

［2］科技部半导体照明科技发展“十二五”专项规划［Z］．2012.

［3］Royal Philips Electronics．Solid State Lighting–More than just a new lighting technology［J］．Solid State Lighting ISSUE，26.

［4］CIE. CIE 191:2010 Recommended System for Mesopic Photometry Based on Visual Performance［S］．2010.

［5］Fotios，S.，C.Cheal.Predicting Spatial Brightness at Mesopic Levels［C］//Proceedings of CIE 2010“Lighting Quality and Energy Efficiency”，2010.

［6］Goodman，T. The CIE System for Mesopic Photometry:Development and Implementation［C］//Proceedings of CIE 2010“Lighting Quality and Energy Efficiency”，2010.

［7］Hamm，M.Technology Challenges and Traffic Safety in Automotive Lighting［C］//Proceedings of CIE 2010“Lighting Quality and Energy Efficiency”，2010.

[8] J，L.L.，L.Y.D，S.Y.J.A pilot study on transmission in fog of white LEDs with different correlated color temperature [C] // Proceedings of the 3rd Lighting Symposium of China，Japan，and Korea. 2010.
[9] Szabó，F.，Z.Vas，J.Schanda.Investigation of the Effect of Light Source Spectra on Visual Acuity at Mesopic Lighting Conditions [C] //Proceedings of CIE 2010 "Lighting Quality and Energy Efficiency". 2010.
[10] Yoshi Ohno，Wendy Davis. Rationale of Color Quality Scale [R]. NIST，2010.
[11] Baniya. Study of various metrics evaluating color quality of light sources [R]. Rupak Raj，2012.
[12] 美国能源部. Energy Savings Potential of Solid-State Lighting in General Illumination Applications [R]. 2010.
[13] IESNA. LM-79-08 Approved Method for Electrical and Photometric Measurement of Solid State Lighting products [S].
[14] 王军华. LED 道路交通信号灯的应用及标准化 [J]. LED 技术应用及产业脉动，2010，2.
[15] 穆怀恂，甄何平. 绿色光源的舞台功能灯具在场馆建设及艺术表演中的实例分析 [J]. 照明工程学报，2012，12.

撰写人：赵建平　姚梦明　章海骢　林燕丹　李泽清　王书晓

半导体照明非视觉应用发展研究

一、引言

21 世纪已是生态农业的世纪，而物理农业是实现生态农业的主要技术途径之一，在众多的物理技术手段中，光物理技术起着至关重要的作用。光是植物生长最重要的环境因子，它从光密度、光质（光谱）和光周期三方面影响着植物的生命活动。采用适用、高效、绿色环保的半导体光源、适宜的光照策略与智能光控方法，能够解决不适光环境对农业生产活动的制约，促进植物生长发育，达到增产、高效、优质、抗病、无公害生产的目的，这对于增强农业产出能力、改善民生、保障农产品安全、促进社会和谐稳定、加快我国现代农业发展具有非常重要的现实意义；同时能够为半导体照明产业开拓广阔和持久的消费市场，促进我国半导体照明产业的可持续发展。

光照是家禽生长发育过程中很重要的环境条件之一，禽类的视觉系统高度发达，人类可以感受到的可见光波长在 400 ~ 730nm，而禽类不仅在可见光区域有更多的敏感波段，而且还能够感受到人眼无法感知的紫外光。光照的颜色、时间与光照度都会对家禽的生理、生长、行为、健康与品质等产生影响。随着家禽养殖业的机械化、规模化、集约化程度越来越高，可控的人工光源已成为禽舍内光照的主要来源。LED 光源作为一种新型光源，具有能耗低、光电转化效率高、使用寿命长、光照参数可调控、环境效益好等突出的优点，已成为家禽养殖人工照明最具潜力的新光源。

光照对皮肤医学应用有显著的作用。LED 光源与传统的激光相比具有许多优点，其中最主要的是 LED 作为一种非热效应光源，在皮肤医学应用时不易对皮肤造成损伤，因而具有很高的安全性；其次 LED 阵列光源医疗器械比传统的激光器价格低很多，其高可靠性和长寿命也进一步分摊了它的使用成本；同时其紧凑的结构、高可靠性和低电压驱动，对于医护人员操作起来更容易。正是这些优点让 LED 光源在皮肤医学中的应用发展很快。

可见光通信技术开辟了 LED 在通信方面应用的新天地，LED 的可见光通信技术不仅有相关理论支撑，也有相应的技术应用。半导体照明技术的推广给可见光通信的发展带来了新的机遇，虽然LED照明与通信相结合的应用案例还不是太多，但是随着大家对可见光通信技术了解的深入，更多创新性的业务应用需求将会出现，新技术的价值也会凸显。

二、半导体照明非视觉应用的发展研究

（一）半导体照明植物应用发展现状

在植物生产中，传统植物设施栽培中使用的光源一般是荧光灯、金属卤化物灯、高压钠灯和白炽灯。这些光源是依据人眼对光的适应性所选择的，其光谱中有很多不必要的波长，对植物生长的促进作用少。目前，研究人员采用LED进行了对植物生长影响的试验，以期为植物生产中光控研究提供理论参考。目前半导体照明技术已经在植物生产中得到很多应用，如植物织培养、植物栽培试验、园艺设施、工厂化育苗、农产品的储藏、植物工厂以及航天生态系统等，但仍然存在很多问题，如：①使用成本过高，致使其在植物设施栽培领域的推广应用还需要有一个过程；②植物光控标准还有待于进一步进行研究；③对光照的研究往往从单因子角度出发，少有结合温度、CO_2浓度、水肥等环境因子进行多因子耦合调控的研究。

1. 半导体照明植物应用的原理

光照影响植物的光形态建成、光合作用及光信号传导。光形态建成对光的需求是短时效应，光合作用对光照的需求是长时间尺度上的效应，光信号传导需要与其他分子物质相结合调控植物的生命过程。半导体照明在植物中应用必须设置合理的光质、合适的光密度，同时也要设定合适的光照周期。经过大量的研究发现，不同的植物对光谱的响应有显著差异，有的植物会在单色的红光下生长良好，有的植物会在单色的蓝光下生长良好，大多数植物在红蓝复合光下生长较好，但也会对不同红蓝配比的光响应有差异，所以在植物生产中利用半导体照明时必须研究植物对光谱的响应，确定其植物生产中用于照明的半导体照明的光谱分布。此外，经过一些学者的研究，植物在半导体照明光照条件下，其光饱和点会比在自然光下下降很多，所以在植物生产中采用半导体照明时需研究植物对半导体照明光照的光密度的响应以确定合适的光密度，不能盲目参照日光下的光密度数值，否则会出现光抑制现象。光照周期对植物的生长，诸如开花有很大影响，所以在进行植物生产时，也要进行植物对光周期的响应研究，若无相应的数据获取，采用半导体照明时，光周期的设定通常可以借鉴自然光环境下的光周期。

2. 半导体照明植物应用的技术与理论新发展

半导体照明在植物生产应用的技术和理论，一方面侧重于植物生理生态的研究，主要

目的是建立适宜于植物生长的光控标准和理论，另一方面侧重于光控机理的研究，其目的是寻求深层次的调控机理，为更精准的数字化光控技术研发提供理论指导和技术支撑。

植物对光环境响应的机理解释主要有两种学说，即光受体学说和植物激素学说。光受体学说认为：植物体内至少存在 3 种不同的光受体系统，较早发现的两种分别为红光 / 远红光受体又称光敏色素（phytochrome），感受红光和远红光区域的光；蓝光和长波紫外线（UV-A）受体，又称隐花色素（cryptochrome），感受 UV-A 和蓝光，此外，近年研究显示可能存在，但尚未被鉴定的吸收 UV-B 短波紫外线（UV-B）受体，感受 UV-B。植物体内光受体的发现使人们对光与植物的关系认识不再局限于光合作用的能量反应，而是把光看作一个信号，由它去激发植物体内的光受体并通过一定的信号传递、放大过程，使植物的基因表达、蛋白质合成及细胞代谢产生变化。

植物激素学说认为，光不但通过光受体接受的光来影响植物的生命过程，还影响植物体内的植激素从而影响植物的生长发育。光对植物激素的影响目前尚无完整的理论。植物激素可间接影响基因表达，当植物体受到外界环境，如光、水分、盐渍、伤害等影响时，会影响植物激素的合成和运输。激素作用到一些的受体，如细胞质膜上受体，通过转换，诱发出第二信号系统，进行信号的多级放大，最终影响到酶蛋白的合成，导致植物生长发育的变化。光密度会调控赤霉素的含量，如光可以抑制活性 GA 的合成。在豌豆幼苗的去黄化处理过程中，茎尖 GA1 的浓度在很短光照处理后就会下降，而 GA1 代谢生成的无活性产物 GA8 的浓度则有所升高；而 GA1 水平的降低与 PsGA3ox1 的下调和 PsGA2ox2 上调密切相关，而且 GA3ox 的调控是受 phyA 等光受体介导的。同样，许多研究也表明光质也可以调节 GA 的生物合成和代谢。例如，在拟南芥种子萌发过程中，红光能提高 AtGA3ox1 和 AtGA3ox2 的表达，增加活性 GA1 合成，进而促进种子萌发。

3. 半导体照明植物应用的照明系统及装备发展

半导体由最初高亮度发展到高功率，由个别光色已向多光谱跨越，解决了植物对多光谱的需求。国内近年来通过“863”计划项目等项目形式对植物应用的半导体照明系统进行支持，并取得一定的研究成果，如南京农业大学徐志刚研究团队研制的“柔性半导体照明光源系统”、“半导体照明植物组培灯”、“半导体照明植物灯”、“LED 智能光照生物培养箱”和“半导体照明植物培育智能光控系统”；孙桥农业基地探索的半导体照明灯家庭农场、中国农科院杨其长研究员团队研发的基于太阳能供电的半导体光控系统、复旦大学电光源研究所刘木清教授研制的智能 LED 植物照明系统，中科院半导体所、浙江大学等单位也在此领域进行研究，并已完成 LED 植物生长箱等研究。

4. 中国半导体照明植物应用成果分析

（1）半导体照明作为植物光合作用补充照明的研究

研究表明：采用半导体照明，生菜的生长速率、光合速率都提高 20% 以上，与荧光灯相比，混合波长的半导体照明光源能够显著促进菠菜、萝卜和生菜的生长发育，提高形态指标。能够使甜菜生物积累量最大，毛根中甜菜素积累最显著，并在毛根中产生最高的糖分和淀粉积累。与金属卤化灯相比，生长在符合波长半导体照明下的胡椒、紫苏植株，其茎、叶的解剖学形态发生显著的变化，并且随着光密度提高，植株的光合速率提高。复合波长的半导体照明可引起万寿菊和鼠尾草两种植物的气孔数目增多。与荧光灯相比，使用半导体照明组培灯，能够增强苗的品质、提高优质苗率、缩短育苗周期和降低能耗成本；寿命提高 10 倍；节电 69.7%；1.5 年即可回收初期投入，无需后期投入；在寿命期内，总计可节省费用 176764 元；组培架层高降低 35%，提升操作舒适度和工作效率；空间利用率提高 35%；与金卤灯相比，其电能转换提高 520 倍之多。

（2）半导体照明作为植物光周期、光形态建成的诱导照明

特定波长的半导体照明可影响植物的开花时间、品质和花期持续时间。某些波长的半导体照射能够提高植物的花芽数和开花数；某些波长的半导体照射能够降低成花反应，调控了花梗长度和花期，有利于切花生产和上市。由此可见，通过半导体照明调控可以调控植物的开花和后续的生长。

（3）半导体照明应用于航天生态生保系统的研究

建立受控生态生保系统是解决长期载人航天生命保障问题的根本途径，高等植物的栽培是 CELSS 的重要元件，其关键之一便是光照。基于空间环境的特殊要求，空间高等植物栽培中使用的光源必须具有发光效率高、输出的光波适合于植物光合作用和形态建成、体积小、重量轻、寿命长、高安全可靠性记录和无环境污染等特点，而半导体照明正好具有此特点，是航天生态生保系统的首选光源。

（二）半导体照明家禽养殖应用发展现状

1. 半导体照明家禽养殖应用的原理

鸡等家禽对光环境十分敏感，能够通过眼球视网膜和头盖骨下感受神经，获得针对不同光照条件的刺激，从而作出相应的神经冲动，通过体内的新陈代谢、腺体释放相应的激素来调节身体的生长及行为特征。禽类的视觉器官非常发达，在它们的眼球结构中，除了具有视网膜光受体外，还有视网膜外光受体。视网膜光受体上的视杆、视锥细胞分别针对弱、强光具有敏感反应，其中视锥细胞还能够分辨颜色；视网膜外光受体则在调节生物钟方面具有关键性的作用。与人类具有的 3 种视锥细胞相比，家禽类的 4 种视锥细胞不仅拥有与人类类似的最敏感光谱区在 545 ~ 575nm 处，同时禽类还具有第四种视锥细胞，其敏感峰值出现在 415nm。由于具有这 4 种视锥细胞，家禽对光的感知在一定程度上与人类相似，却又不完全一致。基于大量的理论基础和实际生产经验，人们在生产过程中通过人工补光来促进鸡的生长，更有甚者为了最大限度地获取经济效益，采用 24 小时全天候人工光照的照明模式来加速肉鸡的生长，这种做法忽略了鸡本身对光的需求、其健康状况以及动物福利问题，显然不可取。

2. 半导体照明家禽养殖应用的进展

在目前的畜禽养殖行业中应用的人工光源种类繁多，如白炽灯、荧光灯、卤素灯等。20 世纪末期以来，研究人员就不同光源影响商品肉鸡的生长发育进行了比较。随着 LED 光源研究与应用的开展，传统光源被作为对照进行比较。如在肉鸡方面，通过 LED 的光色、光照度与光周期等因子的调控，可影响小肠黏膜结构来提高营养吸收和促进生长，通过影响卫星细胞增殖及肌肉纤维发育提高屠宰性能与鸡肉品质，同时影响行为和健康，增强免疫力，降低死亡率和疾病发生率等。在蛋鸡和种鸡方面，通过对光环境进行调控，可影响其饲料消耗，并促进促黄体素和促卵泡素等激素的释放来影响性成熟、开产日龄、产蛋率等，同时提高种鸡的受精孵化率，改善鸡蛋品质情况，有效降低啄癖现象。此外，LED 光源对火鸡、鸽子、鹌鹑、鸭、鹅的影响也已得以初步研究。目前，LED 光源已在中国、沙特阿拉伯、土耳其、南非、英国、美国、日本等国家的家禽养殖业中得到初步应用，但灯具大多采用通用照明光源，对控制技术也涉及甚少。浙江大学 LED 光源与光环境智能调控实验室与国内知名灯具制造商联合研发了家禽养殖专用 LED 灯及智能化控制系统。

3. 学术建制方面的进展

自从灯泡发明后，鸡舍人工控制光源普遍采用传统光源——白炽灯。1923 年至今，关于家舍光环境调控论的研究，大部分以白炽灯和荧光灯为光源。半导体发光二极管发明以后，为单色光对家禽生产影响的研究提供了新契机。伴随着该研究领域的深化，已培养出众多该领域的人才。比如，耶路撒冷希伯来大学的 Rozenboim 教授，1998 年至今一直投身于该领域的研究；Prayitno（英国威尔士大学）的博士课题为“光色和光强对肉鸡行为及生产性能的影响”；Rierson（美国堪萨斯州立大学）将肉鸡对光色和饲料形式的喜好性作为硕士课题研究；中国农业大学的陈耀星教授是国内从事该领域研究的知名学者之一，浙江大学的泮进明副教授也在家禽专用 LED 灯及智能化调控技术等领域进行了大量的研究工作。该领域的研究涉及材料学、应用光学以及家禽养殖学等多学科联合攻关，属于交叉学科研究，相信在未来的研究中，必将涌现出更多的优秀人才。

（三）半导体照明在皮肤医学方面的应用发展现状

1. 影响 LED 皮肤医学效应的光学参数

LED 的皮肤医学效应取决于波长、流量（fluence）、强度、辐照时间、连续波还是脉冲波以及在临床上的治疗次数、治疗间隔等。不同的波长可以到达皮肤组织的不同位置。一般来说，波长越长穿透能力越强，在 400nm 处穿透的皮肤组织距离不超过 1mm，514nm 穿透的距离约 0.5 ~ 2mm，630nm 穿透距离约 1 ~ 6mm。同时，不同波长的光可以被组织中不同的色基所吸收。在临床上红光（630 ~ 700nm）常被用于治疗深层的皮肤组织结构，例如皮脂腺；蓝光（400 ~ 470nm）在光动力学治疗（photodynamic therapy，PDT）中用于治疗位于表皮的皮损；如果想到达皮肤的真皮层则需要更长的波长，如660nm的波长可以到达真皮的网状层，从而对真皮中的皮肤成纤维细胞发挥作用，而这也是LED光源用于光子嫩肤的原理之一。

2. LED在皮肤科医学中的应用

（1）光子嫩肤（photorejuvenation）

光子嫩肤技术被定义为使用连续的强脉冲光在低能量密度下进行非剥脱方式的嫩肤治疗。自2000年问世以来短短几年内，光子嫩肤技术迅速普及全国，在各大中城市得到广泛开展，目前已成为改善皮肤光老化的主要手段之一，这种技术可明显改善皮肤皱纹、质地粗糙、不规则色素沉着及毛孔粗大等现象，已经得到众多技术专业人员和美容诉求者的认可。皮肤光老化的特征性组织学改变是真皮基质中弹力纤维变性和胶原纤维成熟障碍，从而导致皮肤出现松弛和皱纹。

研究发现可见光到近红外的LED光穿透皮肤表皮到达皮肤真皮层后，通过光热和光化学作用，促使弹力纤维和胶原纤维再生和重新排列，从而达到减轻皮肤皱纹、增加弹性的效果。

（2）痤疮的治疗

采用蓝光治疗痤疮的机理主要是利用痤疮丙酸杆菌代谢产生的内源性卟啉——粪卟啉Ⅲ可以吸收波长峰值为415nm蓝色可见光。粪卟啉Ⅲ被激活为高能量的不稳定卟啉后，再与三态氧结合形成不稳定的单态氧，后者与细胞膜上的化合物结合后损伤细胞膜从而导致细菌死亡。最近研究发现，蓝光还可通过影响痤疮丙酸杆菌的跨膜离子流入和改变细胞内pH来杀灭细菌。近两年来国外关于使用高能量和窄谱的蓝色可见光治疗寻常痤疮的设备也在不断更新，以提高疗效，减轻不良反应。

红光比蓝光对卟啉的光动力效应弱，但对组织的穿透能力强。实验证实，暴露于低强度660nm红光下，巨噬细胞会释放一系列细胞因子，刺激胶原纤维细胞增殖，因而影响炎症过程、促进损伤修复。

（3）预防或治疗炎症后色素沉着

炎症后皮肤出现色素沉着在皮肤物理和化学美容中是常见的、很难避免的现象，特别易于出现在亚洲人群。例如在临床上为减轻激光治疗后皮肤色素沉着的程度，一般都避开紫外线过强的季节、患者避免日晒、涂抹防晒霜等，但炎症后色素沉着还是很难完全避免。近年来有研究发现，660nm的LED光可以预防甚至可以治疗这种炎症后出现的皮肤色素沉着，这将会是皮肤美容界一个新的研究热点。

（4）促进创面的愈合

可见到近红外的各种波段的LED光都可以促进外伤后上皮细胞的生长，促进创面的愈合。同时对于糖尿病患者下肢的慢性溃疡的愈合也有很好的治疗作用。红光能穿透至皮肤深层达6mm，细胞中细胞色素C氧化酶是红光重要的光受体，在红光照射后，线粒体的过氧化氢酶活性增加，蛋白合成增加和三磷酸腺苷分解增加，从而加强细胞的新生，同时也增加白细胞的吞噬作用，提高机体的免疫功能。红光照射还诱导巨噬细胞释放细胞因子，这些细胞因子刺激成纤维细胞增生产生生长因子，从而加快损伤组织的修复过程。

（5）减轻炎症

已经有系列的研究表明 LED 具有抗炎的作用。研究发现 635nm 的 LED 光可以抑制牙龈的成纤维细胞释放炎症介质——前列腺环素 E2（PGE2），从而减轻牙龈的炎症反应。在脉冲染料激光治疗皮肤光老化前如果采用 LED 光源提前照射，可以减轻染料激光引起的皮肤红斑、肿胀和疼痛等不适。在乳腺癌患者的放射治疗前采用 LED 光源提前照射可以减轻放疗的副作用。

（6）疤痕的预防

疤痕疙瘩是临床上影响美容而且治疗困难的一种皮肤疾患，是皮肤损伤后结缔组织过度增生引起。患者往往具有瘢痕体质，在临床上开始为小而坚硬的红色丘疹，缓慢增大，产生圆形、椭圆形或不规则性瘢痕，高出皮面，呈蟹足状向外伸展，皮肤光滑、发亮，同时伴有疼痛、瘙痒等不适。临床治疗困难、疗效不理想。有研究发现 LED 可明显改善患者的疼痛、瘙痒等不适感，使瘢痕变平，同时具有无创的优点。

（7）光动力治疗（photodynamic therapy，PDT）

光动力学疗法是指依靠留存于病灶细胞中的光敏剂，以特定波长的光照射病灶区，使之产生光敏化的氧化反应，生成各种高反应性的化学活泼物质，达到杀伤病灶的新型治疗方法。LED 作为光动力治疗的光源可用于治疗皮肤的肿瘤，包括日光角化病、BOWEN'S 病、基底细胞癌等。与传统的用于 PDT 治疗的激光器相比，LED 具有价格低廉、性能稳定等优点，现有的 LED 品种其波长覆盖可以从紫外到红外，因而能满足现有光敏剂的要求。随着半导体技术的进步，LED 在发光强度、峰值波长、半波带宽等各项参数性能上都有了很大的提高。

此外，LED 还可作为一种不含紫外线的光疗仪器治疗脱发、减轻紫外线照射后的皮肤损伤等。

（四）半导体照明在通信方面的应用发展现状

1. 新观点、新理论以及新方法、新技术、新成果等发展状况

（1）新观点

光纤通信中的光源包括红外 LED 和红外激光器，LED 作为通信光源在光纤通信中发挥了重要的作用，该类 LED 的功率一般为毫瓦量级，为了匹配石英光纤的低损耗窗口，此类 LED 的波长也选择在红外波段。随着固态照明技术的发展，大功率白光 LED 的发光效率和使用寿命不断提高，许多国家都在推广固态照明技术，试图用高效节能的 LED 光源取代白炽灯、荧光灯等传统的照明光源。白光 LED 的核心结构是一个半导体的 pn 结，其具有单向导通的电学特性，简单来说就是给该器件加上超过阈值幅度的正向电压，其能导通发光；如果给该器件加上反向电压（不能太高）或者不加电压，它就处在截止状态，停止发光。因为 LED 是一个半导体器件，它在导通和截止这两种状态间的切换速度非常

快，也即是说它的开关特性特别好。所以，我们可以利用外部的电信号来控制 LED 的亮灭，实现电信号的光调制。也就是说，当我们给大功率白光 LED 加上一个调制信号就能让照明光承载通信信号，在照明的同时实现白光通信，也叫做可见光通信。可见光是电磁波谱中人眼可以感知的部分，可见光谱没有精确的范围；一般人的眼睛可以感知的电磁波的波长在 400 ~ 700nm 之间，但还有一些人能够感知到波长大约在 380 ~ 780nm 之间的电磁波。早先的可见光通信光源主要是日光、荧光灯、小功率白光 LED，基于这些类型光源研制的通信系统其性能和可操控性均不够理想。从 1880 年 6 月贝尔发明了称为"photophone"的光电话以来，可见光通信这条路走得很艰难。近些年来，随着 LED 照明技术的发展和推广，可见光通信借用大功率白光 LED 这一新光源，实现了高速通信，可见光通信技术的重要性得到了重视，大功率 LED 在通信领域的应用也得到了快速发展。可见光通信的一个特点是无电磁辐射以及电磁免疫，即使功率大一点也不会对人体造成伤害，加上照明网络无处不在，可利用可见光通信技术建立一个宽覆盖的普适信息网络。如果说以前人们开灯就是为了照明，那以后也许开灯却是为了通信。

（2）新理论

照明与通信融合是可见光通信技术借助半导体照明技术推动后出现的一项新理论。当通信系统借用照明光源时，必须考虑通信对照明的影响，要把这种影响降到最低限度。对于可见光通信来说，除了用光强的明暗来分别表示"1"码和"0"码外，还可以用光波信号的频率、相位甚至偏振态的不同来分别表示"1"码和"0"码实现光通信。为了提高可见光通信系统的传输容量，可采用空分复用、码分复用、波分复用、频分复用等多种复用方式。考虑到人体的视觉感受，通信状态下灯光的明暗闪烁必须不被人眼察觉，这就要求灯光的明暗变化要特别浅或者明暗变化的频率要足够快。光纤通信、红外通信以及紫外通信技术因为不涉及人体的视觉感受，在保证人眼安全的前提下可以不考虑光强闪烁的问题，其调制参量较多，调制手段比可见光通信灵活。照明与通信融合的理论除了涉及调制技术跟人眼的视觉感受之外，还涉及 LED 器件最佳工作电流设定、调制信号预加重、LED 光谱调整、接收机光学降噪、光学信号预处理、信息与能量共传优化等问题。这是人类视觉和光通信系统共享同一个光源时代的开始，同一个光源同时为人眼和光电二极管这两种特性差异比较大的探测器发送相同的信号刺激，要想在光电二极管获得较高信噪比光电响应的同时，让人眼获得理想视觉感受，就必须把生理学、心理学的理论与信息理论结合。总的来说，对加上通信功能的照明链路的特性进行研究具有重要意义，要考虑的因素比较多，在研究过程中需要新手段和新方法，需要理论创新。

（3）新方法、新技术、新成果

随着半导体照明在通信领域应用的发展，对 LED 灯具的设计提出了新的要求，照明通信两用 LED 光源应该具有数据通信的接口，通过对传统 LED 灯具的改造升级，出现了如图 1 所示带数据通信接口的 LED 灯。这种带数据接口的 LED 灯具内部除了包含 LED 直流驱动电路之外还包含一个通信调制电路，灯具内的电源除了驱动 LED 之外还要负责给通信电路供电。这种照明通信两用光源和普通照明光源在使用上没有太大区别，通电就可以照明，如果给数据接口加上调制信号就可以实现数据的光学无线发射。基于这种照明通信两用LED灯具的设计，衍生出LED驱动调制电路集成设计技术，以便在保证灯具成本和外形尺寸的前提下，实现灯具的照明与通信功能复用。利用半导体照明灯的通信功能，中国科学院半导体研究所研制出了光学无线总线型的半导体照明智能家居系统，并在2010年上海世博会上成功展示。半导体照明智能家居系统利用手机或者计算机通过半导体LED照明灯，在照明的同时作为光学无线通信的光源，已实现对办公设备、安全防范设备、家用电器、电动玩具等控制终端的光学无线智能控制，受控设备与集中控制器间不需要布设控制线，受控设备在灯光覆盖范围内可以自由移动。受控设备的种类可以根据需要添加。半导体照明智能家居系统克服了基于无线射频和电力载波通信技术的智能家居系统的缺点，在电器终端接入方式方面具有划时代的意义。通过使用计算机网络或者手机，利用LED照明灯对家用电器进行光学无线控制，实现了智能家居控制网络与照明网络的融合。该系统的中央控制器发射的控制信号可以穿透钢筋混凝土墙，实现对多个房间内电器的集中统一控制，克服了无线射频信号穿墙能力弱以及有电磁污染的缺点，各种受控电器可以在灯光照射范围内自由摆放，无需布设控制线。给受控电器加装一个弱电的光学接收模组就可以实现无线控制，无需像电力载波通信系统那样对电器的强电部分进行改造，电器的安全性可得到最大限度地保证。目前的室内通信网络主要指覆盖范围在10m半径以内的短距离无线网络，用于无线个人局域网的通信技术有很多，如蓝牙、红外、HomeRF等。与上述技术相比，兼具照明功能的可见光无线接入技术具有突出的特点。它采用光学链路传输数据，无需频率许可，无电磁污染，有利于人体健康；它利用照明网络进行通信，绿色、节能、环保；用来传输信号的可见光或非可见光不能穿透墙壁和门窗，私密性强，安全性高，可用于涉密部门；它可用于医院、飞机等射频敏感的复杂区域，还可逐步拓展到汽车工业、交通信息管理、办公室照明和互联网接入、数字家庭等多个方面，其市场前景非常广阔。利用半导体照明灯的通信功能，中国科学院半导体研究所研制出了光学无线上网系统并在2010年上海世博会上成功展示。利用半导体照明灯的通信功能，中国科学院半导体研究所还研制出了光学无线娱乐系统，并在2009年的上海工业博览会上成功展示，两位体验者通过操控笔记本电脑上的两个游戏手柄，利用安装在灯架上的LED灯分别操控一辆游戏坦克进行坦克对决大战，坦克的前进、后退、转弯、开火等动作都是由灯架上LED灯的灯光来控制的。基于该原理可以开发很多无电磁辐射的光学无线游戏来替代现有的射频无线遥控游戏（图1）。

健康家居——以集成光电子器件的传感应用为技术基础，围绕居家养老人群的保健与健康监护，充分利用集成光电子传感与通讯器件功耗低、体积小、功能多的优势，结合居家环境的结构特点，合理地设计和分配检测居家老人生理生化指标传感器的节点，结合环境和其他运动监测，通过LED在通讯、理疗与宜居方面的创新

图1　带数据通信接口的LED灯

应用，自动调整家居环境和报告主人的健康状态，构建健康家居新模式。在健康家居中，照明灯具是节能的 LED 灯，该灯具同时也是无电磁辐射的可见光通信系统的光源，可见光通信系统既可实现对家庭物联网系统执行机构的控制，也可实现多媒体影音娱乐数据的传输。利用 LED 为光源的果蔬生长柜种植果蔬既能休闲，又保证了食物的安全性。LED 光疗仪的理疗功能也是健康的保证。配合微纳传感芯片对家庭水质、空气质量等的监控，以及便捷的穿戴式健康监护系统，让用户进一步体会到健康家居的含义。

2. 学术建制、人才培养、研究平台、重要研究团队等方面的进展

LED 在通信方面的应用以光纤通信中的红外 LED 为代表。后来有人研究小功率白光二极管的通信应用，验证白光通信的可行性。因为可见光通信的环境噪声比较复杂，所以有许多人进行通信链路的仿真研究并把成熟的射频通信调制技术移植到白光通信中来。随着半导体照明技术的发展，基于照明用大功率 LED 的可见光通信也得到了发展，日本于 2003 年 12 月成立了可见光通信协会，而 IEEE 的 802.15.7 则是局域和城域网 IEEE 标准中使用可见光的小范围无线光通信的标准。国内目前尚无相应的协会和标准组织，部分工作暂时依托半导体照明联盟开展。

LED 在通信方面的应用，尤其是基于大功率 LED 照明的可见光通信技术应用的研究工作涉及材料领域、半导体领域和通信领域，需要多学科联合攻关。在国家科研项目资助下，高校和研究院所的相关研究工作取得了不错的开展，在研究过程中既锻炼了专业研究团队，也培养了许多研究生。很多研究生的学位论文是与可见光通信技术研究紧密相关，从 2007 年开始，该研究方向的学位论文逐年增长。

暨南大学、中国海洋大学、西安理工大学、长春理工大学、江苏大学等是国内较早开展可见光通信技术研究的高校。中国科学院半导体研究所组建了从材料、器件到系统研究的团队进行 LED 非视觉照明技术的研究，自主研发的基于半导体照明的光学无线通信演示系统于 2010 年在上海世博会上展示。2010 年以后，国家开始加大对可见光通信技术研究的资助，2012 年，清华大学、北京大学、解放军信息工程大学、东南大学等高校分别牵头组建研究团队进行可见光通信的研究并受国家资助。但主要是进行系统级的研究，器件级的研究尚待加强。

三、半导体照明非视觉应用的国内外研究进展比较

（一）半导体照明植物应用的国内外研究进展比较

1. 国际研究热点、前沿和趋势

国际有关半导体照明在植物生产中应用的研究主要侧重于不同光谱能量分布对植物生产的影响。研究主要着眼于不同光质的半导体照明对植物生长、光形态建成、光合作用、

叶绿素荧光特性、次生代谢及产品品质的影响，进而从分子生物学的角度探究植物对不同光质反应的分子机理。

2. 中国与国际研究进展的比较分析

中国对半导体植物光源及其技术的研究在国际上占有主要地位，基本与国外同行同步，并在很多方面超前于国外同行。国内外的研究侧重于应用基础研究和应用技术的研发，如寻求建立适宜于设施栽培的半导体照明光控技术和光控标准，但关于光质对植物影响的深层机理的研究较少，如不同光环境因子如何调控植物的光合产物分配、如何调控内原激素反应等，在这一方面，南京农业大学徐志刚教授的团队已经取得了进展并处于先进行列。光并不是独立作用于植物，会与其他因子耦合影响植物的生长，研究应结合其他因子，如温度、CO_2 浓度、肥水等，在这方面，荷兰和日本的研究较为超前，国内的南京农业大学等单位已经在部署相关研究。

3. 国内外学科、研究团队与机构的发展状态

在中国，半导体照明在植物生产中的应用越来越受到重视，并得到国家自然科学基金、国家“863”计划项目、国家科技支撑计划项目和国家公益性行业科技项目的立项资助。荷兰瓦赫宁大学植物生命学院的园艺供应链组在近 5 年都在进行光生物学方面的研究，从设施补光到诱杀昆虫，以及有关植物对光响应的机理都有研究，并于 2012 年举办了第七届光在设施园艺上应用的国际会议。日本也对半导体照明的研究投入了不少研究精力，其中千叶大学和东京大学的研究小组的研究成果受到了不少关注，其研究的热点也是观察不同光质的半导体照明条件下植物的光合作用、光形态建成等。另外，美国的 NASA 将半导体照明应用于太空植物生长试验，进行太空光系统的建立。此外，还有英国、意大利、立陶宛、以色列、韩国和澳大利亚等很多国家的学者都从事相关的工作。为了集中各个研究者和学者的研究成果，光在设施园艺上应用的学会应运而生，以便全世界从事相关工作的同仁进行学术的交流，促进学科的发展。

（二）半导体照明家禽养殖应用国内外研究进展比较

1. 国际上本专题最新研究热点、前沿和趋势

目前，国际上关于半导体照明在家禽养殖业中应用的最新前沿和热点集中在混合单色光对家禽生长性能和肉品质的影响、家禽不同生长阶段对于光色的需求以及孵化期间不同单色光刺激对于孵化后生产性能的影响。掌握家禽对光环境的喜好特性及行为规律并针对性地研究专用 LED 光源及配套调控系统已成为 LED 家禽养殖应用的研究热点。

2. 半导体照明家禽养殖应用的国内外比较评析

家禽的生长既受光色、光强与光周期等光环境因子的影响，所产生的影响力评判复

杂，又随着家禽生长阶段及其他环境条件变化而变化，因此，针对家禽的不同生长阶段进行各种因素的交互作用和效果综合评判研究非常必要，国内外的研究也主要集中于此。国内外学者的兴趣点有所差异，国外学者更偏重于LED光照参数和机理的研究，中国学者一方面也紧跟国外发展趋势，另一方面则偏重于对新型禽用LED灯具以及智能化控制技术的研究。在研究对象上，国外研究主要针对速生型品种及封闭式养殖模式，而我国一些学者更注重于针对我国生长周期较长的优质原种鸡，在养殖模式上也依托愈来愈受到欢迎的生态化与半生态化养殖模式，将自然光与人工光照结合。国内一些学者已开始从LED光源的基础特性入手，重点解决LED光源定向发光及发光效率随着工作时间与环境温度变化而产生波动的问题，为实验室研究成果走向产业化应用提供解决方案。此外，国内外的研究也都已从家禽对光环境的自主选择特性研究出发，试图遵从家禽自身的喜好规律来构建光环境，提高家禽福利。

（三）半导体照明在皮肤医学方面的应用及国内外研究进展比较

1. 国际上本专题最新研究热点、前沿和趋势

在皮肤医学领域，激光作为光疗法使用的光源独占鳌头了很多年，直到强脉冲光（intense pulse light，IPL）的出现，IPL在皮肤美容医学中又掀起了一股热潮。近些年，由于LED光源是一种非热效应光源，具有治疗时对皮肤不会造成损伤等优点，得到越来越多学者、医生和厂商的研究和应用。目前国际上已经有多家公司研发了多种用于皮肤治疗的LED设备，如英国美光仪器有限公司生产的用于治疗痤疮的Omn ilux Red红光治疗仪，美国伟康公司推出的针对痤疮、波长为405nm的LED光源。目前研发生产的可用于光子嫩肤的设备也很多，如Light bioscience公司生产的波长590nm的Gentle waves治疗仪，Ohototherapeutics公司生产的波长630nm的Omnilux revive治疗仪，OpusMed公司生产的波长660nm的Lumiphase-R治疗仪。

关于LED发挥作用的光皮肤医学效应也是国际上研究的热点问题，但目前很大一部分是以低能量激光的研究为参考，从波长的选取到剂量的选取，治疗方式的选取以及针对治疗的病症等，但激光作为一种相干性、单色性光源与LED光源不同，故越来越多的研究开始关注LED的光皮肤医学效应。

2. 中国与国际研究进展的比较分析

相比于国外比较活跃的研究状况，国内在LED皮肤医疗设备的研发、LED对皮肤组织的光生物学效应这些领域起步较晚。目前在国内皮肤科临床广泛使用红蓝LED光源治疗痤疮，但所使用的设备大多为进口产品，鲜有国内生产的设备。国内目前关于LED光源在皮肤科领域的其他应用，如光子嫩肤、瘢痕治疗、LED作为光动力治疗的光源等方面还处于研究探索阶段，尚未在临床上作为常规的治疗手段。

（四）半导体照明通信应用国内外研究进展比较

1. 国际上本专题最新研究热点、前沿和趋势

（1）贝尔光电话

可见光通信最初以自然光作光源，已逐步发展成利用荧光灯和 LED 灯做通信光源。借助调制自然光和硒的光电效应，1880 年 6 月贝尔发明了称为“photophone”的光电话。

（2）日本可见光通信

日本 Keio 大学的 Yuichi Tanaka 和 Masao Nakagawa 以及 SONY 计算机科学研究所的 Shinichirou Haruyama 于 2000 年提出了可用于家庭网络的白光 LED 可见光通信的设想，并构建了利用 LED 照明灯作为通信基站进行信息无线传输的室内通信系统。2003 年 10 月，日本成立了可见光通信协会（VLCC），并已完成可见光通信系统规范（VLCC–STD–001）和低速通信可见光 ID 应用规范（VLCC–STD–003）的制定。

（3）欧洲 OMEGA 计划

欧盟第七框架计划（7th framework programme，简称 FP7）资助了一项成为 OMEGA 计划的家庭网络研究项目，旨在研究高达 Gbps 速率等级的家庭网络接入技术，其技术实现手段包括电力载波通信、可见光通信、射频通信。2011 年，德国海因里希—赫兹研究所的 Jelena 等人采用单个 RGB 型 LED，利用波分复用、DMT 调制技术和 APD 接收，实现了 803Mb/s 的传输速率。同年，Orange 实验室用如图 2 所示的 16 盏 LED 灯实现了 4 路高清视频的广播，系统传输速率 100Mbps，净载荷 80Mbps。

图 2　OMEGA 计划基于 LED 灯的高清视频广播系统

（4）基于可见光的无线通信（LiFi）技术的媒体评价

2011 年美国《时代》周刊将基于 LED 的灯光上网称为“LiFi”（光的 WiFi）列入“年度世界 50 项发明”中，排名第 8 位。2012 年央视也把可见光通信技术列入了 2012 年全球范围内出现的最有潜力的科技创新项目的环球新锐榜榜单，并在 CCTV–2 频道 12 月 31 日的跨年特别节目“新年新世界”中播出，“光怪路由——可见光通信”。

（5）国际研究趋势

总体来说，可见光通信技术借助大功率 LED 这种半导体光源，通信性能取得了新的进展，科研团队从研究可见光通信链路的性能以及如何利用各种调制复用技术提高系统通信容量，将逐步转向照明通信两用器件的设计研究上来。因为半导体照明技术在面向照明功能的材料生长、芯片制造等环节短时间内不会有太大的提升，而随着可见光通信技术的发展和应用需求的拓展，对照明通信两用器件和系统设计会提出许多新的要求，这种应用牵引的技术研发需求将成为半导体照明技术发展的主流方向。

2. 国内外学科的发展状态

可见光通信技术一直是通信领域的科研团队从事的主要研究工作，主要是开展基于蓝光激发黄色荧光粉型而产生的白光 LED 器件开展可见光通信技术的研究，后来从系统应用研究转变成强调通信速率，提出用 RGB 三色的 LED 器件来做照明通信两用光源。随着低成本观念的打破，为了达到高速率，在不考虑系统复杂度和移动便携性等条件下，无线通信中的各种调制技术被移植过来。国内的研究团队较早地开始了可见光通信技术的理论研究，主要从应用原型系统研究寻找突破口，以低成本和小型化作为准则。借助 2010 年上海世博会的展示机会获得了一定的社会影响力，引起了国内科研领域对可见光通信技术的关注，推动了可见光通信技术在国内的研究发展。

国外认识到可见光通信技术的优点，在国家项目支持下，从材料、器件到系统开展研究并逐步强调通信系统的速率。国内科研项目的支持主要是在 2010 年世博会后启动，要求从通信系统指标上与国外持平，支持通信系统级的研究，但是没有器件研发级的项目支持。

四、半导体照明非视觉应用的发展趋势及我国的对策

（一）半导体照明植物应用的发展趋势及我国的对策

1. 半导体照明植物应用研究与应用的需求分析

农业的基础性功能就是植物生产。植物是地球上唯一能够把光能量转化为物质量的农业生物。植物依靠光作为驱动力进行光合作用，是地球上一切生命的基础，对全球农业生产、自然环境和人类活动产生巨大的作用。植物生产是地球上规模最大的把光能转变为可贮存的化学能的过程，也是规模最大的将无机物合成有机物和释放氧气的过程。目前人类面临着食物、能源、资源、环境和人口五大问题，这些问题的解决都与植物生产有着密切的关系，而光照是影响植物生长发育的关键因素，进而是影响农业生产、自然环境和人类活动的首要关键因素。因此，深入研究植物生长发育对光的需求特性、规律和光控基准，研发适宜于植物的新型高效半导体照明植物光源及其智能光控技术，为植物生长提供节能高效的光环境，并进一步加大其应用推广力度，仍然是一项具有重要意义的创新性工作。在植物生产中研究揭示不同植物对半导体照明的影响，揭示其内部机理，仍然是科研工作者的首要任务。在研究的基础上建立植物的光控标准，制订植物的光照计划是大力推广半导体照明的前提。

2. 半导体照明植物应用研究与应用的社会环境分析

半导体照明在植物生产中应用不仅受到科研院所的研究关注，也受到政府较多的支持，目前已从研究阶段向应用推进，鉴于成本所限，其推广应用还有很长的路要走。半导

体照明被认为是21世纪最具有发展潜力的战略性新兴产业。近年来，世界各国政府均安排了专项资金，设立专项计划，制定了严格的白炽灯淘汰计划，大力扶持本国半导体照明技术创新与产业发展。在国家科技计划研发投入的持续支持和市场需求的带动下，我国半导体照明技术创新能力得到迅速提升，半导体照明在植物生产中的应用也越来越受到重视，不少有关半导体照明在植物生产中研究受到国家自然科学基金的资助，同时在“十一五”国家科技支撑项目也给予支助，在目前“十二五”国家科技支撑计划中也专门立项进行植物工厂有关半导体照明应用，解决能效和优质高产问题。

3. 我国半导体照明植物应用研究未来5年发展新的战略需求、重点发展方向和对策

我国半导体照明在“十二五”专项规划总体目标是，到2015年，实现从基础研究、前沿技术、应用技术到示范应用创新链的重点技术突破，关键生产设备、重要原材料实现国产化；重点开发新型健康环保的半导体照明标准化、规格化产品，实现农业、林业规模的示范应用，建立具有国际先进水平的公共研发、检测和服务平台；建成一批试点示范城市和特色产业化基地，培育一批拥有知名品牌的龙头企业，形成具成国际竞争力的半导体照明战略性新兴产业。专项计划对半导体照明全创新链进行全面部署，在应用技术研究方面，重点布局低成本、替代型和多功能创新机制体制的开放的、国际化的公开研发平台。

为贯彻落实专项规划和适应国际的发展需求，必须有相应的对策。第一，加强政策的引导，加大研发投入，政府支持标杆性示范应用工作，提升半导体照明在农业上应用的影响效应；第二，创新联合创新的体制机制，建立国家公共技术研发平台，整合研发团队，避免重复性研究，建立设施栽培光控标准；第三，加强国际交流与合作，积极将国际的应用研究结果分析并应用；第四，重视产业化，重视研究结果和实际生产紧密结合，及时地将研究成果应用于实际生产，不仅仅停留在研究层面。随着半导体照明向高功率、低价格的方向飞速发展，半导体照明一定会在不久的将来广泛应用于植物设施栽培领域。

（二）半导体照明家禽养殖应用发展趋势及展望

1. 半导体照明家禽养殖应用的需求分析

世界家禽养殖业的快速持续发展是半导体照明家禽养殖应用发展的驱动力。根据美国农业部国外服务局（USDA-FAS）最新的数据报告预测，2013年全球鸡肉总产量又将创下新的纪录，达到8350万吨。源于宗教信仰和民族习惯，不同民族的饮食存在很多禁忌，而鸡肉是适合世界所有民族食用的肉类，这使其拥有更宽广的消费增长空间。对于禽肉的巨大需求，相应地推进了家禽养殖业的发展，为人工光源的市场提供了保证。

白炽灯能量转换效率低、发光效率低、发热量高、寿命短，维护费用高。各国政府出于对低碳、节能环保、绿色照明的共识，已经开始对高能耗的白炽灯产品进行限制使用。诸多国家已开始执行“淘汰白炽灯路线图”。美国从2012年1月至2014年1月逐步禁止销售低效率的白炽灯；加拿大计划到2012年在全国禁止销售白炽灯；欧洲宣布计划在

2011年彻底废除传统型钨丝灯泡；日本到2012年停止制造并销售高能耗白炽灯；我国也将在未来10年内禁止使用白炽灯。伴随着白炽灯禁用路线图的实施，照明市场的空缺逐步显现。对于家禽养殖业，LED灯作为典型的半导体照明光源，不仅具有十分优越的节能特性，还具有显著的增产、减排效果，LED灯在众多的新光源中必将脱颖而出。

2. 我国半导体照明家禽养殖应用研究未来5年发展的技术难点、前景展望与对策

LED光源优点突出，其在家禽养殖中的应用价值已初步显现。随着深入研究和广泛应用，LED优越性逐渐体现出来，从发展前景来看，主要朝着突破技术难点和拓展实际应用两方面发展，今后的研究重点主要集中于以下几点：①进一步探索光色、光强与光周期等光环境因子尤其是多参数协同作用对家禽生长、生理、行为、健康与品质的影响，遵循家禽在不同生长阶段对光环境需求的共性特征与个性差异，实现个性化和福利化精准控光，将具有很大的研究价值和发展空间。②依托快速发展的LED新兴产业，针对家禽规模养殖环境特点进一步丰富光源光谱与提高产品适用性，重点突破LED光源二次光学设计、LED光环境表征与快速设计、规模应用集成调控等技术，实现LED产业与家禽养殖产业的协同创新。③面向我国家禽规模养殖产业特点，以我国优质原种鸡为研究对象，重点围绕其在不同地域及气候条件下生态化与半生态化规模养殖的LED光环境调控技术，促进传统优质品种的保护与繁荣。

禽用LED光源的发展是LED光源技术与现代养殖发展水平的集中体现，所以离不开半导照明、农业技术、环境控制等领域的有力技术支持，需要产学研强有力的结合。由于养殖业投入的特殊性，靠养殖业企业自身完成LED光源的投入困难较大。加快LED光源在养殖业推广与示范力度，离不开国家对禽用LED光源的政策扶持。国家应加大对禽用LED光源的研发和经费支持，全方位提升半导体照明在家禽养殖业中应用的自主创新能力。近年来，我国各级政府已相继出台了一系列政策推动和鼓励半导体照明产业的发展，其中政府研发资金的投入为我国半导体照明产业的发展发挥了巨大作用。

（三）半导体照明在皮肤医学方面的应用发展趋势、展望及策略

1. 加快LED灯具在皮肤医学中的研发与应用

与传统的激光相比，LED光源有如下优点：①低能量输出、低电压驱动，所以对于操作者和被治疗者的安全性高；②体积很小，可以直接进行照射，不需要利用光纤进行传输；③光电转换效率高，不需要复杂的气体液体冷却系统进；④使用寿命长；⑤单个LED管尺寸很小，临床上根据靶目标源面积的不同，可以排列成不同的阵列来使用。正是LED具有上述优点，其作为一种新型的光源已经被逐步应用到皮肤医学中。特别是LED具有较高的安全性，可作为家庭医疗设备而被人们更为广泛的使用。同时随着LED芯片的进一步开发，LED的光强度不断变强，LED的波长范围从紫外到红外，不同波长的LED越来越多地被开发出来，这些都对LED光疗法在生物医学中应用起到了促进作用。

2. 深入研究 LED 的皮肤医学效应，为医用 LED 光源的研发提供理论支持

目前对于 LED 光皮肤医学效应的研究大多以低剂量激光作为参考，包括治疗波长、照射剂量、照射时间等参数。但激光与 LED 相比具有单色性、相干性，和 LED 光源存在一定的差别，故需要深入研究 LED 的光皮肤医学效应，得出更多的有创新性和实用性的研究成果。随着对 LED 灯具的不断创新以及医学上对于 LED 生物效应的机理研究，LED 在皮肤医学上的应用将具有不可限量的前景。

3. 加强交叉学科之间的合作，自主研发医用新型 LED 光源

LED 光源本身的特点决定，其在未来的医疗、卫生的发展中将起到关键的作用。通过加强不同学科之间的深入合作，自主研发可用于医学诊断、治疗的新型 LED 光源设备。

（四）半导体照明通信应用发展趋势及我国的对策

1. 战略需求和重点发展方向

灯光具有无处不在、无线便捷以及无电磁辐射等特点，是未来通信技术利用的一个重要方向。其应用需求既有民用也包括军事应用。在民用方面，主要注重无线通信频段向光波方向的拓展，通信网络与照明网络复用后成本的降低。在军事方面，主要注重其无电磁辐射以及电磁免疫的特点。未来在民用方面，可以从地铁站等公共照明区域的信息广播应用开始，逐步发展家庭光学无线信息中心技术，并借助半导体照明技术的推广进入千家万户。在军事领域可发展电磁静默条件下无线组网技术或者抗辐照无线通信技术。

2. 发展趋势及发展对策

器件和系统的发展总是向功能复用的方向演进，所以功能复用的 LED 灯具技术的发展非常重要，其基础是材料和器件的创新设计、研制。技术发展的目标是实现功能集成、高速率低复杂度的可见光通信系统。因为从照明的角度出发，LED 光源的结面积大光通量大，但是从通信的角度出发，LED 光源的结面积大则电容大，调制速率低。照明和通信对器件的性能要求存在矛盾，只有从器件结构上进行创新设计才能有希望解决这些矛盾。故从发展策略上来说，器件研究很重要，低成本和低复杂度系统研究与高性能和高复杂度系统研究是必须同时考虑的两条发展道路。因为半导体照明通信应用的市场还不是很明朗，国外大企业尚未在照明通信两用 LED 器件的研发方面投入大量资金，这就给国内的研究机构提供了机会，我们可以在半导体照明通信两用特殊 LED 器件研究方面率先取得突破，并获得知识产权保护。

可见光通信技术是照明和通信复用的一项技术，借助无处不在的灯光可以组建无处不在的通信网络，从而实现可见光通信信号的全覆盖，这也是未来半导体照明通信应用的发展方向。

参考文献

[1] Ahmad, Fawwad, Ahsan-ul-Haq, Ashraf, Muhammad, et al. Effect of Different Light Intensities on the Production Performance of Broiler Chickens [J]. Pakistan Vetrinary Journal, 2011, 31(3).

[2] Bell, Alexander Graham. Upon the production and reproduction of sound by light [J]. Telegraph Engineers, 1880, 9(34).

[3] Cheng-Che E, Shi-Bei Wu, Ching-Shuang Wu.Induction of primitive pigment cell differentiation by visible light (helium-neon laser): a photoacceptor-specific response not replicable by UVB irradiation [J].J. Mol. Med., 2012, 90.

[4] Daniel Barolet, MD. Light-Emitting Diodes (LEDs) in Dermatology [J]. Semin Cutan Med Surg, 2008, 27.

[5] D.H.McDaniel, R.A.Weiss, R.G. Geronemus, et al.Varying Ratios of Wavelengths in Dual Wavelength LED Photomodulation Alters Gene Expression Profiles in Human Skin Fibroblasts [J]. Lasers in Surgery and Medicine, 2010, 42.

[6] Halevy, O, Piestun, Y, Rozenboim, I, et al. In ovo exposure to monochromatic green light promotes skeletal muscle cell proliferation and affects myofiber growth in posthatch chicks [J]. American journal of physiology-regulatory integrative and comparative physiology, 2006, 290(4).

[7] Hart, EB, Steenbock, H, Lepkovsky, S, et al. The nutritional requirements of baby chicks.III.The relation of light to the growth of the chicken [J]. Journal of biological chemistry, 1923, 18(1).

[8] Herichová I, Monošíková J, Zeman M. Ontogeny of melatonin, Per2 and E4bp4 light responsiveness in the chicken embryonic pineal gland [J]. Comparative Biochemistry and Physiology, Part A, 2008, 149(1).

[9] Jelena Vučić, Christoph Kottke, Kai Habel, et al. 803 Mbit/s Visible Light WDM Link based on DMT Modulation of a Single RGB LED Luminary. OSA/OFC/NFOEC 2011.

[10] Jin, Erhui, Jia, Liujun, Li, Jian, et al. Effect of Monochromatic Light on Melatonin Secretion and Arylalkylamine N-Acetyltransferase mRNA Expression in the Retina and Pineal Gland of Broilers [J].Anatomical record-advances in integrative anatomy and evolution biology, 2011, 294(7).

[11] Jingsong Jiang, Jinming Pan, Yue Wang, et al. Effect of Light Color on Growth and Waste Emission of Broilers [R]. An ASABE Conference Presentation, Paper Number: ILES12-0394.

[12] Ke, Y.Y., Liu, W.J., Wang, Z.X, et al. Effects of monochromatic light on quality properties and antioxidation of meat in broilers [J]. Poultry science, 2011, 90(11).

[13] Kim H H, Goins G H, Wheeler R M, et al. Green-light supplementation for enhanced lettuce growth under red- and blue-light-emitting diodes [J]. HortScience, 2004, 39(7).

[14] Kim S J, Hahn E J, Heo J W, et al. Effects of LEDs on net photosynthetic rate, growth and leaf stomata of chrysanthemum plantlets in vitro [J]. Scientia Horticulturae, 2004, 101(5).

[15] Kram, Yoseph A., Mantey, Stephanie, Corbo, Joseph C. Avian Cone Photoreceptors Tile the Retina as Five Independent, Self-Organizing Mosaics February [J]. PLOS ONE, 2010, 5(2).

[16] Lee SY, Park KH, Choi JW, et al. The 50 Best Inventions [N]. Time, 2011-11-28.

[17] Liu, Wenjie, Wang, Zixu, Chen, Yaoxing. Effects of Monochromatic Light on Developmental Changes in Satellite Cell Population of Pectoral Muscle in Broilers During Early Posthatch Period [J].Anatomical record-advances in integrative anatomy and evolutionary biology, 2010, 293(8).

[18] Lim W, Lee S, Kim I, et al. The anti-inflammatory mechanism of 635nm light-emitting-diode irradiation compared with existing COX inhibitors [J]. Lasers Surg Med, 2007, 39.

[19] Lockhart B R, Gardiner E S, Hodges J D, et al. Carbon allocation and morphology of cherrybark oak seedlings and sprouts under three light regimes [J]. Annals of Forest Science, 2008, 65.

[20] Joerg Liebmann, Matthias Born Victoria Kolb-Bachofen. Blue-Light Irradiation Regulates Proliferation and Differentiation in Human Skin Cells [J]. Journal of Investigative Dermatology, 2010, 130.

[21] M.Karakaya, S.Sparlat, M.T.Yilmaz, et al. Grow performance and quality properties of meat from broiler chickens reared under different monochromatic light sources [J]. British Poultery Science, 2009, 50 (1).

[22] Prayitno, D.S. The Effects of Colour and Intensity of Light on the Behaviour and Performance of Broilers [D]. Bangor: University of Wales, 1994.

[23] Prayitno, DS, Phillips, CJC, Omed, H. The Effects of Color of Lighting on the Behavior and Production of Meat Chickens [J]. Poultry science, 1997, 76 (3).

[24] Rozenboim I, Piestun Y, Mobarkey N, et al. Monochromatic light stimuli during embryogenesis enhance embryo development and posthatch growth [J]. Poultry Science, 2004, 83 (8).

[25] Rozenboim, I., Y. Zilberman, G. Gvaryahu. New monochromatic light source for laying hens [J]. Poultry Science, 1998, 77.

[26] Rozenboim, I, Biran, I, Chaiseha, Y. The Effect of Monochromatic Light on Broiler Growth and Development [J]. Poultry science, 1999, 78 (1).

[27] Rozenboim, I, Biran, I, Chaiseha, Y, et al. The Effect of a Green and Blue Monochromatic Light Combination on Broiler Growth and Development [J]. Poultry science, 2004, 83 (5).

[28] Rusty D R. Broler preference for light color and feed form, and the effect of light of light on growth and performance of broiler chick [D]. Manhattan: Kansas state university, 2011.

[29] Sadrzadeh, Avesta, Brujeni, Gholamreza Nikbakht, et al. Cellular immune response of infectious bursal disease and Newcastle disease vaccinations in broilers exposed to monochromatic lights [J]. African Journal of Biotechnology, 2011, 10 (46).

[30] Schuerger A C, Brown C S, Stryjewski E C. Anatomical features of pepper plants (Capsicum annuum L.) grown under red light-emitting diodes supplemented with blue or far-red light [J]. Annals of Botany, 1997, 79.

[31] Stuefer J F, Huber H. Differential effects of light quantity and spectral light quality on growth, morphology and development of two stoloniferous Potentilla species [J]. Oecologia, 1998, 117.

[32] Taoufik K, Mavrogonatou E, Eliades T, et al. Effect of blue light on the proliferation of human gingivalfibroblasts [J]. Dent Mater, 2000 (24).

[33] Wataha JC, Lewis JB, Lockwood PE, et al. Response of THP-1 monocytes to blue light from dental curing lights [J]. J. Oral Rehabil, 2008 (35).

[34] Yang S H, Wang L J, Li S H. Ultraviolet-B irradiation-induced freezing tolerance in relation to antioxidant system in winter wheat (Triticum aestivum L.) leaves [J]. Environmental and Experimental Botany, 2007 (60).

[35] Zhang, L., Zhang, H.J., Qiao, X., et al. Effect of monochromatic light stimuli during embryogenesis on muscular growth, chemical composition, and meat quality of breast muscle in male broilers [J] .Poultry Science, 2012, 91 (4).

[36] 蔡文清. LED 光线可接宽带网络 [N]. 北京晚报, 2010-5-24.

[37] 刘虹，陈良惠. 我国半导体照明发展战略研究 [J]. 中国工程科学，2011，13 (6).

[38] 潘学冬，周泓，泮进明，等. 智能化综合养鸡的 LED 光源控制系统 [P]. 中国专利：201020531992.

[39] 蒲高斌，刘世琦，杜洪涛，等. 光质对番茄果实转色期品质变化的影响 [J]. 中国农学通报, 2007, 21 (4).

[40] 光怪路由可见光通信 [EB/OL]. http://jingji.cntv.cn/2012/12/31/VIDE1356962943548790.html.

[41] 闻婧，杨其长，魏灵玲，等. 不同红蓝 LED 组合光源对叶用莴苣光合特性和品质的影响及节能评价 [J]. 园艺学报，2011，38 (4).

[42] 杨红飞，杨长娟，任兴平，等. LED 不同光质对洋桔梗组培苗淀粉含量的影响 [J]. 现代农业科技，2011，20.

[43] 杨其长. LED 在农业与生物产业的应用与前景展望 [J]. 中国农业科技导报，2008，10 (6).

[44] 杨其长，徐志刚，陈弘达，等. LED 光源在现代农业的应用原理与技术进展 [J]. 中国农业科技导报，2011，13 (5).

[45] 张欢，徐志刚，崔瑾，等. 光质对番茄和莴苣幼苗生长及叶绿体超微结构的影响 [J]. 应用生态学报，2010，21(4).
[46] 郑洁，胡美君，郭延平. 光质对植物光合作用的调控及其机理 [J]. 应用生态学报，2008，7.
[47] 田燕. LED 光源在皮肤医学中的应用 [J]. 半导体照明，2011，8.
[48] Weiss RA，McDaniel DH，Geronemus R，et al. Clinical trial of a novel non-thermal LED array for reversal of photoaging: Clinical，histologic，and surface profilometric results [J]. Lasers Surg Med，2005，36.

撰稿人：陈弘达　徐志刚　田　燕　刘晓英　陈雄斌　泮进明

半导体照明计量与测试技术发展研究

一、引言

半导体照明的快速发展及其发展前景对半导体照明的计量与测试技术不断提出新挑战。半导体照明的计量与测试技术是指针对以 LED 为发光光源的芯片、单管、模组以及灯具的计量测试技术。相对于传统照明，半导体照明体现出的新特征主要包括：①单管 LED 的光分布方向性强，因而 LED 光学参数与观察角度密切相关。②单管 LED 大多在相对较窄的光谱范围发光，具有多种颜色，包括紫外、紫色、绿色、黄色、红色到红外。③用于照明的 LED 光源一般由若干支 LED 单管组合而成，而传统光源单个发光体就可以作为照明光源。④有各种不同的配光曲线。⑤ LED 的光学参数与 pn 结的结温密切相关。⑥ LED 光源对温度更敏感，不适宜将 LED 光源从灯具内分离出来单独测量以评价光源的整体，光度测量时应采用绝对法对光源整体进行光度测试。⑦发光体的体积小，有各种不同的外形尺寸，适用于不同应用场所。⑧供电方式不同，因此在电参数测量上亦有差异。⑨结构的不同导致安全等参数测量上的差异。⑩尚无被广泛认可的加速寿命测量实验方法。⑪半导体照明的光生物安全问题受到广泛关注。沿用传统光辐射测量方法测量 LED 光源会出现较大的误差。不同机构之间测量结果有较大的不一致。只有计量测试技术体系、技术手段、方法和标准的及时跟进才能满足快速发展的行业的进步要求。

本专题报告将从计量和测试技术的发展以及标准对计量测试的要求等不同方面总结近年来半导体照明计量测试技术的新进展，展望其发展未来，以期为行业发展提供参考，促进我国作为半导体照明产品出口大国的计量测试体系的建立、产品质量的提高和国际竞争力的提升。

二、发展现状

（一）计量技术发展

从计量体系角度，现有计量基准体系已经能够满足照明领域的需求，但是因为LED的光谱、光空间分布等特点同传统光源有很大不同，根据LED实际测量的需要，应建立适当的量值传递、溯源链条，包括建立相应的国家以及各级计量标准、传递标准器（单管、LED灯）等。

为了更好地表征单个LED的特点，减小测量结果的偏差，国际照明委员会CIE 127号文件提出了平均发光强度、2π光通量、部分光通量这些新的概念，APMP（亚太计量组织）已经组织完成了LED单管测量的国际比对。LED灯具各个方向的颜色可能明显不同，以至于影响使用的舒适性，为此引入了空间颜色分布以表征。

1. 平均发光强度

LED单管的前端为一个环氧树脂的光学透镜，因此LED不能被看作点光源，不遵循传统的距离平方反比定律。在测量过程中LED管与探测器的距离以及探测器光阑面积的大小，即几何条件的不同会造成测量结果的明显偏差。为了提高测量结果的一致性，国际照明委员会CIE 127号文件规范了LED测试要求，提出了LED平均发光强度的概念，规定了近场发光强度（条件B）和远场发光强度（条件A）两种测量条件（图1）。

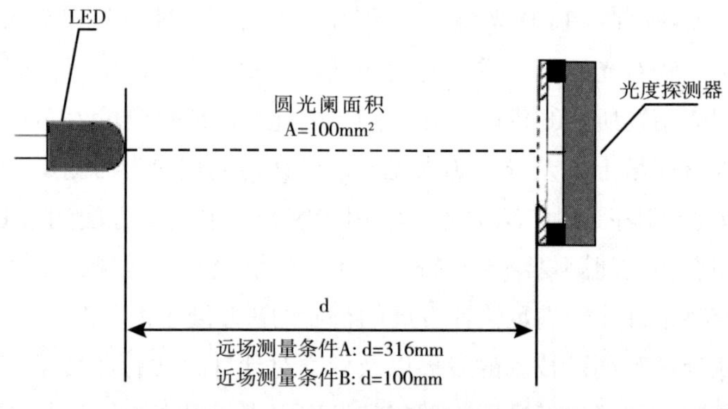

图1 平均发光强度测量示意图

通常平均发光强度的测量采用CIE 127文件中提到的四种测试方法：相对测试法、光谱失配校正法、光谱测量法和参考探头法。

大功率LED发光强度的测量规范正在讨论之中。

2. 部分光通量

当 LED 光源用在一些特殊的场合，用总光通量不能表征某些 LED 的特性时，如某一角度范围之内的光通量，需要用部分光通量来描述。部分光通量是从 LED 发出，由直径 50mm 的圆形光阑决定的特定锥角范围之内的光通量，其定义如图 2 所示。LED 距离精密光阑的距离 d 根据所测锥角 x° 由 d=25/tan（x/2）计算得到，用符号 $\Phi_{LED,\ x}$ 表示。

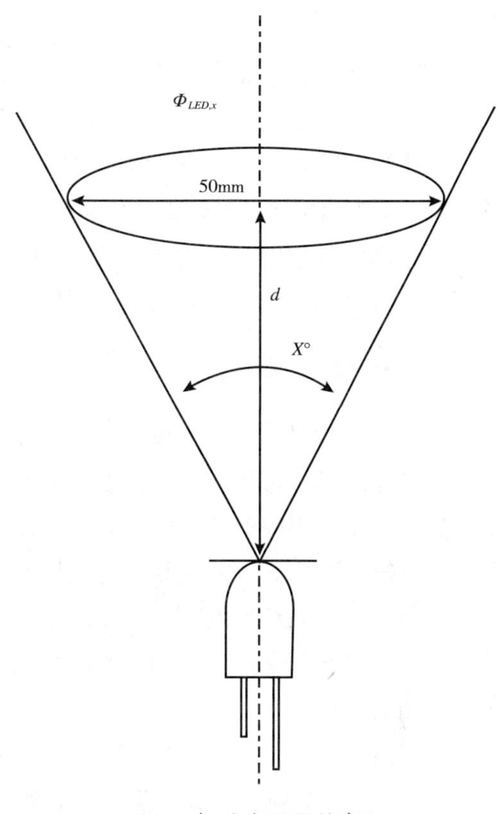

图 2　部分光通量的定义

3. 光通量的 2π 测量方法

传统的光通量的测量方法是光源位于球内的 4π 测量方法，但大功率 LED 只是前部发光，并带有热沉或其他制冷器件（体积较大），对这类 LED 测量时宜采用 2π 的测量方式即被测 LED 位于积分球球体的侧面以利于准确测量、安装和散热。

4. LED 颜色空间分布

LED 灯具由多颗 LED 组成，不同 LED 之间的颜色差异，以及单颗 LED 荧光粉的涂层不均匀等都会使 LED 灯具在空间不同方向的颜色有差异，较大的差异会影响灯具的照明效果，为规范产品质量，满足使用需求，LM-79 和 GB/T24824 等标准建议对 LED 灯具的空间颜色分布在 ϕ=0° 和 ϕ=90° 两个截面上（或更多的截面上）按 θ=10° 的间隔进行测量，表示为 x（θ_i）和 y（θ_i），平均颜色 x_θ，y_θ 按照光强的权重进行计算。

在量值传递和测量技术方面，将光度量值准确传递到 LED 标准管是一项关键的工作，对所使用仪器的光谱失配修正、带宽、波长准确度、扫描间隔、光谱解析度、线性、杂散光等提出了更高地要求。如果沿用传统的白炽灯作为传递标准，对于同一只管子采用不同的测量仪器，测量结果的偏差甚至高达 50%。为了量值统一，必须建立 LED 专用计量标准，使用与被测对象性能接近的标准器进行量值传递。中国计量科学研究院开展了 LED 量值传递系统的研究工作，已经建立了 LED 平均发光强度、总光通量、颜色参数测量工作标准装置，并研制了 LED 标准管开展量值的传递工作。实际量传中 LED 标准管应与被测 LED 管的光谱分布、空间光强分布、光通量的量值大小尽可能接近。但相对于种类繁多的产品，标准管的品种有限，当被测管与标准管有差异时应重新进行测量结果的不确定度评估，当差异较大时应考虑对被测管的测量进行光谱失配修正、吸收修正、空间光分布的修正等。

(二)测试技术发展

节能高效的LED照明产业的快速发展和相应产品的广泛应用，推动了相关测试技术的发展，如光谱辐射测量技术、分布光度计及近场光度计、光生物安全性的评估、结温的测量等，以应对LED照明产品的方向性、光谱分布等与传统照明的显著差异所带来的在测试结果的准确性、一致性方面的挑战。

1. 光谱辐射测量

光谱辐射测量不仅能提供光源的光度、辐射度和色度参数，还能提供材料的光谱特性，是半导体照明的重要测试手段，也是未来辐射度测量的重要方法之一。光谱辐射测量的主要仪器是光谱辐射计，也称为光谱仪或光谱分析仪。目前LED照明中的光谱辐射测量已经普遍采用基于CCD的快速光谱辐射计。

但是要实现高精度的测量，CCD等阵列式光谱辐射测量的某些核心技术还有待进一步提升。影响光谱辐射度测量的因素涉及波长准确度、杂散光性能、线性度、带宽和采样方式等重要性能指标。半导体照明产业的发展对于高精度、快速光谱测量的要求越来越高。对于封装LED，国际通用的测量方法是在毫秒级脉冲内点燃并测量封装LED，以避免LED结温上升的影响；LED产品的光谱辐射与空间颜色分布不均匀性与传统光源相比要显著得多，国际照明委员会CIE TC2- 74技术委员会正在从事空间光谱辐射测量工作也需要高精度快速光谱辐射计。

快速光谱辐射计主要由输入光学器件、准直光学系统、色散元件(光栅或棱镜)、聚焦光学系统和阵列探测器组成。图3所示为典型多通道快速光谱辐射计的结构，光谱辐射计使用的凹面光栅具有色散和聚焦的双重作用，且不需要准直光学系统。在结构方面，CCD光谱辐射计可以省去一块反光镜[如图3(a)]，理论上其一体化程度高，结构相对简单；实际上，由于光栅加工难，在杂散光的抑制方面还存问题。目前高精度的科学级光谱辐射计采用输入输出光学分离的结构[如图3(b)及图3(c)]，有利于杂散光的控制，

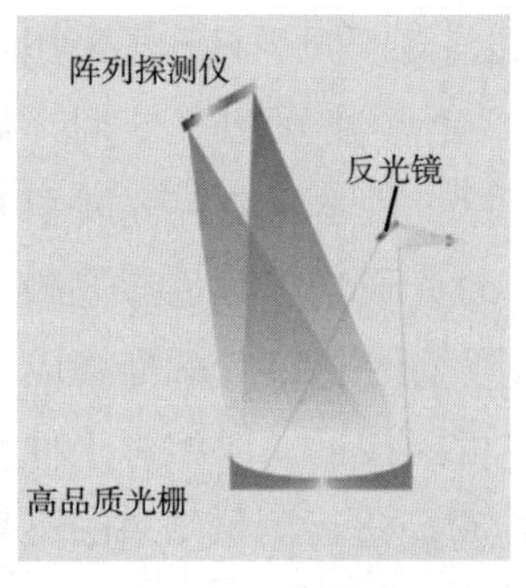

(a)一体化结构

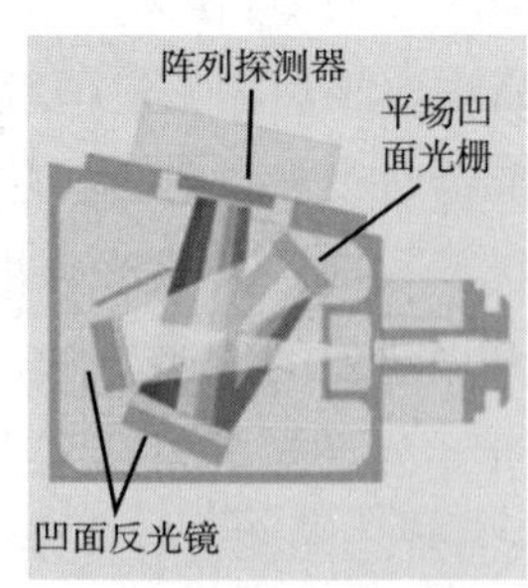

(b)非对称式C-T光学结构

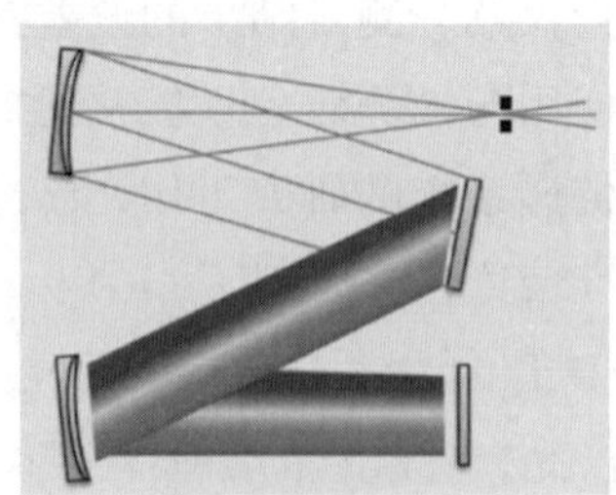
(c)对称式C-T光学结构

图3 三种典型高精度快速光谱辐射计的结构示意图

在窄谱线 LED 产品的高精度色度和光度测量上有较大优势。

对高精度快速光谱辐射计，减小杂散光是关键技术之一。由于基本都采用光纤传导注入，在 LED 测量中讨论的关于光谱辐射计的杂散光是指测量光谱范围以外的杂散光，即光谱杂散光，包括高次衍射等。

减小杂散光的主要方法，除传统的提高光学元器件质量并保持洁净减小散射、光束孔径匹配、用分波段的带通色轮滤光、降低光谱辐射计内壁反射比等措施外，采用软件方法对光谱辐射计进行杂散光校正也是显著降低杂散光影响的有效措施。

杂散光校正技术最早由美国国家标准与技术研究院（NIST）提出。通过表征光谱辐射计的线扩展函数（LSF）来校正杂散光。通过波长连续可调激光器的窄带线谱注入光谱辐射计，从而得到其全波段的光谱响应 LSF。LSF 包含了光谱辐射计杂散光特性的所有信息，最简单的校正方法就是从线扩展函数中推导杂散光校正矩阵。但是，该方法成本昂贵，很难在工业界推广应用。

国内仪器厂家在降低杂散光方面也取得了进展，带通色轮校正技术（BWCT）是在某些应用中降低杂散光的有效且相对简单的方法。BWCT 描述如下：在入射狭缝和光栅之间设置一个带通色轮，通过带通色轮对入射光进行预分光，大大削弱了使导通波段以外的光谱组成，从而降低了远场杂散光的干扰。但该方法减少杂散光影响的同时也降低了 CCD 光谱仪一次测量的优越性，对测量速度产生明显的影响。BWCT 技术获得了中国和美国发明专利授权，并已成功应用到高精度快速光谱辐射计技术中，将杂散光控制指标提高了一个数量级。

线性度是光谱辐射计的另一个重要指标。高精度快速光谱辐射计一般采用的科学级 CCD，其本身的线性动态范围为 3 个数量级内 1% 的水平，虽然比普通 CCD 和光电倍增管（PMT）要好，但实现高精度测量仍有差距。有些市售的光谱辐射计表现出显著的非线性。国际上一般通过采用多级滤光片扩展测量动态范围、根据光谱仪测量信号和积分时间等参数通过软件进行非线性修正等措施改进整个量程范围的线性度。国内厂家也发展了分光积分相结合技术（SBCT），可大幅拓宽光谱辐射计的光度线性动态范围。此外，大跨度信号变换校正技术，通过在大跨度范围内改变高精度快速光谱辐射计所接收的光信号强度，根据已知光信号的比例校正光谱辐射计的响应。对于 CCD 性能稳定，不易发生劳损的高精度阵列光谱辐射计，这些技术可使其 CCD 像素可实现在 8 个数量级下非线性误差小于 0.8%。

在探测器选择上，背光式致冷的探测器具有较好的性能，一方面，背光式的探测器在较宽的波段中具有相对较均匀的灵敏度；另一方面，通过致冷的方式可以提高信噪比。对于较微弱的信号测量，一般通过延长曝光时间提高其探测灵敏度。在 CCD 光谱辐射度计中，入射狭缝结构会影响到光谱的分辨率、谱线的带宽以及狭缝函数。按照 CIE63 技术报告，光谱的测量要符合采样定律。对 CCD 的光谱仪的狭缝函数，往往会随着光学系统的结构不同而偏离理想对称三角形结构。

在结构和光路上优化指标、改进经典结构的做法是目前市场主流趋势。未来对光谱测量仪器需求主要集中在CCD光谱辐射计，少数机械式光谱辐射计会主要运用在基标准和高精度的实验室。

2. 远场分布光度计和光通量测量

（1）远场分布光度计

远场分布光度计（一般称为分布光度计）测量光通量是基于光强空间积分原理。空间光强是基于远场照度测量的，即根据光度学的距离平方反比定律获得光强，广泛用于LED配光测量。

根据距离平方反比定律，就需要根据被测光源的尺寸和光束的半边峰角确定测量距离。LED类产品的特点是半边峰角小，对应地需要较大的测量距离。为了实现空间光强分布的测量，目前主要采用空间积分扫描方式，并主要基于下述方法：

① 探头固定，并离开灯具或光源一定的距离，通过灯具或光源在空间中按照一定的方式旋转，从而获得被测产品各个方向的发光强度；

② 灯具或光源固定不动，探头在空间旋转扫描，获得灯具或光源空间各个方向的光强分布。

③ 灯和光源同时运动，光源仅自转，这种测量方法既能保证光源的发光稳定又能简化仪器的设计，但不适宜大型灯具的测量。

通常灯比探测器移动的稳定性高，但移动灯会改变灯的发光稳定性，所以不同的方法各有千秋。

由第一种方法衍生出CIE70标准中规定的认可度最高的两种测试结构：中心旋转反光镜式分布光度计（图4）、探头同步追踪式分布光度计（圆周运动反射镜分布光度计，图5）。

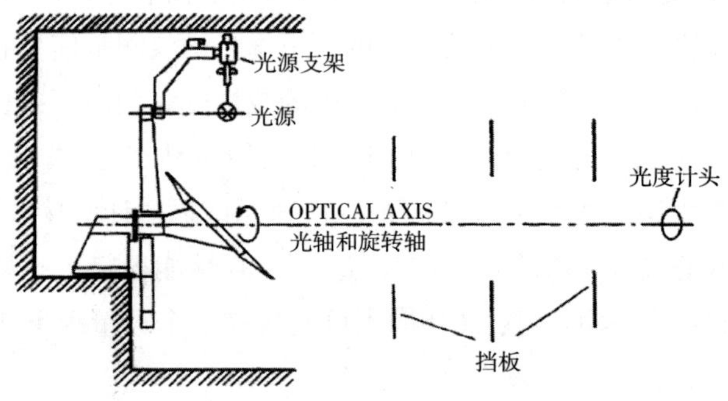

图4　中心旋转反光镜式分布光度计

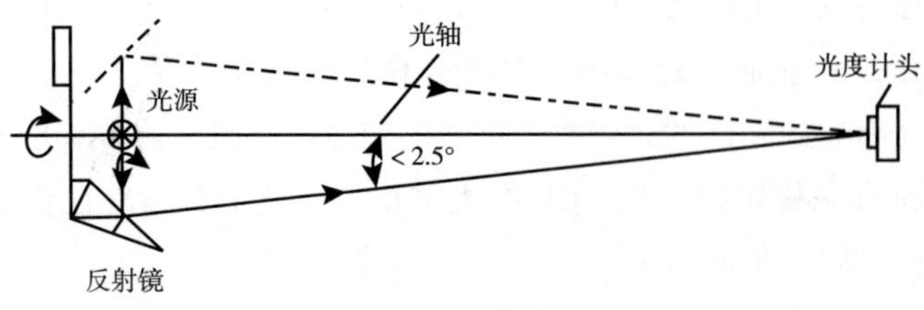

图5　圆周运动反射镜分布光度计

LED 分布光度计发展的技术难点和测试准确度主要影响项体现在：①设备测试距离。设备测试距离短，光强差异明显。②反光镜误差。反光镜的平面度和偏振是重要误差项，一般可达 4%，双面镜误差更大。③杂散光影响，此项与光路布置有关。④运动中光学中心的偏离。由于 LED 具有光束集中、温度高、空间色度变化大、频闪这些特性，对传统的分布式光度计提出了更高的要求。所以空间的温度和湿度控制，杂散光的消除都是需要注意的重点。

（2）基于积分球的光通量测量

1）恒温积分球（图 6）

根据目前相关国际标准的要求，LED 灯和灯具的测量应在环境温度为 25℃的条件下进行测量，对 LED 器件和模块的测量，应设定 LED 的壳体或散热器在指定的温度条件下进行测量。这对 LED 的光通量测量提出了较高要求。

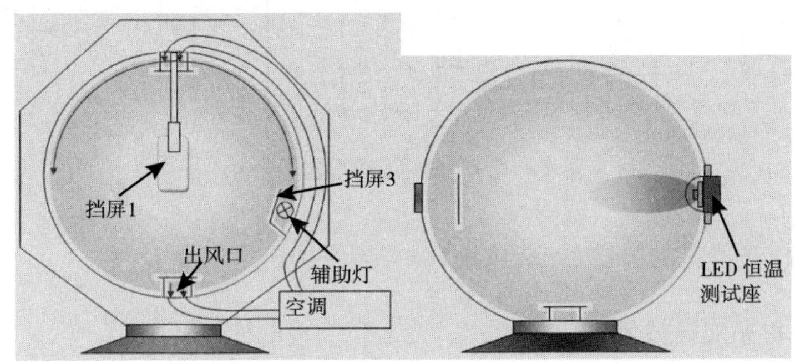

图 6　LED 测量的恒温积分球（4/2 一体模式）

针对 LED 产业发展需求，我国自行研制了专门用于 LED 测量的恒温积分球。恒温积分球采用紧贴球壁的循环温度场技术，使积分球的内表面作为温度边界，实现 IEC 标准中规定的环境温度。对 LED 器件和模块的测量，采用了专用的 TEC 半导体致冷技术，实现指定点的温度控制，从而保证测量样品的发光稳定。这种新型的恒温积分球目前也已应用于美国国家标准与技术研究院 NIST 的 LED 标准测量研究中。

2）旋转积分球（图 7）

美国 labsphere 采用机械齿轮手动旋转的方式，使被测灯可以处于灯头在上或灯头在下两种点燃状态下进行测量，解决传统积分球不足。我国则在这个基础上研发了电控 360° 旋转积分球，可使被测灯具处于任意的投射角度进行测量，有效模拟产品的不同使用情况，实现了待测样品在任意位置的测量，在有些情况下精准度提高一个数量级。

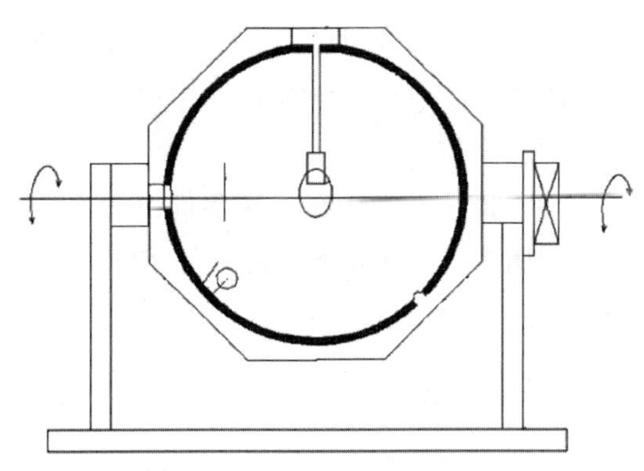

图 7　LED 测量的恒温积分球

同时，在积分球不同状态的旋转中，为了保证测量的准确性，我国也自行研发了旋转轴轴向出光的测量方法，用于安装光学测量的光学探头和光谱仪的光纤接头。

（3）简易的 LED 光通量测试装置

采用 CPC 的光通量测试仪原理见图 8 所示。采用不同构造的夹具配合不同封装形式的可见光 LED，以保证可见光 LED 的发光中心定位在 CPC 聚集器底端附近（即 CPC 的焦点平面上）。CPC 夹具综合了散热器。采用 CPC 反光杯作为被测可见光 LED 的光通量收集装置，反光杯内壁蒸镀高反射率的银反射膜。采用大面积（48mm*48mm）硅光电池作为探测器,CPC 出光口到探测器受光面之间依次安装衰减片,V（λ）修正片和余弦修正器。探测器的输出信号经过电流电压转换，放大得到最终示数。该方法与积分球方法类似，需要用标准光源进行定标。

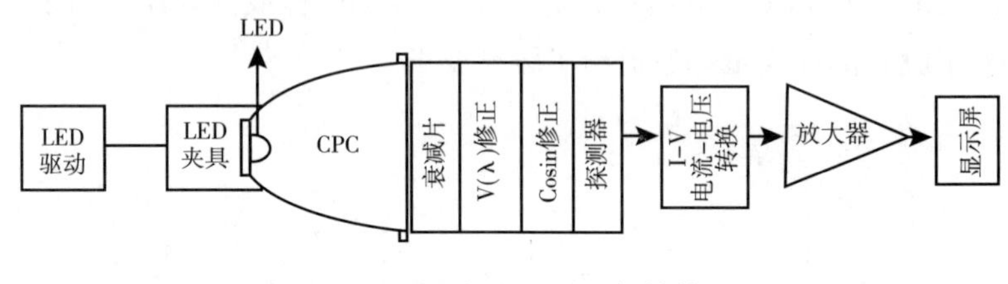

图 8　CPC 光通量测量仪结构图

该测试 LED 光通量的方法目前已经获得美国及中国的发明专利。

3. 近场分布光度计技术

传统分布光度计（远场分布光度计）可用于测量光源在远场条件下的光强分布。然而，远场测量对测量距离要求较高，适用于发光体距被照工作面较远，可将其视为点光源的场合。远场条件下的最小测量距离一般为光源出光面最大尺寸的 10 倍以上。对于光束角较窄的光源，则需要更大的测试距离。此外，远场分布光度计一般仅使用单通道光电探测器来测量各个方向的光强。

远场测得的光强分布数据可用于灯具设计，以实现灯具既定的配光性能要求，也可用于照明设计，以使被照面达到指定的照度水平。然而，当发光体距离被照工作面较近（近场条件）时，其在被照面的光分布与远场光分布可能存在很大差异，由多颗具有一定光束角的 LED 组成的 LED 灯具在近场的各个距离下光分布存在很大差别，若采用传统的光强分布曲线会带来不正确的结果。实际不少场合需要了解发光体的近场空间光分布特征，即近场配光性能。

为了描述发光体在近场条件下的光分布，IESNA LM-70 提出了近场光度学。近场光度学利用等效光强分布来表现光分布，等效光强是在指定方向、距离区域光源的光度中心指定距离下的光强，此时，将区域光源视作点光源计算：

$$I=E*d^2/\cos\theta$$

其中，E 是距离为 d、入射光和被照面法线间的角度为 θ 时的照度。

在远场条件下，θ 为 0，且 d 是可以将发光体视为点光源的固定距离；而在近场光度学中，θ 和 d 都是不断变化的，如图 9 所示。

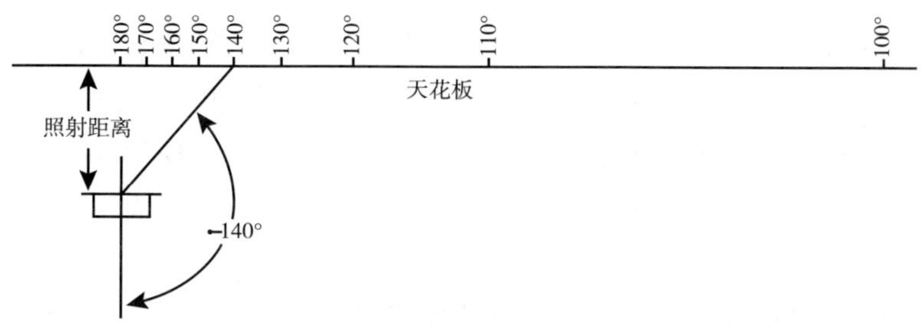

图 9　非直接照明的上射灯具在天花板上的照度测量

光度探头位置扫描方法测量发光体在近场的等效光强分布是用传统分布光度计加以适当改进实现的。扫描过程如图 10 所示。

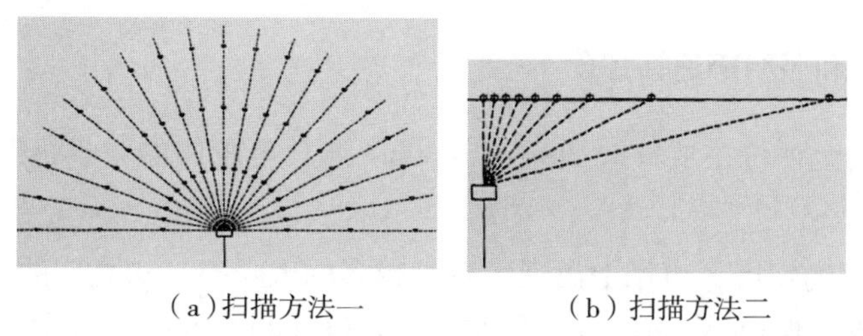

（a）扫描方法一　（b）扫描方法二

图 10　测量近场等效光强分布的光度探头位置扫描过程

两种扫描方法都可以较高精度实现一定距离下的近场等效光强测量，但是可实现的测量距离有限，并且测量过程很复杂，不适合推广应用。目前普遍采用的方法是数学模拟光线分布，因此本方法本质上是利用远场分布数据计算近场分布的，不能反映发光体实际的近场配光性能。

近场分布光度计是随着阵列探测器技术、电子和软件技术的发展应运而生的一种光辐射测量仪器。与传统分布光度计采用单通道光度探头不同，近场分布光度计采用基于二维 CCD 的成像亮度计作为探测元件。如图 11 所示，成像亮度计绕被测光源旋转，测量记录

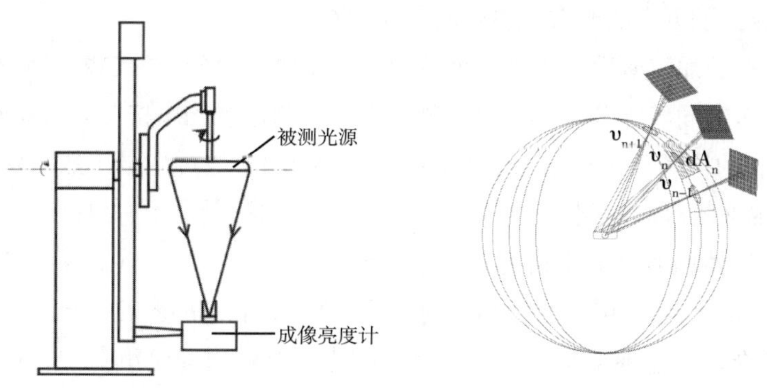

图 11　典型近场分布光度计的结构示意图

被测光源在各方向的亮度分布，即LED产品上的各发光点在各方向上的光通量。由这些数据获得LED产品的全部光线分布数据，也即，每条光线从哪里来，光线的方向和光线的光通量。

近场分布光度计可为被测样品建立起真实的模型，从而计算得到发光体的近场配光性能。利用该模型可进一步推导出被测样品的远场光强分布和空间任意平面的照度分布等。因此，远场模型可以由近场模型导出，但近场模型却不能由远场模型导出，由于近场模型在细节和精度上的优势，再加上这种灵活性，将使近场分布光度计成为光学设计师的重要工具。

近场分布光度计为空间光辐射测量解决方案提供了新的思路，不仅占地小，大幅节约了实验室空间；而且近场分布光度计通过建立模型，推导得到客观、与实际更为接近的空间光分布参数，特别是对于发光面积较大或出光复杂的光源或灯具；同时利用近场模型可更准确地模拟真实照明环境中的光分布，可有效指导光学设计和照明应用，避免搭建实际试验装置，节省人力物力。

4. 光生物安全和照明舒适性评价

光生物辐射安全评价主要针对200 ~ 3000nm波长范围内的光学辐射对人眼睛和皮肤的伤害相关的测量。

随着LED技术的发展，市场上出现了越来越多的大功率、高亮度的LED产品。此外，紫外和蓝光波段的短波LED芯片被广泛应用，商品化的UV LED的波长已经扩展到240nm以下，LED的潜在危害性更加显著。尤其是波长440nm左右的蓝光辐射对人眼视网膜产生的光化学危害性明显提高，婴儿、儿童以及眼睛安装人工晶体的人群，对短波长的UV和深蓝色光过滤能力不如一般成年人，容易导致视网膜黄斑区功能性退化。

从光辐射安全角度考虑，值得关注的是市场上一些高色温、高亮度LED应用产品，包括LED手电筒、儿童黄疸治疗用LED蓝光照明灯、光子美容和理疗用LED强光灯以及其他紫外LED产品。

因此，光生物辐射安全测量成为最近几年新出现的辐射测量要求。由于光生物的测量既属于辐射度测量的范畴，又结合了人体的生物效应，由此衍生出了一些特殊测量需求，并对测量技术提出了更高的要求。主要问题体现在：

1）蓝光特有的加权函数，跨越四个数量级，需要采用分光的辐射度量测试方法。

2）辐射安全不同等级分类的测量，测量方法及测量视场应按照人眼观察的生理特性，采用不同的特有的视场角（1.7mrad、11mrad、110mrad）进行测量。然而传统的测量技术没有考虑人眼视网膜对应的测量，与光生物辐射安全的测量是不一致的。

3）很多半导体照明产品出射光束的空间分布是不均匀的，按照等级分类的要求，对于普通照明用按最大使用照度为500lx、对非照明用采用200mm的人眼生理避让距离的条件分别进行评价。在这种不均匀或窄光束灯的光生物辐射安全测量中，接收孔径对测量结果有较大影响。按照IEC62471规定，应采用7mm的入射孔径。传统的往往采用较大的入射孔径，从而对辐射安全测量带来较大误差。

4）按照 IEC62471 的规定，500lx 和 200mm 的距离是指测量光源的表观光源到人眼观察的瞳孔位置，也就是仪器的入射孔径位置，而传统的辐射亮度计往往没有准确给出仪器的入射孔径位置，所以在光辐射安全位置中，对准确确定测定位置带来了一定困难。结合我国在国际标准测量方法的制定，我国开发了基于人眼特性的视网膜辐射亮度计。采用光谱辐射度和成像亮度相结合的测量技术，这一技术也同时应用于美国国家标准与技术研究院 NIST 的 LED 辐射安全的研究中。该系统采用了特殊的结构将入射孔径设计在前焦面上。孔径为 7mm，方便表观光源到测量设备的距离确定，同时使得不同距离的测量位置上，保持视场角、接收孔径恒定。

此外，由光生物安全引出的照明的舒适性评价方面，CIE 的第六分部对此研究显著。TC6–11 分部研究光辐射对人体综合效应。TC6–63 分部研究光的生物学效应和对人体生理节律的影响。TC6–62 分部主要研究如何定量评价光对人体生理节律的影响以及相关的神经生物效应等。从照明舒适性出发，结合人体主观感受和对相关生理神经激素的量化评判，对照明的舒适性给出评价。动态情景照明、模拟室外光、节律照明这些概念逐步被讨论提出，以飞利浦、欧司朗为首的照明巨头已经推出概念性产品。

成像仪（成像亮度计），也是辐亮度或亮度分布测量的一个重要仪器。相对于斑点辐亮度计或亮度计，成像仪的优势在于辐亮度或亮度分布可在几秒内记录。但是常规的 CCD 成像仪的杂散光较大，尤其是对于焦距比较短的微型光谱仪，杂散光的影响更加明显。在辐射安全相关的辐射亮度和辐射照度测量中，测量的量值可能涉及五个数量级以上，CCD 阵列探测器对不同光强度响应的线性应作校正。

在光生物辐射安全的检测技术方面我国进行了深入的研究，在检测方法上处于国际领先的位置。

5. LED 测量过程中的温度控制技术及结温测量

LED 的热性能是 LED 测量中一个非常重要的因素。高功率 LED 的温度通常被描述为结温、环境温度和外壳温度，它们以不同的方式影响着光输出。

（1）结温的测量

结温升高是由于所加入的电能并没有全部转化为光能，而是有一部分转化成为热能导致的。

测量 LED 结温主要是利用发光二极管 pn 结的正向压降 V_F 与 pn 结的温度呈线性关系的特性，通过测量其在不同温度下的正向压降差来得到发光二极管的结温。

$$V_{FT}=V_{F0}+K'(T-T_0)$$

式中 V_{FT} 是结温为 T 时 LED 的 pn 结电压；V_{F0} 是环境温度为 T_0 时 LED 两端的电压；K' 就是电压随温度变化的系数。正向压降法来测量 LED 结温就是利用这个公式。

（2）LED 灯具的温度测量

LED 灯具由于添加了经过二次光学设计的元件及各种封装技术，拆装比较麻烦，这使得直接测量其结温存在不便。所以，在实际测量过程中，通常是采用热电偶多路温度监测方式，分别监测 LED 灯具的多个热沉的温度以及壳温等，用于监测测量过程中的被测产品温度变化。

（3）LED 测量中的温度控制

在 LED 的测量中，由于 LED 的温度会影响其光输出情况，所以控制 LED 的温度对于保证测量的准确性具有非常重要的意义。

对于 LED 器件及模块的温度控制，可采用控制其热沉温度的方法。即将被测 LED 安装在恒温基座上，通过恒温基座的动态温度控制来达到控制 LED 温度的目的。对于尺寸较大的 LED 灯具，由于外壳等的包覆无法直接控制其结温或热点温度，所以通常采用控制测量环境温度的方式进行。特别是利用积分球测量时，可以通过控制积分球内壁的温度，即等距测量球内空间的“远场”温度，来达到控制被测灯具温度的目的。

对于大功率 LED 单管，测量中需要进行 pn 结温度控制。目前 CIE TC2-63 正在开展大功率 LED 测量方面的工作。该 TC 在讨论的大功率 LED（HPLED）的测量方法，核心方法是控制 pn 结温度而非外部（如热沉）温度，大幅提高大功率 LED 的量值重复性，提高测量准确度。该方法主要是基于前述的半导体 pn 结温度与电压成线性关系的特点，首先测量预设结温度及规定电流下的 pn 结驱动电压。然后，待大功率 LED 到达常规工作热平衡状态，通过控制热沉温度，使得当前驱动电压值等于第一步中的电压测量值。此时，pn 结温度将等于预设温度值。最后，在该状态下进行大功率 LED 的光色参数测量。由于大功率 LED 测试需要恒温夹具，而且这类型夹具的体积一般比较大。因而，在使用 4π 方式的球形光度计时须注意积分球直径相对于恒温夹具应足够大。若使用 2π 方式的球形光度计和半球形光度计，能减少恒温夹具带来的影响。

6. 中间视觉的测量

在暗视觉和明视觉之间的区域，人眼的视觉功能同时由杆体细胞和锥体细胞决定，该区域称为中间视觉区域。中间视觉光谱光视效率函数随着人眼适应亮度的变化而变化，随着亮度的增加趋向明视觉的光谱光视效率函数，随着亮度的降低趋向暗视觉的光谱光视效率函数。中间视觉照明在很多场合具有重要的应用，例如道路照明、隧道照明、紧急照明、停车场照明、飞机场照明、仪表盘照明、航天驾驶舱照明、某些交通信号照明、军事照明、医疗照明和安保照明等。随着 LED 光源的应用，目前光度测量仪器以 V（λ）为基础的评价在一些情况下会产生很大的测量误差，以此来评价中间视觉照明是不合理的，甚至会得出完全相反的结果，阻碍了新型节能型光源（如 LED）的发展。

CIE191“基于视觉功效和中间视觉光度学推荐系统”在考虑相加性及明、暗视觉衔接的基础上提出了四种中间视觉光度学模型，即USP模型、MOVE模型、MES1模型和MES2模型。四种光度学模型的中间视觉区域各不相同。其中USP模型只适用非彩色视觉任务，而MOVE模型以彩色视觉任务为主，它们代表了视觉任务的两类极端情况。为了使模型具有更广泛的适用性，同时给予非视觉任务更多的考虑，CIE提出了中间模型MES1和MES2，并将MES2模型作为基于视觉功能的中间视觉光度学推荐模型。相应的测量方法、设备的研究都将是接下来发展的重要方面。

（三）国内LED产品检测、认证现状

目前不同检测机构的测量结果间存在一定差异，有的检测机构沿用传统的白炽光源的测试方法。测试方法标准不统一，造成同一产品在不同检测机构的检测结果不一致。对于我国半导体照明产业的长远发展和与世界接轨相当不利。

国内LED照明产品认证主要有是“CCC认证”和“CQC认证”。目前有六类LED灯具在CCC认证范围，如LED筒灯等。虽然LED模组是在低压条件下工作的，但LED灯具的电源电压（输入电压）是高于36V的，所以LED灯具仍然属于CCC认证范围的产品。CQC标志认证范围的LED照明产品（节能认证）有四种，分别为反射型自镇流LED灯、非定向自镇流LED灯、LED筒灯和LED道路隧道照明产品。对产品标志提出了光通量、光束角和中心光强、配光类型、相关色温、显色指数、额定寿命、光生物危害以及电和能效等多方面的参数要求。本章引言中提到的半导体照明的计量测试问题大多数都涉及了。

半导体照明与传统光源的差异导致认证中的突出问题包括：①光通量分级测量的困难。制造商给出的LED光输出数值一般是基于对LED芯片使用一个短的脉冲和固定的结温条件下进行。制造商通常列出“最小”和“典型”光通量，而这些数值对实际产品的设计几乎没什么实际的参考意义。主要原因是与实际使用的条件不对应，灯具的发光参数不能依据产品各组成部分信息的简单综合获得，而应作为一个系统对光、电、色等参数性能进行整体考核。②寿命评估的困难。与传统照明光源的彻底失效或频闪不同，半导体照明光源绝大多数情况是光输出随燃点的时间延长而缓慢降低，而且开关不是其寿命的决定因素，半导体照明光源的寿命很长，如果仅通过正常测试来确定寿命是不现实的。因此，恰当的寿命测试模型的建立以及测试方法的规范化和标准化是面临的挑战。目前，美国能源部正在开发IES TM-28“预测LED灯和灯具的流明维持”标准，该标准将利用LM-80所所制订方法对LED光源的LM-80数据信息，对LED灯和灯具终端产品流明维持寿命进行预测和评估，以减少试验周期和企业成本。目前我国对这方面的研究才刚刚起步。

这些认证项目的开展离不开检测设备的计量校准和量值传递的溯源性。由于LED与白炽灯、高压钠灯等传统照明光源相比存在诸多本质差别，对测量仪器精度和标准灯的量值传递要求较高。尽管LED的各项光、色参量可以溯源到已经建立的基于传统光源计量

基标准，但 LED 有其自身的特性，不能完全依照现在传统光源的测试方法。因此，急需建立 LED 光度和色度、辐射度及电参数专用计量校准和量值传递方法，以提高测量结果的一致性。

（四）国际 LED 照明计量测试标准发展现状

国际电工委员会（International Electrotechnical Commission，IEC）和国际照明委员会（Commission Internationale de L'Eclairage，CIE）是国际领域内的两大标准机构。在半导体照明标准领域，两机构工作侧重点不同，IEC 作为电工标准化机构，主要涉及电气和安全要求的相关工作；CIE 作为专业的照明委员会，主要从事照明领域基础和测量程序等工作。在照明领域，IEC 下设有 TC34 和 TC76 两个工作组，分别从事一般安全要求和性能要求、激光安全性和生物安全性的标准工作，其中 TC34 又分为 TC34A、TC34B、TC34C、TC34D，分别涉及灯、灯头和灯座、灯用附件、灯具。IEC 专门针对或涵盖 LED 照明的相关标准和出版物已达 13 种。CIE 是由国际照明工程领域中光源制造、照明设计和光辐射计量测试机构组成的非政府间多学科的世界性学术组织，以制订照明领域的基础标准和测量程序，其中与 LED 相关的技术工作委员会有 14 个。

2010 年 2 月 3 日，由世界最著名的九家照明行业巨头宣布发起成立一个行业内的合作组织—扎嘎（Zhaga）联盟，该联盟旨在开展光引擎界面机械 / 热 / 电 / 光接口的标准化工作，并将制定行业标准。截至 2012 年 2 月 15 日，该联盟已有 176 家成员单位，涉及调光与光控制、测试和认证服务、测试工具和仪器等多个领域。

在 LED 标准与规范制定方面，美国一直居于世界领先地位，其标准体系工作主要包括附属于能源效率及再生能源办公室（EERE）固态照明计划的标准制定工作（IESNA 和 ANSI 标准）、能源之星（Energy Star）技术要求和 ASSIST 推荐性标准。

2006 年 3 月，美国能源部召集标准组织召开工作会议，指出，将以 CIE 技术文件为参考依据，由 ANSI 和 IESNA 负责制定美国 LED 测量标准。其中 IESNA LM-79-08 "IESNA Approved Method for the Electrical and Photometric Measurements of Solid-State Lighting Products"和 IESNA LM-80-08 "IESNA Approved Method for Measuring Lumen Depreciation of LED Light Sources" 是两个目前被广泛采用的标准。能源之星也相继推出了相关 LED 产品的认证指南。

2002 年，美国成立了固态照明系统及技术联盟（Alliance for Solid-State Illumination Systems and Technologies，ASSIST），ASSIST 已经出版了一系列 LED 和照明应用相关的 ASSIST 推荐要求，侧重于 LED 照明的应用性能，还将 LED 与其他的光源技术进行比较。这些标准涉及 LED 寿命定义、测试测量、不同照明应用的最佳准则以及选择 LED 照明的推荐方法等。

日本、韩国纷纷制定了本国的 LED 照明计划，并出版了适合本国情况的相应标准。欧洲半导体照明产品 EN 标准大多由相应的 IEC 标准转换而来。

三、国内外研究进展比较

（一）计量技术

目前各国计量院纷纷开展了LED的测量技术的研究工作，并建立相应的测量装置。LED产品均由LED单管构成，因此各国计量院首先开展了LED单管的测试，并由APMP组织完成了LED平均发光强度和总光通量量值的国际比对。LED应用产品测试及测试标准的统一工作正在进行中，国际上4 SEA组织正在进行LED球泡灯的测试比对。

尽管LED的量值仍然溯源至现有的发光强度、总光通量和光谱辐射照度等国家计量基准，但实现LED的量值到基准量值高准确度溯源是一项充满新挑战、十分繁杂的工作，需要考虑许多修正因素。为了实现LED量值的准确传递，德国PTB研制了带有温度控制的标准管，美国NIST提供标准管的校准。中国计量科学研究院研制了红、绿、蓝、白四种颜色的小功率和大功率的LED标准管，建立了LED平均发光强度、总光通量、色度参数的测量标准装置，并对外开展校准服务，满足了国内LED单管的量传需要。并与美国NIST进行了双边比对，比对结果符合。

我国近年来新建了一批LED测试机构，原有的一些省计量院、质检院所也已经建立了相应的测量能力，为半导体照明的发展奠定了量传体系的基础。

（二）测试技术

1. 光谱辐射测试技术

阵列探测器的发展促进了全固化的、基于阵列探测器的光谱辐射计的技术发展和由机械扫描式光谱辐射计向阵列探测器光谱辐射计的转化。普及型阵列探测器光谱辐射计在我国已经较为普遍，高端光谱辐射计目前被国外少数公司占领了大部分市场，我国的相关产品在一些性能上已经达到很高水平，全面赶上国际先进水平尚需一定努力。

国际上一直十分重视对光谱测量的基础研究和标准化工作。CIE有多个相关技术委员会在进行快速光谱测量的研究工作，包括：TC 2-51多通道光谱仪的性能表征和定标方法；TC 2-60仪器的带宽函数和测量步长对光谱数据的影响。目前这些技术委员会的研究和讨论十分活跃，我国学者也积极参与其中。

国际上光谱辐射计一直处于持续发展中。我国近年来的光谱辐射计也得到迅速发展，一些厂家针对LED照明不断推出各种光谱辐射计以满足测试需求。但在高端，即测量准确度高、测量速度快、适用于稳态和瞬态测量的高精度光谱辐射计可选的不多且价格昂贵，需要进一步重点研发。国际上具备高精度快速光谱辐射计研发制造能力的只有为数不多的几个国家，其中德国Instrument Systems和美国Gooch & Housego（原Optronic Laboratories）所生产的快速光谱辐射计精度相对较高，其产品型号分别为：CAS-140CT和

OL770。此外，美国 Labsphere 公司的 CDS1100/2100 光谱仪性能虽不如上述两款，但与普通的紧凑型快速光谱仪相比，在电噪声抑制、灵敏度增强方面也有了较大的提高。国内厂家的高精度快速光谱辐射计利用积分—分光结合技术、带通色轮校正技术和色片激光法杂散光校正技术等多项自主发明专利，在线性动态范围（8 个数量级 0.8% 的非线性）和杂散光（10^{-4}）这两个关键指标上达到了很高水平。

2. 光通量和远场光分布测量

国内分布光度计的制造随着照明技术的发展已经取得长足进展，研发了多种形式的分布光度计，能够满足 LED 照明的测量需求。

我国最新设计的追踪探头式分布光度计（图 12），采用同步追踪探头及旋转光阑，保证灯具的测量光始终以法线方向入射至探测器，同时有效消除环境杂散光对光度测量的影响。该分布光度计的被测灯具位置固定，反光镜绕被测灯具的光度中心旋转。可自动切换的多通道光度、色度、图像测量系统，可方便地实现不同探测器之间的切换及追踪测试。同时将光谱测量技术集成到分布光度计测量技术中，用高灵敏度的空间光谱测量技术来获得 LED 灯具的空间光谱及色偏差等参数。采用 CCD 成像测量获得 LED 灯具在空间各方向的亮度分布，还可评估 LED 灯具的眩光特性。同时针对频闪应急灯、闪烁警示灯等脉冲光源，该分布光度计能够建立每一个光脉冲的光输出与时间的波形，测得其有效光强分布。

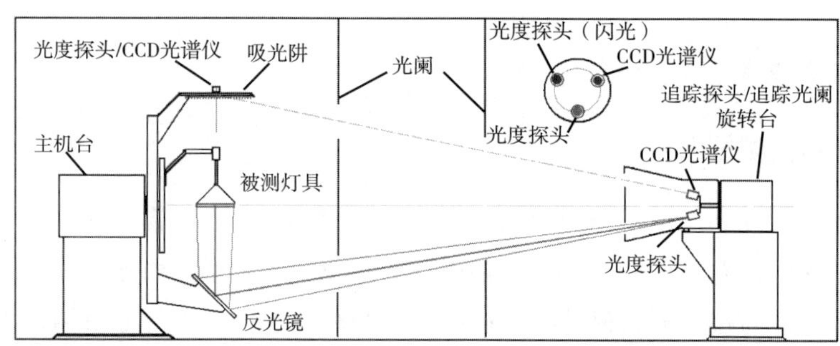

图 12　我国研制探头同步追踪式分布光度计

我国自行研究设计了多点结构的分布光度计反光镜结构，可通过激光的校准技术，对反光镜各个区域的面形进行校正，达到 EN13032 对反光镜的要求（标准偏差小于 1.5%，极限偏差小于 5%）。

目前，我国分布光度计生产不仅满足我国产业的需求，还对世界上多国实验室提供了各种测量技术及测试设备。

3. 近场分布光度计

近场分布光度计已经得到了国际测光界的重视，CIE 成立了技术委员会 TC2-62 Imaging-photometer-based Near-Field Goniophotometry（基于成像光度计的近场分布光度计），该技术委员会对近场分布光度计的性能参数、模型建立、定标方法等都作了较为深入的研究，我国也已参加了该TC的工作。目前近场分布光度计技术还在发展中，一方面，成像亮度计的线性和V（λ）匹配远不如光度探头，测量精度较低；另一方面，建立数学模型推导的方法还有待进一步研究发展。

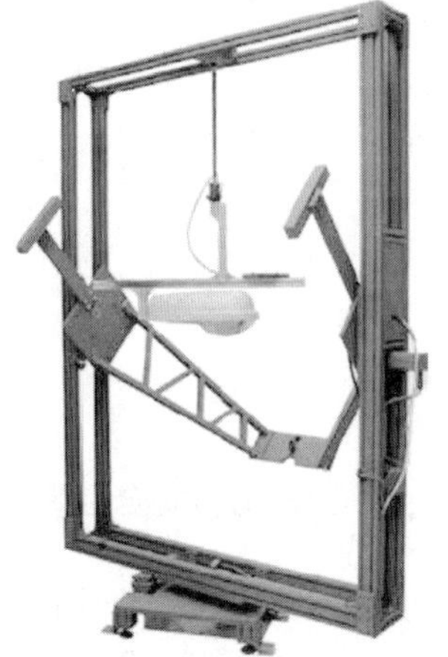

图13 德国RIGO 801近场分布光度计

在专业设备方面，德国、美国和中国都具备了近场分布光度计设计制造能力。中国企业研发的基于光线追踪及其优化算法的近场分布光度计，可以对微小的光源（如LED芯片）的发光分布特性以及光线出发点信息作精确而细致的测量，测量精度高，且在光源光线追迹的精确性方面具有独特优势，总体水平已挤入世界第一梯队。

德国TECHNOTEAM公司的RIGO 801 CCD型近场分布光度计，根据RIGO 801的尺寸不同，可分别适用于LED、小型灯具、车灯、路灯的测量（图13）。

美国Radiant公司发布了SIG-300和SIG-400两套尺寸不同的光源近场模型测试系统，两者均能实现小尺寸光源的光度和色度测量（图14）。

（a）SIG-300

（b）SIG-400

图14 SIG近场分布光度计

在“863”计划项目的支持下，我国成功开发了具有核心自主知识产权的近场分布光度计，该分布光度计基于光线追踪及其优化算法，填补了国内空白。该近场分布光度计采用了高精度高解析度的成像亮度测量器件，可以对微小的光源（如LED芯片）的发光分布特性，特别是光线出发点信息做精确而细致的测量。不仅满足一般的近场光度测量要求，对于保证光源在微小而复杂光学系统中的光线追迹的精确性也有独特的优势。

在此基础上，我国将近场分布光度计与远场分布光度计集成在同一装置中，称为“全空间分布光度计”，它是最新一代的分布光度计，兼具了近场和远场的测量功能，并可在近场同时配备高精度光度探头、成像亮度计和快速光谱仪，其测量原理如图15所示。

该全空间分布光度计适用于各种尺寸的光源或者灯具的光辐射度测量，可实现总光通量、远场光强分布、近场等效光强分布、任意平面的照度分布、亮度分布和光谱分布等全面的光源和灯具全空间配光参数精确测量，并用高精度测量结果校准快速配光测量系统，实现实时配光测量和控制。

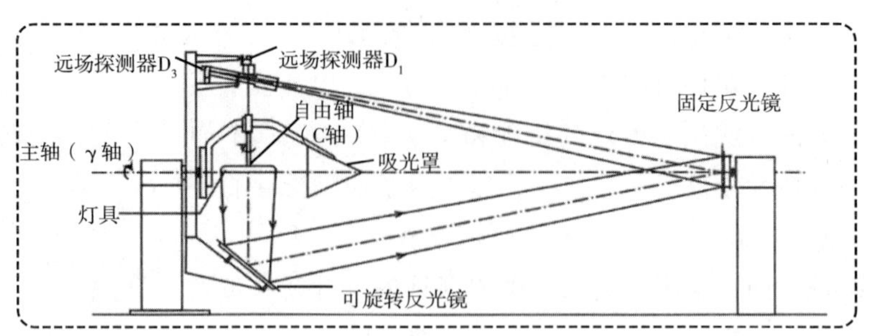

图 15 全空间分布光度计原理图

4. 光生物安全性评估

光生物安全性评估提出了覆盖 200 ~ 3000nm 的宽波段、高性能、低杂散光的测量要求。我国自行研发了宽波段辐射安全光谱仪，采用了五个探测器、多光栅的测量系统，可以一次性实现整个光谱带宽的测量，同时满足在紫外光化学危害的辐射照度测量中达到极低杂散光、高灵敏度的测量性能。

目前国际上高精度测量采用光谱辐射法，对光谱辐射照度、辐射亮度通过积分进行测试，避免光谱匹配误差，实现高精度测量。但是，涉及紫外—可见—红外 200 ~ 3000 nm 波段的全光谱测量技术具有挑战性。目前尚无一探测器可以实现该宽波段的一次测量，所以通常采用多种探测器组合测量的方式，选择与扫描波段对应的光电探测器检测从单色仪出射的单色光。但是多探测器存在与单色仪输出光谱匹配、耦合、同步等问题。通常，闪耀波长为紫外区、可见区、红外区的三种光栅的分光辐射度计能覆盖波长从 300nm 至 1400nm 的光学辐射测量。未来应发展全光谱测量技术，避免探测器组合匹配及光谱辐射分析仪测量精度方面存在的问题。

人眼视网膜辐射安全测量，除了涉及光谱加权的辐射亮度积分之外，还涉及与人眼观察状态相关的观察视场角，以及人眼接收瞳孔 7mm 的测量要求。但是，目前市场上传统的光谱辐射亮度计测量结构不符合人眼的几何要求，我国对人眼睛视网膜损伤在国际上进行了深层次的研究，研制了模拟人眼成像的专用成像亮度计。专用成像亮度计可以对目标按照光生物辐射安全的视网膜蓝光危害的测量视场角进行测量（如 100mrad、11mrad、1.7mrad），保证测量入射瞳孔按照 IEC 62471 标准（7mm）的要求。并且对于不同距离目标测量，在对焦过程中，测量视场角与入射孔径始终保持恒定，这也是专用成像亮度计光学机构最显著的特点。美国 NIST 现在采用的是图 16 所示的专用成像亮度计，模拟人眼视网膜的光辐射损伤亮度测量装置结合了科学级 CCD 成像与光谱辐射度法技术。CCD 成像亮度计模拟人眼睛视网膜感光细胞，可以根据测量的辐射亮度图像，按照 IEC 62471 标准要求实现 100mrad、11mrad、1.7mrad 不同视场角的测量要求，且可以通过软件实现。同时，光谱辐射度与成像亮度计相结合的结构，解决了蓝光危害的光谱辐亮度加权积分的要求，实现高精度不同视场角的有效蓝光辐射危害以及视网膜热损伤的有效辐射亮度的测量。已申请国际专利，具有创新性。

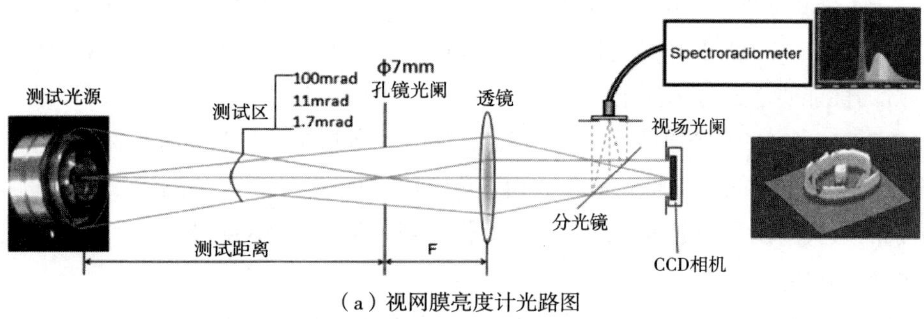

（a）视网膜亮度计光路图

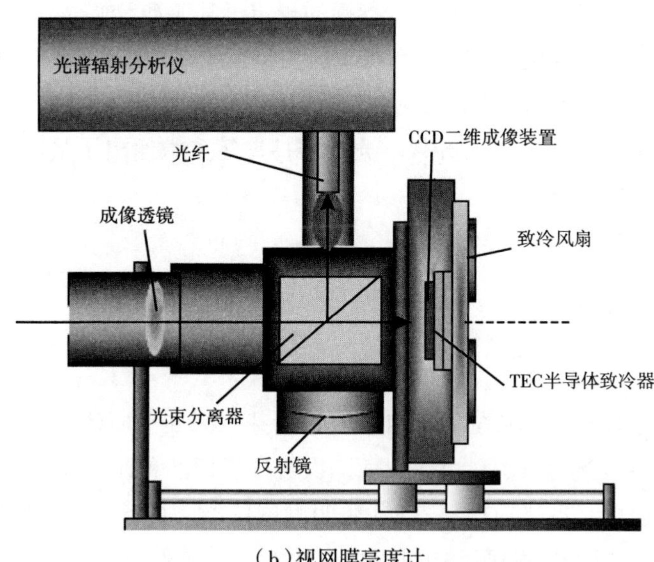

（b）视网膜亮度计

图 16　模拟人眼视网膜的光辐射损伤亮度测量装置

LED 是新兴产业，LED 蓝光危害成为 LED 产业急需解决的问题，LED 光生物辐射安全评估测量成为全球关心的核心技术。我国专家在国际标准，以及国际照明委员会 CIE 的相关技术报告中牵头安全评估测量工作，参与由 IEC 组织的由美、德、英、中、日、奥进行的辐射安全测量。国际测试比对结果表明我国测量技术处于国际领先水平。

（三）国内外标准及认证认可对计量测试要求的比较

国外标准在相关方面更多关注测试方法类基础标准工作。对于 LED 照明这种新型照明产品而言，基础类标准研究工作和规定是极有必要的，基础类标准体系的完善也是对产品性能进行更合理和一致性评估的前提条件。

涉及产品的性能要求，中国作为半导体照明产品的生产大国，也在陆续以标准和规范的形式出台相应的规定。

以自镇流（整体式）LED 灯性能要求为例，我国标准与国际、美国的不同规定作比较说明。IEC/PAS 62612:2009《普通照明用自镇流 LED 灯性能要求》、能源之星整体式灯项目要求、GB/T 24908-2010《普通照明用自镇流 LED 灯性能要求》分别对自镇流（整体式）LED 灯的性能要求进行了规定。

IEC/PAS 62612《普通照明用自镇流 LED 灯性能要求》参照制造商提供的各项参数的额定或宣称数值，对光通量、光效、相关色温等各项性能参数进行了规定，同时以不同等级类别的形式给出了光通维持率的要求。作为替代型照明产品，要求“LED 灯不应超过被替换灯具的尺寸”。

能源之星项目要求的这一部分规定了各种整体式 LED 灯都适用的条款要求，同时还针对不同类型照明灯进行了分类的技术指标的规定。其所涉及调光、质量保证、噪音等方面的要求，在得到合理评估和控制的前提下，将极大便利消费者的选择和使用。

与 IEC/PAS 62612 不同，GB/T 24908《普通照明用自镇流 LED 灯性能要求》结合中国产品性能标准的实际情况，针对光效、光通维持率等参数给出了具体的指标要求，同时，将光效分为三个不同等级。

四、发展趋势及展望

1）在计量技术方面，将在国家相应的计量基、标准下面建立起针对半导体照明的，涵盖有效发光强度、光通量、色度等方面的次级计量标准和计量标准体系，涉及的被测对象将包括标准 LED 单管、LED 灯、LED 照明测试仪器。具备半导体照明校准检测能力的实验室逐步得到发展，通过国际比对、国内比对进一步保证测量结果的准确、一致和有效。随着 CIE 中间视觉模型的发布和 LED 的广泛使用，中间视觉和暗视觉适应下的测量也将得到重视和发展。

2）在测试技术方面，半导体照明光源的辐射通量、光通量、光分布、颜色、寿命、交流驱动下的闪烁等特性参数的测量技术、测量仪器设备将得到不断发展。除经典的测量技术外，值得关注的包括成像亮度计的表征和应用、近场光度辐射度的发展和应用、中间视觉测量仪器以及在适应场合（例如道路交通照明等方面）的应用。随着柔性面源的出现和应用，相应的测试技术的发展亦值得关注。

3）未来几年，我国半导体照明计量测试相应的标准将会得到长足的发展，发展方向主要体现在以下方面：①将基础标准和测试方法类标准的研究制定工作作为工作的重点，重点关注对术语和定义、测试方法、评价方法等基础类标准的制定工作，以夯实我国半导体照明标准体系中计量测试方面的基础；②考虑半导体照明发展的新特性，在标准工作领域，将积极开展创新性工作，如针对 LED 的寿命和可靠性、LED 模块的计量测试以及测试仪器等方面标准工作，为半导体照明标准体系的稳步和健全发展奠定基础；③继续加强双边合作的相关工作，积极参与多边合作，团结并协调各利益相关国家和机构，在 IEC、CIE 等国际机构中积极发挥作用，参与并力争引导国际标准体系的建设。

国家多部委今年联合编制了《半导体照明节能产业规划》(以下简称《规划》)，这个规划描绘了半导体照明的美好前景，也将标准检测及认证体系建设列为半导体照明产业实施的四大工程之一。在产业需求的引领和相关产业、部门的大力推进下，半导体照明计量测试技术必将得到大幅发展。

参考文献

[1] 中华人民共和国科学技术部. 半导体照明科技发展“十二五”专项规划 [Z]. 2012.

[2] IES LM-70 IESNA Approved Guide to Near-Field Photometry [S].

[3] CIE TC2-59 CharacteriZation of Imaging Luminance Measurement Devices (ILMDs)(draft) [S].

[4] CIE TC2-62 Imaging-photometer-based Near-Field Goniophotometry (draft) [S].

[5] Jiangen Pan, et al.The tri-field goniophotometer [C] //CIE Light & Lighting Conference with Special Emphasis on LEDs and Solid State Lighting, 2009.

[6] Qian Li, et al.High Accurate Array Spectrometer And Its Key Performance Measurement [C] //Proceedings of 27th Session of the CIE/CIE197:2011.

[7] M.Tongsheng, Y.Jiandong, L.Li, A Retinal Radiance Meter [C] //Proceedings of the CIE Expert Symposium on Advances in Photometry and Colorimetry. 2008.

[8] TongshengMou. Photobiological Radiance Measurement in Leds' Radiation Safety Assessment [C] //Light and Lighting with Special Emphasis on LEDs and Solid State Lighting. 2009.

[9] TongshengMou, YuqinZong, Yoshi Ohno. The Measurement of Weighted led Radiance Related to Photobiological Safety Based on the Spectroradiometry and Imaging Methods [C] //CIE Tutorial and Symposium on “Spectral and Imaging Methods for Photometry and Radiometry”. 2010.

[10] MouTongsheng, Yu Jiandong. Assessmient of Led's Radiation Safety [C] //International Laser Safety Conference. 2009.

[11] JianZheng, Junkai Li, TongshengMou. Blue Light Hazard Evaluation Based on the Luminance of Light Sources [C] // International Laser Safety Conference, 2011.

[12] Jianping Wang, Junkai Li, MouTongsheng. The Standardization and Regulation of Photobiological Safety for Non-laser Sources in China [C] //International Laser Safety Conference, 2011.

[13] CIE, 1989.CIE 84-1989.Measurement of Luminous Flux [S].

[14] GRUM, F., BARTELSON, C.J. Optical radiation measurements [M]. Orlando: Academic Press, 1988.

[15] Frank Gruen. Color Measurements [M]. New York: Academic Press, 1980.

[16] 叶关荣. LED 光学特性检测的国内外进展 [M] // 中国照明工程年鉴，北京：机械工业出版社，2008.

[17] 罗勇军，王建平. LED 光生物辐射安全评价中的有效辐亮度测量 [C] // 两岸第十八届照明科技与营销研讨会专题报告暨论文集. 2011.

[18] 王建平，李俊凯，李莉. 分布光度计的回顾与最新进展 [C] // 海市照明学会成立 30 周年庆典暨四直辖市照明科技论坛、长三角照明科技论坛，2008.

[19] CIE 127:2007.measurement of leds [S]. 2007.

[20] CIE 84:1989.measurement of luminous Flux [S]. 1989.

[21] CIE 70:1987.The Measurement of Absolute Luminous Intensity Distributions.1987.

[22] 温怀疆，牟同升. 脉冲法测量 LED 结温、热容的研究 [J]. 光电工程，2010.

[23] EN 62471：2008 灯和灯系统的光生物安全测试方法 [S]. 2008.

[24] 乔波，牟同升. LED 产品的光辐射安全国际标准—制造商应该考虑的问题 [C] // 全国 LED 产业发展与技

术研讨会，2012.

［25］TongshengMou，Chaoyang Shi，Bo Qiao. Measurement and Standardization on Photobiological Safety Related to Led Products［J］. CIE 2012.

［26］Jianping Wang，Bo Qiao. Restrch on the Led Thermal Dependenence and Effects in Goniophotometer Measurement［J］. CIE2012.

［27］Jianping Wang，Bo Qiao. Stray light correction in goniophotometry Measurement［J］. CIE2012.

［28］刘慧，陆梅，赵伟强. 光源的光生物安全性评价的国际建议和测试［J］. 计量学报，2009，30.

［29］刘慧，赵伟强. 建立 LED 专用计量标准装置［C］// LED 照明学术研讨会，2010.

［30］刘慧，赵伟强. 测量 LED 光谱辐射计的特性要求［C］// 中国计量测试学会光辐射计量专业学术会议，2011.

［31］刘慧，杨臣铸. 光度测量技术［M］. 北京：中国计量出版社，2011.

［32］庄鹏. CIE 中间视觉光度学模型的分析和应用［J］. 照明工程学报，2012，3.

撰稿人：林延东　刘　慧　华树明　陈超中　潘建根　王建平

半导体照明标准发展研究

一、引言

半导体照明作为新一代照明产业，受到世界各国人们的关注，是“十二五”期间我国电子信息产业重点支持和发展的领域之一，具有发展快、变化快、更新快以及技术含量高等显著特点。作为引导产品生产和研究的重要条件和技术基础，半导体照明产品及其测试方法的标准日益成为产业的焦点和制高点。

几年来，我们看到了政府对半导体照明行业的支持，看到了数量众多半导体照明产品的国家标准、行业标准、地方标准、联盟标准和企业标准的发布，看到了半导体照明产品成为各类论坛、照明展和技术交流活动的主角，还看到了专业生产半导体照明产品企业的上市，半导体照明产业带动了技术革命和产业的新一轮发展。

半导体技术进入照明行业的时间短，技术更新速度快，而 LED 照明与传统照明所用材料不同，发光原理也存在着巨大差异，传统照明的标准和检测方法不能完全适用于 LED 照明产品。相对于半导体照明产品的高速发展，半导体照明产品及其测试方法标准的基础标准相对滞后，如还没有形成公认的接口标准、没有形成标准化的产品模式，这给半导体照明标准化工作带来了巨大困扰。

顺应半导体照明产业迅速发展的需要，引导和规范半导体照明产业，我国在相关国家机构的组织协调下，开展了大量的研究工作，也相继出台了一系列国家和行业标准。然而，由于半导体与照明不属于相同的工业行业，在制定半导体照明产品的标准时，缺乏行业协作机制和有效的体系管理，存在出台的标准在内容及限值要求上不统一、相同的产品标准重复制定等对行业有负面影响的现象。

当半导体产业发展的量达到相当规模时，突破瓶颈寻求新的发展就成为了一个新的命题。

二、我国 LED 标准现状

随着 LED 技术的不断突破及产业的深入发展，LED 照明相关标准的制定、标准体系的建立也进入快速发展阶段。世界发达国家为了抢占产业制高点，在 LED 测试研究与标准制定等方面投入了大量人力、物力，纷纷建立起自己的LED标准体系。

（一）从事照明及产品标准研究的专业技术委员会、单位、团队和平台

1. 全国专业标准化技术委员会

从材料、器件、照明电器光源、附件到灯具成品，产品能效、照明应用以及光生物安全、电磁干扰和电磁兼容，从事照明及产品标准研究的专业标准化技术委员会负责半导体照明产品及相关标准的制（修）订。

与半导体照明产业链相关的全国专业标准化技术委员会包括全国照明电器标准化技术委员会，制定GB/T 24826–2009《普通照明用LED和LED模块术语和定义》等标准，全国半导体设备和材料标准化技术委员会、全国稀土标准化技术委员会，制定GB/T 23595《白光LED灯用稀土黄色荧光粉试验方法》标准系列等，全国半导体器件标准化技术委员会、全国人类工效学标准化技术委员会，制定GB/T 5700–2008《照明测量方法》等标准，全国光辐射安全和激光设备标准化技术委员会、全国无线电干扰标准化技术委员会、全国电磁兼容标准化技术委员会、全国汽车标准化技术委员会，制定GB 25991–2010《汽车用LED前照灯》标准等，以及全国能源基础与管理标准化技术委员会等。

2. 单位

组织制定与半导体照明产业链相关标准和技术规范的单位包括承担照明相关标准化工作的中国建筑科学研究院，制订了CJJ 45–2006《城市道路照明设计标准》等，承担制订LED照明产品节能认证技术规范的中国质量认证中心，制订了CQC 3127–2010《LED道路/隧道照明产品节能认证技术规范》等。

3. 团队

组织制定与半导体照明产业链相关标准和规范的团队包括，承担广东省LED照明标杆体系建设的广东省半导体光源产业协会，组织制定了GDBMT–TC– Ⅰ 001–2012《广东省LED室内照明产品评价标杆体系管理规范（2012版）（附录A+附录B+附录C+附录D）》等；承担制订推荐性技术规范的国家半导体照明工程研发和产业联盟，组织制定了LB/T 001–2009《整体式LED路灯的测量方法》等，2012年9月21日该联盟成立了标准化委员会。

4. 平台

在国家标准化管理委员会组织的半导体照明领导小组下成立了“半导体材料和设备”、“器件”、“光源与灯具”和“照明应用及能效”四个工作组，其中半导体材料和设备工作组由全国半导体材料和设备标准化技术委员会牵头、器件工作组由工业信息化部半导体照明技术标准工作组牵头、光源与灯具工作组由全国照明电器标准化技术委员会牵头、照明应用及能效工作组由半导体照明联合创新国家重点实验室和中国标准化研究院牵头，工作

组成员由相关研究机构、地方政府、检测机构和企业的代表组成。

工业信息化部组织成立的半导体照明技术标准工作组，专门负责相关标准的制定。该工作组成员涵盖了产业链上的芯片制作、器件封装、荧光粉制备和应用产品制造等各方面的单位。该标准工作组组织开展半导体照明产业链中材料、芯片、二极管及模块的测试方法、名词术语和符号、可靠性试验等方面的标准和相关产品规范的研究制定，以及技术标准体系的编制工作。制订的标准如：SJ/T 11395-2009《半导体照明术语》。

（二）标准制定情况

1. 国家标准制定情况

LED 涉及的照明电器产品的成品标准包括光源类（包括灯和模块）、座或连接器类、控制装置类和灯具类，在国家标准化管理委员会已发布的适用于 LED 的照明电器类标准中，一些标准名称中明确冠以“LED”的标准往往会被关注，而另一些标准名称中没有“LED”容易被忽视。

（1）名称中冠以“LED”的标准

光源类安全和性能标准。不同技术的光源均对应相应的产品标准，LED 光源标准包括 LED 模块和 LED 灯的安全和性能标准。

名称中冠以“LED”的标准还包括不能与传统光源互换的 LED 光源特有的接口标准、LED 模块控制装置的安全和性能要求，以及 LED 灯具的性能要求。

（2）名称中没有“LED”的标准

适用于 LED 模块控制装置的灯的控制装置一般要求、为替换型 LED 灯提供电气和机械连接的灯座以及 GB 7000 系列中适用于电光源的灯具安全标准。

到 2012 年年底，国标委已发布至少 27 个适用于 LED 的照明产品标准，包括只适用于 LED 光源、LED 控制装置、LED 连接件、LED 灯具的 15 个标准（标准名称中含有“LED”），7 个适用于电光源的灯具安全标准（标准名称中不含有“LED”），5 个螺口灯座安全、类别、量规标准（标准名称中不含有“LED”）。

2. 相关行业和地方标准制定情况

工业和信息化部发布了 SJ /T 11395 - 2009《半导体照明术语》等 9 项半导体照明电子行业标准。国家半导体照明工程研发及产业联盟也发布了如 LB /T001-2009《整体式 LED 路灯的测试方法》等 7 项 LED 照明产品的相关技术规范。建设部发布了城市道路照明、交通信号灯标准，及铁路、高速公路的 LED 路灯、信号灯等相关标准及技术规范等。

此外，国内部分省市根据 LED 产业地方发展需要，各自也开展了大量标准制定与研究工作。如福建省开展的包括 LED 室内照明产品总要求、照明用管形 LED 灯、照明用 LED 筒灯、LED 道路照明功率发光二极管、LED 道路照明灯具能效限定值及能效等级等在内的多项地方标准制定工作。

总体上看，在产业和市场对标准的强烈需求牵引下，近年来我国与LED有关的标准化组织纷纷制定了国家标准、各类行业标准、地方标准，体现出充分重视标准化的局面。这些标准的制定和实施，较好地支撑和服务了我国LED产业发展，对于规范行业市场竞争发挥了积极作用。但其中有些标准、规范的内容重复、矛盾，特别是某些应用受传统行业影响、标准技术归口的束缚以及技术上的盲区而造成标准不科学的问题。

（三）存在的问题

1. 相同的产品重复制定标准

LED道路照明灯具是我国较早应用的一种LED灯具产品，目前已开展产品安全的CQC自愿认证和CQC自愿节能认证。除了强制性安全和推荐性性能国家标准以外，目前该产品有行业标准、地方标准、联盟标准、认证技术规范、闽台互认标准等19个道路照明灯具产品性能和方法标准（详见表1）。

表1　道路照明灯具标准/技术规范一览表

序号	标　准　编　号	标　准　名　称	发布者	标准属性
1	GB 7000.5-2005	道路与街路照明灯具安全要求	国标委	安全
2	GB/T 24827-2009	道路与街路照明灯具性能要求	国标委	性能
3	QB/T 4146-2010	风光互补供电的LED道路和街路照明装置	工信部	性能
4	CQC 3127-2010	LED道路/隧道照明产品节能认证技术规范	CQC	性能
5	DB14/T 545-2009	道路照明LED灯	山西省	性能
6	DB23/T 1441-2011	LED道路照明产品技术规范	黑龙江省	性能
7	DB23/T 1442—2011	LED道路照明产品寒地安装与验收要求	黑龙江省	性能
8	DB35/T 813-2008	道路照明用LED灯具	福建省	性能
9	DB35/T 296-2012	大功率LED路灯	福建省	性能
10	DB42/T 566-2009	LED道路照明灯具	湖北省	性能
11	DB43/T 672-2012	LED路灯	湖南省	性能
12	DB44/T 609-2009	LED路灯	广东省	性能
13	DB61/T 488-2010	道路照明用LED灯	陕西省	性能
14	DB36/T 653-2012	太阳能LED路灯	江西省	性能
15	DB37/T 1229-2009	发光二极管路灯灯头通用技术条件	山东省	性能
16	CSA 016	自散热、控制装置分离式LED模组的路灯/隧道灯	CSA	性能

续表

序号	标 准 编 号	标 准 名 称	发布者	标准属性
17	LB/T 001-2009	整体式 LED 路灯的测量方法	国家半导体照明工程研发和产业联盟	方法
18	LB/T 002-2010	半导体照明试点示范工程 LED 道路照明产品技术规范（第二版）	国家半导体照明工程研发和产业联盟	性能
19	LB/T 005-2011	寒地 LED 道路照明产品技术规范（第二版）	国家半导体照明工程研发和产业联盟	性能
20	MTHR 002-2011	大功率 LED 路灯	闽台互认	性能
21	GDBMT-TC- Ⅰ 002-2012	《广东省 LED 路灯产品评价标杆体系管理规范（2012 版）》（附录 A + 附录 B+ 附录 C+ 附录 D）	广东省半导体光源产业协会	性能

一些应用较广的灯具产品，如LED隧道灯具、LED筒灯等都存在类似的重复制定问题，而且仅就标准名称而言，这些标准提出了下述问题：

1）道路照明灯具安全标准是 GB 7000.5，国内没有第 2 个标准。

2）国标委 2009 年发布的国家标准 GB/T 24827-2009《道路与街路照明灯具性能要求》的内容涉及道路照明灯具应满足的照明和光电性能要求，同时还规定了适用于 LED 道路照明灯具的能效指标等特殊要求，适用于传统光源和 LED 光源，但由于在标准名称中没有出现“LED”或“半导体”的字眼，多个以 LED 为关键词的 LED 道路照明灯具标准在 2010 年由各方发布。

3）尽管涉及的都是 LED 道路照明灯具，但多个标准在标准名称中使用了包括 LED 路灯、LED 道路照明产品、发光二极管路灯灯头、道路照明用 LED 灯等多个术语，似乎这些是不同产品的标准。

4）对于 LED 道路照明灯具有多种类型，如使用的单个 LED 封装的功率、使用的 LED 光源不可拆卸以及灯具适用的不同地域，这样就有了“大功率 LED 路灯”、“整体式 LED 路灯”以及“寒地 LED 道路照明产品”等细分的产品标准。

5）9 个省市发布了 LED 道路照明灯具性能标准，可能意味着产品进入这些省市应符合相应地方的标准。

LED 道路照明灯具标准存在的数量多、地方各自发布的现状既说明标准已经处于前所未有的高度，但当一个产品标准出现重复、不统一和矛盾时，将带来评价标准不一、地方保护、企业无所适从、无序竞争等诸多负面作用，不仅不能起到正确引导的作用，而且会影响行业的健康发展。

为了避免更多的负面影响，及时协调和统一标准是解决上述问题的有效方法，比如对于道路照明灯具，应形成以国家标准为主导、行业标准和企业标准作补充的总体框架，组织技术专家起草标准，并在行业内、各个组织和机构间征求意见达成共识。标准经国标委或工信部发布后，应在全国范围内、各个层面和平台上进行宣贯，使标准得到认可和应用。

2. 缺乏固体照明产品色度指标基础标准

大多数物体加热达到足够高温度是会发出红光，随着温度的升高，发出的光会发白，如从古到今人类最为熟悉的自然光源太阳，它的发光是由于它的表面温度接近 6000K。黑体线是黑体在不同温度下的色度轨迹，被广泛地用于描述光源的色温或相关色温。相对于道路、隧道等室外场所而言，在人们长时间工作、学习或家居生活的居住地、办公室、宾馆、学校等室内一般照明场所，柔和、显色性都较好的白光照明显得更为重要。

传统光源中的白炽灯和荧光灯（低压汞蒸气放电发光）使用最多，荧光灯的发光特性是将放电产生的单个 254nm 波长的紫外辐射通过荧光粉转化为可见辐射，调配灯管壁上涂覆的荧光粉可以得到几种不同的色温，为了对这种变化加以规范，各个国家或地区都有荧光灯的色度标准。我国的 GB/T 10682-2010《双端荧光灯　性能要求》给出了从 F2700 ~ F8000 共 7 个标准色的公差范围和相应参数，其中公差范围规定为 5 SDCM（色匹配标准误差）MacAdam 椭圆，标准同时给出了与额定值差 5 SDCM 的坐标点公式和椭圆（其中的 6 个见图 1 中的椭圆）。GB/T 17262-2011《单端荧光灯　性能要求》和 GB/T 17263-2002《普通照明用自镇流灯　性能要求》则规定了 F2700 ~ F6500 共 6 个标准色的色品参数。

在 LED 照明产品在进入商业使用的开始阶段，很多人会考虑用它来取代荧光灯和白炽灯之类的照明器具，所以 LED 照明产品的色度指标应尽可能与已存在的荧光灯标准一致。由于荧光灯的发光原理与 LED 不同，以及不同的白光 LED 的制造工艺（如蓝色 LED 加荧光粉产生的白光和 RGB 三色 LED 产生的白光），白光 LED 照明产品的色温类别比荧光灯多。同时，目前 LED 的光色度控制还没有荧光灯那么好，与产品成品率相关的适用

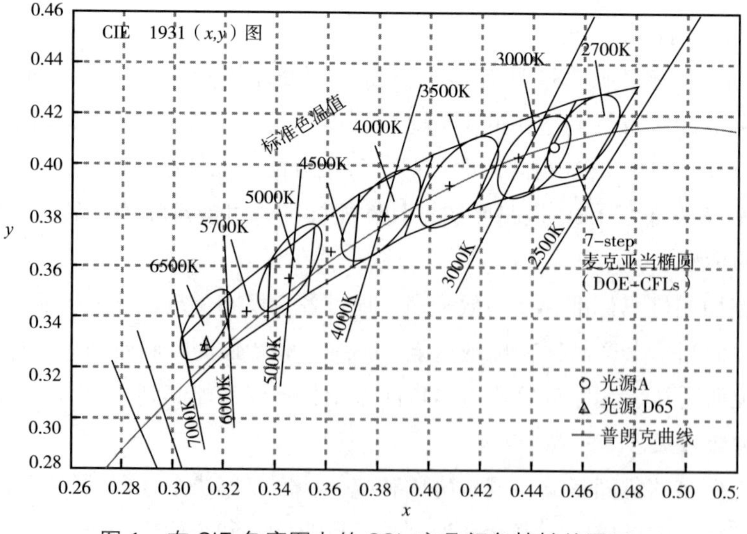

图 1　在 CIE 色度图上的 SSL 产品颜色特性的图示

色度容差也是需要重新考虑的。

目前我国关于 LED 照明产品光色度的标准均体现在具体的产品性能标准或技术规范中，由于产品标准涉及光源和灯具，同时还存在国家标准、联盟标准、相关技术规范，对色度产品的都有相关规定，有的规定从 F2700 ~ F6500 共 6 个色调、色品容差为 7SDCM 椭圆的（但缺少椭圆的方向规定），也有规定从 F2700 ~ F6500 共 8 个色调、色品容差为 7SDCM 四边形的，有的允许从 F2700 ~ F6500 的灵活的相关色温，有的只规定了固定的色温。各个产品标准的规定存在不统一、不完善、甚至互相矛盾的情况，要改变这种各说各话的状态，应根据 LED 产品的现有水平和室内照明的舒适性需求，制定白光 LED 照明产品的光色度指标的基础标准，有了这个标准，各类产品标准才能加以引用和选择，使不同产品标准中的色度指标有系统性和协调性，正确引导 LED 照明产业的发展，有利于行业对产品的质量控制和科学评价。

3. 缺少 LED 产品可靠性的基础标准

白炽灯通过电极通电的钨丝白炽发光、荧光灯和高压气体放电灯电场击穿气体放电发光，不同于这些传统光源的间接发光原理，LED 是 pn 结的自由电子和自由空穴直接复合的复合能引起光子发射而发光，是直接发光。传统光源的工艺特性带有机械工业的特性，而 LED 光源则更具电子工业的烙印，LED 阵列、LED 模块等元件的失效原理也类似于电子元器件，但由于 LED 照明产品的结构又不完全雷同于电子产品，其可靠性模型也不同于电气元器件，所以 LED 照明产品需要建立可靠性试验方法和评价体系。

通常 LED 照明产品声称的寿命以流明维持率表达，但在大多数情况下，LED 灯具的寿命比实际试验时间长得多，验证制造商声称的寿命不能以足够确信的方式进行。

由于没有相应的元件可靠性数据和相关标准的基础，各个产品标准都规定进行 6000 小时或更长时间的流明维持率试验，造成在模块、灯和灯具产品阶段重复进行流明维持率试验，耗时、高成本、低效率，阻碍了新产品上市的效率，也增加了产品的开发成本，应研究以主要元件的可靠性试验代替成品可靠性试验的标准体系。使得用了提供可靠性数据 LED 模块的 LED 照明产品可以避免进行长时间的流明维持率试验，从而有利于降低试验时间和成本，加速产品的开发和上市时间。

三、国外 LED 标准制定和发展概况

随着 LED 技术的快速进展，其性价比越来越接近传统照明光源，LED 照明产品也逐渐进入照明市场。为确保产品安全的安全性和可靠性、规范产品的基本性能、各国近些年来纷纷投入巨资开展 LED 标准化研究。

LED 照明产品国际标准化的代表性组织为国际照明委员会（CIE）及国际电工委员会（IEC）。以美国为代表的先进国家和地区 LED 标准的发展也很快。

1. IEC 的 LED 标准

IEC（国际电工委员会）是最早的国际电工标准化机构，目的在于促进统一国际的电工标准，加速电子工程领域的标准化工作。与 CIE 不同，IEC 较为注重电器产品安全和性能。涉及的标准有 LED 模块用连接器的特殊要求、普通照明用 LED 和 LED 模块术语和定义等方面。不过，这些标准主要针对照明 LED 的电气性能、安全性能和光通量等特性及测试方法，仍有多项 SSL 相关的标准和技术文件正在制修订过程中，内容覆盖 LED 的分类、LED 关键元器件的可靠性试验、LED 照明产品的术语等基础标准，LED 自镇流灯和非自镇流灯、OLED 平板、LED 模块、LED 控制器、LED 光通维持率和 LED 灯具产品标准等。LED 照明电器产品有关的 IEC 标准的情况（未包括 EMC 标准）见表 2。

具有通用性、基础性特质的基础和方法标准在标准体系中具有举足轻重的地位，缺少完整的基础和方法标准，产品标准的体系性和协调性将无从谈起。鉴于此，IEC 的 LED 标准体系的构建过程中，具有基础和方法标准先行或基础标准与产品标准并行的特点。同时在制定相关性很强的产品标准时，也采用了同时开发的方法，典型的是同时开发的 LED 模块性能要求与 LED 灯具性能要求。

在 IEC 已经出版的 LED 照明产品标准中，已有 5 个基础和方法标准、9 个产品标准或技术规范、2 个系列标准。还有至少 15 个标准处于开发或修订状态。

表 2　LED 照明电器产品有关的 IEC 标准的现状和发展

产品类别			安全标准	性能标准
TC34 灯和相关设备				
光源 (TC34/SC 34A)	基础标准	术语和定义	IEC/TS 62504：2011，ed. 1.0 普通照明用 LED 和 LED 模块术语和定义	
		灯编码系统	IEC 61231:2010，ed.1.0 国际灯编码系统（ILCOS）	
		LED 分档	IEC/PAS 62707-1：2011，ed.1.0 LED —分档—第 1 部分：通用要求和白光网格	
			34A/1481/DC（IEC/PAS 62707-2 提案） LED —分档—第 2 部分：光通量	
			34A/1482/DC（IEC/PAS 62707-2 提案） LED —分档—第 2 部分：正向电压降	
		蓝光危害	IEC/TR 62778：2012 应用 IEC 62471 评估光源和灯具的蓝光危害	
	方法标准	可靠性	34A/1622/NP 基于 LED 的产品主要元件可靠性试验	
		寿命预测	34A/1404/DC LED 寿命预测	
		中心光强和光束角的测量方法	IEC/TR 61341：2010，ed.2.0 反射灯中心光强和光束角的测量方法	

续表

<table>
<tr><th colspan="4">产品类别</th><th>安全标准</th><th>性能标准</th></tr>
<tr><td rowspan="8">光源
(TC34/SC
34A)</td><td rowspan="8">产品标准</td><td colspan="2" rowspan="2">LED 模块</td><td>IEC 62031：2008，ed.1.0
普通照明用 LED 模块—安全要求</td><td>IEC/PAS 62717：2011，ed.1.0
普通照明用 LED 模块—性能要求</td></tr>
<tr><td>34A/1608/FDIS（IEC 62031 ed.1.0 第 1 号修订件的国际标准最终草案）
34A/1620/CDV（IEC 62031 ed.1.0 第 2 号修订件的投票委员会草案）</td><td>34A/1570/CD（IEC 62717 ed.1 委员会草案）</td></tr>
<tr><td colspan="2">OLED</td><td>34A/1604/NP
普通照明用有机发光二极管平板－安全要求</td><td></td></tr>
<tr><td rowspan="3">普通照明用
自镇流
LED 灯</td><td rowspan="2">> 50V</td><td>IEC 62560：2011，ed.1.0
大于 50V 的普通照明用自镇流 LED 灯—安全要求</td><td rowspan="3">IEC/PAS 62612：2009，ed 1.0
普通照明用自镇流 LED 灯—性能要求</td></tr>
<tr><td>34A/1631/CD（IEC 62560 ed.1 第 1 号修订件的委员会草案）</td></tr>
<tr><td>< 50 V a.c
或< 120
V d.c</td><td>IEC 62838 Ed. 1.0 4A/1619/RVN
小于 50Vac 或小于 120Vdc 的普通照明用自镇流 LED 灯—安全要求</td></tr>
<tr><td colspan="2">无镇流 LED 灯</td><td>34A/1612/CDV（IEC 62663-1 ed.1.0 的委员会草案）
无镇流 LED 灯—第 1 部分：安全要求</td><td>34A/1601/CD（IEC 62663-2:ed.1.0 的委员会草案）
普通照明用无镇流单端 LED 灯－第 2 部分：性能要求</td></tr>
<tr><td colspan="2">双端 LED 灯管</td><td>34A/1642/CDV（IEC 62776 ed.1.0 的投票委员会草案）
普通照明用双端 LED 灯－安全要求</td><td></td></tr>
<tr><td rowspan="3">灯头灯座
(TC34/SC
34B)</td><td colspan="3">LED 模块用连接器</td><td>IEC 60838-2-2:2006,ed.1.1
杂类灯座 第 2-2 部分：特殊要求— LED 模块用连接器</td><td></td></tr>
<tr><td colspan="3">杂类灯座</td><td>34B/1667/NP（IEC 60838-2-3 ed.1.0 新项目）
杂类灯座－第 2-3 部分：双端线状 LED 灯灯座</td><td></td></tr>
<tr><td colspan="3">灯头灯座尺寸和互换性</td><td>IEC 60061 系列</td><td></td></tr>
<tr><td rowspan="3">控制装置
(TC34/SC
34C)</td><td rowspan="3">产品</td><td colspan="2" rowspan="2">LED 控制装置</td><td>IEC 61347-2-13：2006 ed.1.0
灯的控制装置 第 2-13 部分：LED 模块用直流或交流电子控制装置的特殊要求</td><td rowspan="2">IEC 62384：2006+A1;2009，ed.1.1
LED 模块用直流或交流电子控制装置 性能要求</td></tr>
<tr><td>34C/1018/CDV（IEC 61347-2-13 ed.2.0 的投票委员会草案）</td></tr>
<tr><td colspan="2">LED 模块用控制装置数字可寻址界面</td><td>IEC 62386-207 ed.1.0(2009-08)
数字可寻址照明界面 第 207 部分：LED 模块（类型 6）用控制装置的特殊要求</td><td></td></tr>
</table>

续表

产品类别			安全标准	性能标准
控制装置(TC34/SC 34C)	方法	效能测量	34C/1019/CDV (IEC 62442-3 ed.1.0 的投票委员会草案) 灯的控制装置能效—第 3 部分：LED 模块和低压卤素灯用控制装置—镇流器效率测量方法	
灯具(TC34/SC 34D)	LED 灯具		IEC 60598 系列标准	IEC/PAS 62722-2-1:2011，ed.1.0 灯具性能 - 第 2-1 部分 :LED 灯具特殊要求 34D/1055/CD（IEC 62722-2-1 ed.1 的委员会草案）
TC76 光辐射安全和激光设备				
光生物安全			IEC 62471:2006，ed.1.0 灯和灯系统的光生物安全	
非激光光学辐射安全			IEC/TR 62471-2:2009，ed.1.0 灯和灯系统的光生物安全性—第 2 部分：非激光光学辐射安全的制造要求导则	

注：阴影框体表示的是处于活动状态的标准。

2. CIE 的 LED 标准情况

CIE 是国际照明领域的权威学术组织，也是国际标准化委员会（ISO）的成员，与 IEC 一样，CIE 也十分关注 LED 的发展及相关 LED 器件的标准化工作，其工作内容主要侧重于光源色度坐标的制定、光源显色性的评价方法、光通量及光强度的测量方法等。最近几年的 CIE 学术大会和专家论坛都将 LED 或 SSL 作为核心讨论内容之一。目前，CIE 直接针对 LED 产品的技术委员会和研究报告见表 3。

表 3　国际照明委员会（CIE）制定的 LED 照明产品相关标准

部门	TC 编号	标准名称
部门 1	TC 1-62	Color rendering of white LED light sources 白光 LED 光源的显色性
部门 2	TC 2-45	Measurement of LEDs-Revision of CIE 127 LED 测量 -CIE 127 修订版
	TC 2-46	CIE/ISO standards on LED intensity measurements LED 光强测量的 CIE/ISO 标准
	TC 2-50	Measurement of the Optical Properties of LED Assemblies LED 组件的光学特性测量方法

续表

部 门	TC 编号	标 准 名 称
部门 2	TC 2–58	Measurement of LED radiance and luminance LED 辐射和亮度的测量
	TC 2–62	Color rendering of white LED light soruces 白光 LED 光源显色性
	TC 2–63	Optical Measurement of High–Power LEDs 大功率 LED 光学测量
	TC 2–64	High Speed Testing Methods for LEDs LED 快速测试方法
	TC 2–66	Terminology of LEDs and LED Assemblies LED 和 LED 封装的术语
	TC 2– 68	Optical Measurement Methods for OLEDs used for Lighting 照明用 OLED 光学测量方法
	TC 2–71	CIE Standard on Test Methods for LED Lamps，Luminaires and Modules 对 LED 灯、灯具和模块测试方法的 CIE 标准
	TC2–72	The Evaluation of Uncertainties in Measurement of the Optical Properties of Solid State Lighting Devices，including coloured LEDs 固态照明器件，包括有色 LED 光学特性测量不确定度评估
	TC 2–73	Measurement of Quantities relating to photobiological Safety of Lighting Products 照明产品光生物安全物理量的测量
	TC 2–74	Goniospectroradiometry of Optical Radiation Source 光辐射源的空间光谱分布测量技术与方法
	TC 2–75	Photometry of Curved and Flexible OLED and LED Sources 曲线和易弯曲的 OLED 和 LED 光源的光度测定
	TC 2–76	Characterization of AC–driven LED Products for SSL Applications SSL 应用中用 AC 驱动 LED 产品的特征
部门 4	TC 4–47	Application of LEDs in Transport Signalling and Lighting LED 在交通信号和照明中的应用
部门 6	TC 6–47	Photobiological safety of lamps and lamp systems 灯和灯系统的光生物安全
	TC 6–55	Light emitting diodes 发光二极管

3. 美国的 LED 标准情况

美国一直非常重视半导体照明产业的发展和 LED 标准化工作。参与美国 LED 标准化工作的组织和机构主要包括北美照明工程学会（IESNA）、美国国家标准组织（ANSI）和美国保险商实验室（UL）等（见表 4）。

表 4　北美 LED 标准清单

组　织	产　品　类　别	美　国　标　准　名　称
北美照明工程学会（IESNA）	命名和定义	IESNA RP–16–05 照明工程学的命名和定义
	LED 光源和系统	IESNA TM–16–05 LED 光源和系统的技术备忘录
	电气和光度	IES LM–79–08 测量固态照明产品电气和光度的方法
	光通维持及寿命预测	IES LM–80–08 测量 LED 光源光通量维持的方法
		IES TM–21–11 预测 LED 光源长期光通量维持的方法
		IES LM–82–12 LED 光引擎和一体化灯的光电参数随温度变化的方法
美国国家标准所（ANSI）	色度	ANSI C78.377–2011 SSL 固态照明产品的色度规定
	道路和区域照明规范	ANSI C136.37–2011 道路和区域照明设备—道路和区域照明用固态光源
	谐波	ANSI C 82.77 –2002 谐波发射限值—照明设备的有关电源的质量要求
美国保险商实验室（UL）	LED 光源	UL 8750–2008 照明产品用发光二极管（LED）光源
	灯具	UL 1598–2010 灯具
		UL 1598C：2011 LED 翻新灯具转换装置的调查概要
	可移式灯具	UL 153–2009 可移式灯具安全要求

目前 IESNA 正在起草基于灯和灯具流明维持预测和测量的 IES TM–28–13 和 IES LM–84–13 等标准。北美地区正在开发的 LED 标准情况如下：

（1）NEMA（National Electrical Manufactures Association，**美国电气制造商协会**）

- SSL–7 切相调光 SSL，该标准有两个部分组成：Part A：关于互换和可靠的基本兼容性；Part B 包含了性能要求。

（2）IESNA（Illuminating Engineering Society of North America **北美照明工程学会**）

- LM–84：LED 灯、光引擎和灯具流明和颜色维持测试；
- LM–85：高功率 LED 测量；
- TM–26：LED 额定寿命预测；
- TM–28：LED 灯、光引擎和灯具流明维持预测；
- LM–XX：LED 可靠性试验；
- LM–XX：远程荧光粉装置光通和颜色维持测量。

4. 其他国家的情况

（1）**日本**

由于对管形 LED 替代灯引入日本市场感到担心，日本正在致力于管形 LED 灯系统的标准化，主要工作包括：

- 2008 年 10 月，JELMA（Japan Electric Lamp Manufacturers Association 日本电球工业会）出版了 JEL（Standard by JELMA，日本电球工业会制定的标准）801，该标准规定了带有 L 型灯头（GX16t–5）的管形 LED 灯系统（见图 2）。

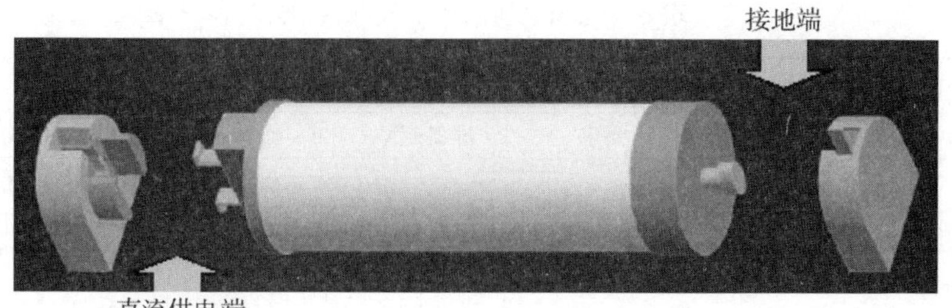

图 2　JEL801: 带有 L 型灯头（GX16t–5）的管形 LED 灯系统

- JELMA 正讨论新的 JEL 标准（初步定为 JEL 802），涉及 G13 灯头是电气绝缘的，仅有支撑灯的功能（见图 3）。

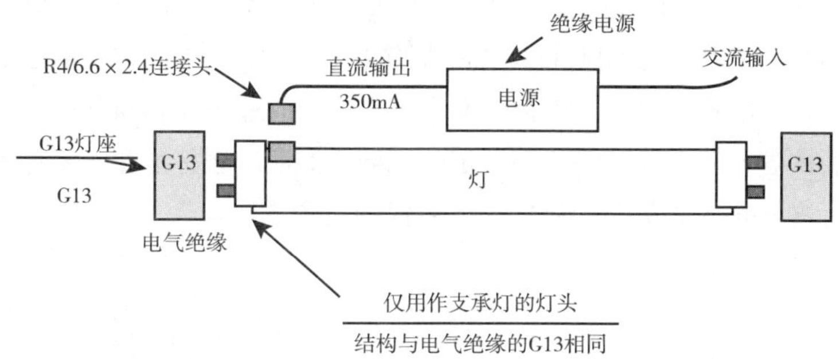

图 3　JEL 802: 带有连接器头（R4/6.6X2.4）的管形 LED 灯系统

当考虑该标准时，讨论最多的是连续使用现有灯座增加的风险以及与目前使用玻璃制成的荧光灯相比更多的热胀和冷缩所增加的风险。此外，还应关注由于与现有灯具的互换性和电气连接，带有 G5 和 G13 灯头的管形 LED 替代灯。

（2）韩国

- 有关的 LED 灯强制标准

2 个管形 LED 灯——非镇流和自镇流 LED 灯标准已经出版。管形 LED 灯——自镇流初始标准已经预通告。该标准参考 IEC 62776，增加了韩国制造商的评论。韩国有关的 LED 灯强制标准见表 5。

表 5　韩国有关的 LED 灯强制标准

编　号	标准名称	状　态	备　　注
K 20001	管形 LED 灯 – 非镇流	出版	安全和性能要求（2012 年修订）
K 10023	自镇流 LED 灯	出版	参考 IEC 62560（包括性能）
K 1xxxx	管形 LED 灯 – 自镇流	预通告	参考 IEC 62776（讨论能否在 IEC 62776 标准中加入带有单端 LED 灯）单端灯：FPL，FCL···

- 有关 LED 灯的自愿标准

自镇流 LED 灯安全和性能要求，非自镇流 LED 灯安全和性能要求 2 项标准正在修订。韩国的自愿性 LED 灯标准见表 6。

表 6 韩国的自愿性 LED 灯标准

编 号	标 准 名 称	状 态	备 注
KS 7651	自镇流 LED 灯安全和性能要求	准备起草	– 修订过程（KS C 7651–2010）
KS 7652	非自镇流 LED 灯 – 安全和性能要求	准备起草	– 修订过程（KS C 7652–2010） 增加 lm/W，Ra，初始流明要求项目

四、国内 LED 标准发展情况

1. 体系建设情况

作为节能减排的重要举措，近年来，我国从国家到地方都对 LED 标准化工作给予了高度重视。一方面，各级标准制修订工作进展较快，以往标准缺失的情况有了很大改善；另一方面，随着标准的不断出台，综合标准化以及标准的适用性等问题正成为今后 LED 标准化研究的重要内容。工业和信息化部制定的半导体照明综合标准化技术体系框架见图 4。全国照明电器标准化技术委员会的标准总体系框图见图 5。

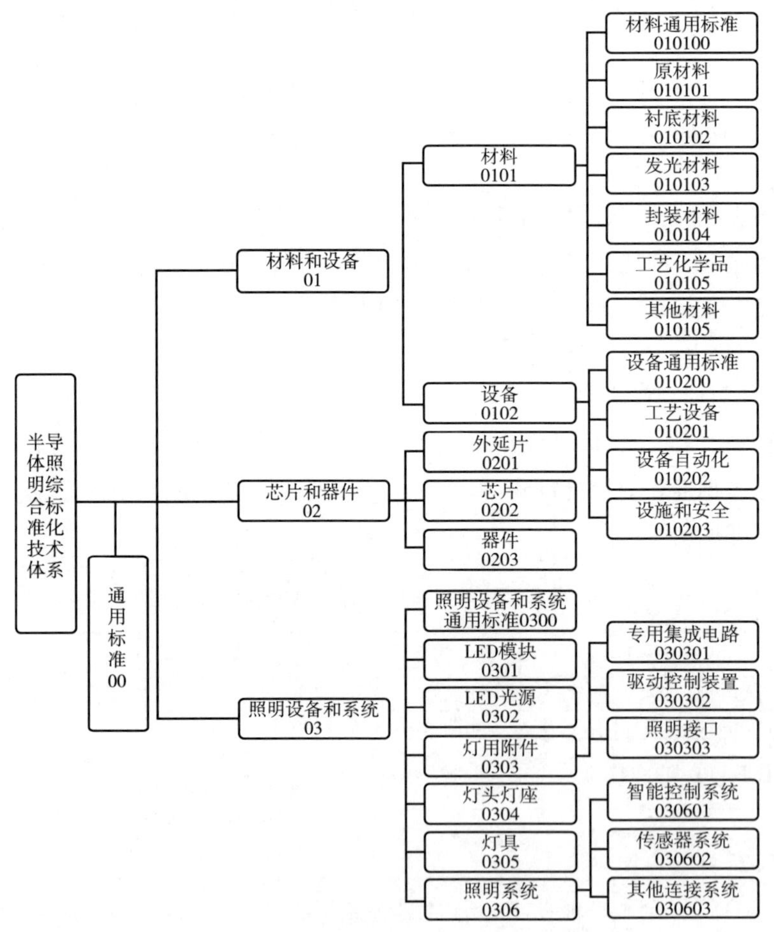

图 4 半导体照明综合标准化技术体系框架

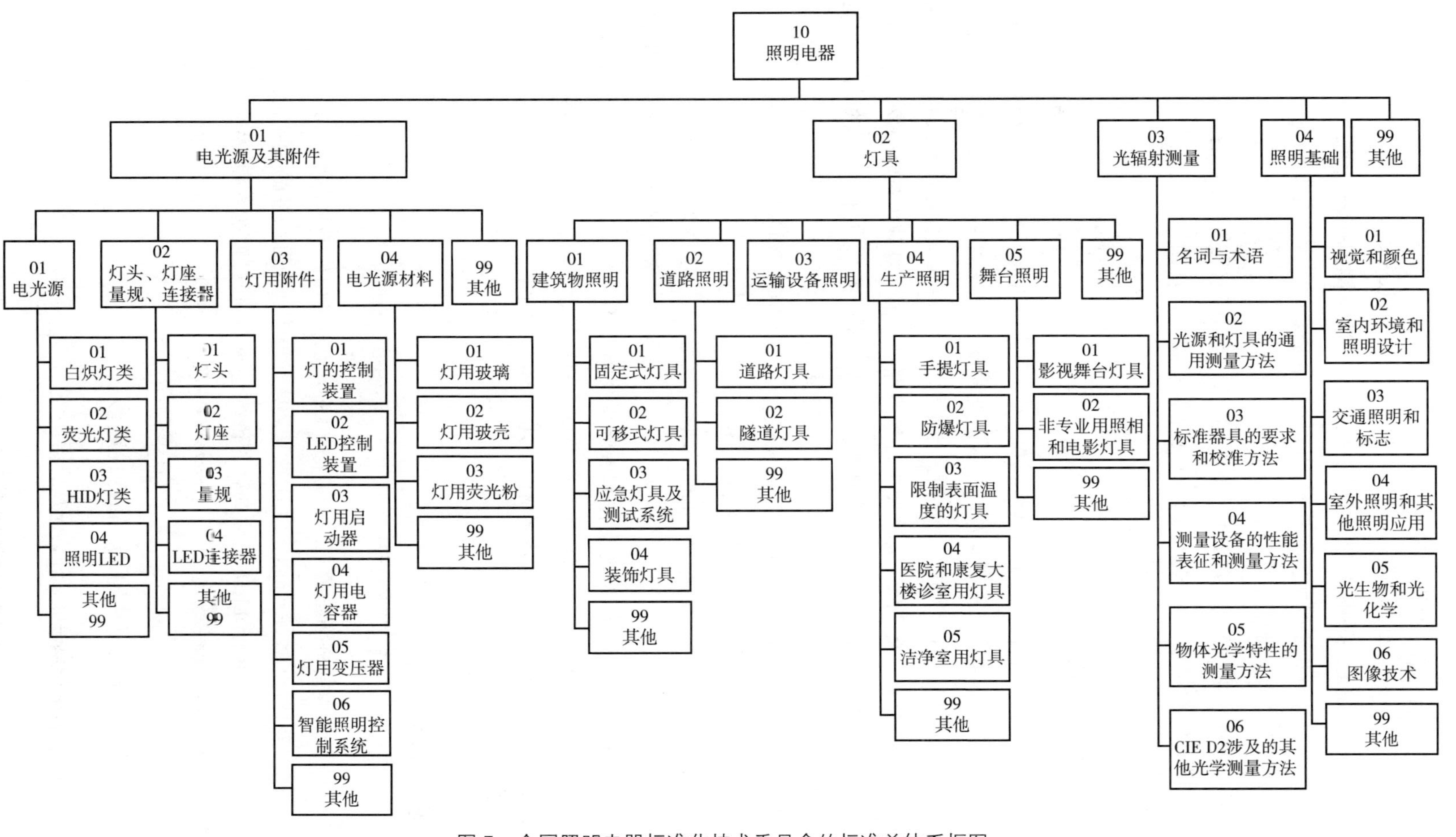

图 5　全国照明电器标准化技术委员会的标准总体系框图

2. 国家标准的发展

中国是ISO、IEC等国际标准化组织的成员国。除了国家差异以外，我国的电工类标准采用IEC标准，近年来照明电器产品国际标准也是如此，大部分照明电器类国家标准等同采用、等效采用或修改采用。

在制修订等同采用IEC的LED标准的同时，全国照明电器标准化技术委员会也正在积极制定LED的相关标准，包括LED灯具性能要求、LED模块性能要求、LED道路灯具性能要求、LED隧道灯具性能要求等。

3. 相关行业和地方标准制定情况

工业和信息化部发布了SJ/T 11395 - 2009《半导体照明术语》等9项半导体照明电子行业标准。国家半导体照明工程研发及产业联盟也发布了如LB /T001-2009《整体式LED路灯的测试方法》等7项LED照明产品的相关技术规范。住房和城乡建设部发布了城市道路照明、交通信号灯标准，及铁路、高速公路的LED路灯、信号灯等相关标准及技术规范等。

此外，国内部分省市根据LED产业地方发展需要，各自也开展了大量标准制定与研究工作。如福建省最近正在开展包括LED室内照明产品总要求、照明用管形LED灯、照明用LED筒灯、LED道路照明功率发光二极管、LED道路照明灯具能效限定值及能效等级等在内的多项地方标准制定工作。

总体上看，在产业和市场对标准的强烈需求牵引下，近年来我国与LED有关的标准化组织纷纷制定了国家标准、各类行业标准、地方标准，体现出充分重视标准化的局面。这些标准的制定和实施，较好地支撑和服务了我国LED产业发展，对于规范行业市场竞争发挥了积极作用。但其中有些标准、规范的内容重复、矛盾，特别是某些应用受传统行业影响、标准技术归口的束缚以及技术上的盲区而造成标准不科学的问题。

五、国内外研究进展比较

由于LED光源的“双面性”，一方面，LED光源是由半导体材料制成的器件，具有半导体器件功能特性；另一方面，LED光源又具有与传统光源一样的发光特性，但发光原理不同，这些差异决定了LED光源具有与传统光源不同的特性。LED光源进入灯具后的性能评价也与传统灯具有差异。

（一）国外的研究从LED产品特性起步

1. 传统照明产品特性

在发光机理、光源结构方面，LED与传统光源差异较大。

钨丝灯、荧光灯和气体放电灯及其使用传统光源灯具的特点：

1）泡壳内的支架、钨丝、电弧管等元件可能各不相同甚至可能是非标准化的，但包含着各种元件的泡壳都连着一个标准灯头；

2）光源满意地工作需要在泡壳内达到一定的温度；

3）灯具内一般含有一个光源，也有数个光源；

4）灯具内带有与光源连接的标准灯座，如螺口灯座、荧光灯座、杂类灯座等；

5）除了特低电压工作的卤钨灯以外，灯的控制装置的输出电压一般为低电压，与灯具属于一个电压类别，灯具的绝缘系统较单一。

传统光源是机械结构件构建而成的。光源的光电寿命等特性也有相应的国家标准，与灯具进行机械和电气连接的是标准化的灯座或连接器，具有标准化的显著特征，因此具有可替换的特性，是一种使用者可以自行替换、便于维护的光源。

2. LED 照明产品特性

LED 技术的光源是指以 LED 芯片技术为基础的 LED 光源，应用于照明产品的 LED 光源具有下述特点：

1）光源形式多样，包括 LED 封装、LED 模块、LED 灯等；

2）一个灯具中使用多颗或数十颗 LED 封装件，或多个模块，大量使用焊接工艺；

3）光源不可替换，维护性差；

4）LED 芯片的结温上升，LED 的光通量和寿命会下降，LED 光源的光电特性随着芯片结温的升高而降低；

5）连接到灯具的接口等没有统一的标准，目前 LED 光源尚未标准化，使用者不能方便地替换，维护特性较差。

LED 光源由半导体器件的电气连接构成，光源的光电寿命等特性还没有完善的国家标准，与灯具进行机械和电气连接的接口尚待标准化，尚未成为一个标准化的光源，在可替换、可维护方面还有很多工作要做。

虽然 LED 光源与传统光源存在很多技术差异，但在一般照明的应用层面，灯具的应用环境、人对照明舒适度和人体健康的基本需求、人们对灯具的维护方式等是 LED 光源应用于灯具必须关注的问题，包括 LED 光源的接口、颜色、可维护性、配光特性、流明维持特性、蓝光危害，以及 LED 灯具的防眩光、光学、环境适宜性、散热结构设计等。

3. 关注传统照明与 LED 照明产品参数的差异

1）色空间均匀度来评价 LED 灯具存在的不同观察角颜色差异。传统光源单个发光体的特征不同，LED 灯具使用的 LED 灯是多个发光体组成并发光的，LED 灯具中的发光体之间存在颜色差异性，需要使用色空间均匀度来评价 LED 灯具颜色的空间分布情况。

2）用寿命来评价 LED 灯具的耐用性。在传统照明领域中，光源的寿命一般都大大短于灯具的寿命，传统光源的寿命性能的测量和评价已经标准化，由于具有互换性，传统光源灯具的寿命可以通过替换损坏的光源以及按10年寿命设计的灯的控制装置来满足要求，所以一般不对传统光源灯具的寿命进行评价。与传统照明领域相反，除了带标准灯头的LED灯以外，很多LED光源不具有可替换性。虽然LED器件的预期寿命一般都长于灯具其他部件的寿命，但除了LED本身寿命以外，LED灯具的寿命还与LED驱动器、光学部件、密封结构以及灯具提供给LED的环境等诸多因素有关。灯具寿命只有通过相关的寿命评价才能确定。要注意的是，在评价LED灯具寿命时，应包括光通维持寿命（Lx）和失效率（Fx）。

3）灯具可以利用的光通量比例的评价参数和传统灯具不同。传统照明灯具用灯具效率来评价，而LED灯具使用效能评价。

4）区别于传统照明光源可单独进行光度测试，使用相对法光度测量的特点，很多LED灯具的光度测量只能采用绝对法。

5）LED光源具有怕热的特性，即随着温度上升，LED光电性能下降。

针对LED照明产品的特性，在制定基础标准，性能及标准时，应有针对性的技术策略。

（二）从TM–21和LM–82看美国标准制定思路

1.LED光电参数的测量

自LED出现并开始可以应用到照明领域后，需要解决的主要问题有：

（1）单向的发光特性带来测量上的差异

LED是单方向发光的，也就是具有2π发光特性。特别注意，在使用测量LED光通量时，使用的基准灯的发光形态和光谱或光强分布上与被测灯的可比性。

（2）pn结温度带来的差异

LED的发光特性和光衰与LED的pn结温度有很大的关系，测量数据都应建立与温度的关系。

（3）LED照明产品的空间色分布

LED照明产品发出的光线的颜色会随不同的角度而变化，也会随着工作时间而变化。前者问题的主要成因是LED制造工艺上的问题，而后者除了与LED器件的工艺有关外，还与装在灯具中的导热情况有关。

（4）LED的光衰测量

不同于传统光源以熄灭不亮的寿命结束表现特征，LED的寿命结束表现特征是发出的光逐渐暗下来直到失去原有的照明预期，所以LED光源的寿命就用光衰表示。美国能源部规定的LED产品的光衰寿命分两档：

一般照明用的LED产品：光衰到初始光通量的70%；

景观照明用的LED产品：光衰到初始光通量的50%。

（5）LED的老炼

与传统光源不同，测量LED参数时不需要先老炼一定的时间，只要光电参数达到稳定就可以进行测量。

2. 从 LM-79、LM-80 到 TM-21 和 LM-82 指南

2008—2011 年，北美照明工程学会（简称 IESNA）先后出版了 LM-79-08《测量固态照明产品电气和光度的方法》、LM-80-08《测量 LED 光源光通量维持的方法》、TM-21-11《预测 LED 光源长期光通量维持的方法》和 LM-82-12《LED 光引擎和一体化灯的光电参数随温度变化的方法》，这些文件的出版为 LED 照明产品的检测和应用提供了较系统的技术依据。

首先应该明确的是，LED 照明产品与传统照明产品的功能是一致的，都是提供人们所需要的照明环境。对所发出的光的质量评价都应该遵循所应用场所的照明要求。而从发光的源头来讲，LED 是一种有别于传统光源发光原理的半导体发光的新照明用光源，基于 LED 技术的光源产品的特性与传统产品是不同的，需要针对其特殊性制定相应的产品标准。

测量 LED 光源发光的特点和难点是：LED 芯片的 2π 发光特性，以及 LED 结构特性造成的难以直接测定 pn 结的温度。

LM-79-08 早在 2008 年出版，关注与固态照明光源的光电参数的测量。

LED 光通量维持的测量是光源的一个重要应用参数。由于光通量维持的测量与传统光源不同，在 LM-79-08 的基础上，又出版了规定 LED 光通维持测量方法的 LM80-08。流明维持测量的研究并未随着 LM-80-08 的出版而结束，该工作小组的相关研究工作一直在持续进行。在做了一段时间的工作后，相关研究工作的进展在 TM 文件（一种 IESNA 的技术备忘录的形式）TM-21-11 进行了体现，TM-21-11 中说明了应用 LM-80-08 还要参考 TM-21 的结果和方法。

LM-80 规定了 LED 器件的流明衰减的测量方法仅适用于 LED 的发光器件，即：模块、阵列和封装，不适用于灯具中使用的 LED 器件。也就是说，流明衰减的测量是针对光源的，光源厂（LED 器件制造公司）需要做光源的光衰和数据，并有责任提供其 LED 模块在规定温度和特性温度下的光衰数据。

从 TM-21 公布的内容看，LED 器件厂一定要提供器件在两个温度下（文件中推荐的是 55℃和 85℃）的光衰数据，这个温度点是器件厂规定的。将 LED 器件装入灯具后，只要测量规定点的温度，使用内插法就可以得到器件装入灯具后的光衰数据从而计算 L_{70} 的值。

从思考问题的方式和方法来说，这个想法是很好的和特别有用的，灯具厂用有这些参数的 LED 器件做成灯具后，利用 LED 器件厂提供的 LED 光源完整和可靠的质量信息做好灯具，LED 器件厂就能像传统光源厂那样给用户一个实事求是的可查考的光衰数据，真的让 LED “灯泡”厂做他应该做的事。

当前 LED 大规模应用中的一个突出问题就是灯具厂正在做“灯泡”厂的事，“灯泡”厂却没有做好“灯泡”厂的事。具体说来就是灯具厂在用 LED “灯泡”厂的半成品（如

3528，5050 等）组装成各种不同类型的光源形式后做灯泡（像用 LED 的封装做成 LED 灯管或吸顶灯具用的 LED 发光圆板），也有用 LED 器件拼装成 LED 光源组件后做灯具，如 LED 路灯和隧道灯。目前我国的 LED 灯具厂自己在做成千上万小时的灯具光输出的光衰试验，还成为投标的一个必备条件，这种做法岂不是本末倒置了吗？

器件的生产厂没有能提供 LED 器件的完整资料，特别是光衰的资料。如此情况已经持续了好多年。结果是 LED 器件厂不提供（也不知道应该提供）光源的完整信息，LED 灯具厂也做不好灯具，得不到可靠的结果，更无法从市场中挑到有完整数据的好的 LED 器件。装进灯具的 LED 产品的数据无法完整，自然信息也就不全。

大家知道，传统光源装入灯具后，由于灯具体积的问题会造成光源的特性与在实验室环境（25℃）下测量得到的光电参数数据的不同，因此在下一步的推广应用中，灯泡生产厂必须告知灯具生产厂这些将会变化的数据和特别需要的关注点，例如，传统光源中的 T5 和 T8 荧光灯最佳的工作环境温度是 35℃和 25℃等。同样，当 LED 以灯泡形式和光引擎形式出现后更像一个传统灯泡的形式和作用，就特别需要关注和得到这些数据。LM-82-12 的出版，规定了 LED 成为“灯泡”后这方面的要求，该信息预示了不久的将来要求 LED“灯泡”厂应该为灯具设计提供相应的技术支撑资料，也就是 LM-82 的题目所体现的内容，为 LED 灯具厂的应用服务。

上述四个指南的出版和出版的次序，标志着先进国家研究和管理 LED 的处理方法和内容日趋成熟和完整，告示了我们用传统光源的类似做法和想法来处理 LED 产品时代的即将来临。

3. 从指南的内容看如何解决 LED 灯具光衰测定和评定问题

（1）LM-80 得到的数据

LM-80 规定了 6000h 的 LED 器件试验光衰的时间，并用指数曲线的衰减来模拟整个衰减的过程，得到了如下的数据：

- 当 6000h 的光衰达到初始光通 94.1% 时，其衰减到初始光输出 70% 时的时间是 35000 小时；
- 当 6000h 的光衰达到初始光通 91.8% 时，其衰减到初始光输出 70% 时的时间是 25000 小时。

（2）继续测量后的结果

为了继续对 LED 做长期的光通维持的观察，LM-80 委员会在后来的几年内继续对 4 个公司的 40 个系列的产品做更长时间的试验，在经过之后 3 年（从 2008 年到 2011 年）长时期光衰测量后发现：

- 光衰的测量不需要事先老炼，不少 LED 器件的光输出呈起先升高的态势，事先老炼后再算的话，就会减少有用的寿命；
- 不少 LED 试验到 6000 小时还看不出它的衰减趋势，也就是说 6000 小时是不够的，试验时间最好在 10000 小时以上甚至 15000 小时；

● 计算 LED 的光衰应选用试验后半程时间的数据，即试验 10000h 的话，要使用 5000 ~ 10000h 的数据，不能用前半程的数据；

● 几年工作中，没有找到加速老化试验的方法。

为了总结和推广这几年来的数据，IESNA 的该委员会在 2011 年 11 月发表了 TM–21 的指南，并且就指南的应用做了详细的说明。

（3）计算 LED 灯具的光衰数据

TM–21 规定，每个 LED 器件必须有 55℃和 85℃两个 tp 温度下的光衰曲线，同时该曲线要有比 6000h 有更长的测量时间，否则正确程度会受到质疑。

安装在灯具中后的第三个温度下器件的光衰数据可通过内插的方法求得。

4. 用传统光源方法设计 LED 灯具的时代即将到来

目前大多数 LED 灯具中的 LED 器件是无法拆开来的，器件一旦装入灯具后就“定终身”了。

这种做法在确保 LED 光源的寿命达几万小时而且能够得到承诺的情况下是没有问题的。不过多数人的想法是 LED 灯具中的光源最好还是要能够更换的，一则可能的确要更换，二则也要满足人们的心理需要。总之，采用传统光源和灯具的做法来处理 LED 产品是大有市场的，也是行得通的。

LM–80 和 TM–21 解决了 LED 器件在灯具应用中光衰的问题，灯具设计者最关心的问题是将它们做成光源后的光源特性问题。LM–82 给出了处理办法和意见。

将一个光源装入灯具中后对光源最大的变化就是它的工作环境发生了变化，简言之就是散热的环境变差了，既没有实验室那样的 25℃的标准恒温环境，也可能受到发射光的影响，更有可能的是散热环境的改变造成 tp 温度的升高。

大家知道，不像传统光源那样，环境温度对不少光源的光电参数的影响不是太大，这样的命题对传统光源来说就不那么重视。可是 LED 是一个非常怕热的器件，环境温度的变化很容易造成光电参数的大幅度改变而影响光输出、光色（光谱）等光电参数的数值。

为了做好这方面的工作，要求 LED 器件厂（灯泡厂）提供 LED 光源（LED 模块和一体化灯）在不同环境温度条件下的光电参数的数据，这些数据直接供灯具设计服务。

上述四个指南的出版给我们的启示是：解决问题需要步步为营逐渐深入，也就是说需要有一个完整的计划。二是解决 LED 的应用问题不能一蹴而就，需要一环扣一环才能得到需要的结果。三是解决 LED 的新问题，不能抛弃传统的思维和方法。四是一个全面应用 LED 的时代即将到来。

（三）国内标准研究情况

国际上，IEC 标准组织经过长期的研究工作，已经在 LED 照明产品标准方面取得了重大进展，清晰界定了从 LED 芯片、LED 封装到 LED 模块、LED 灯和 LED 灯具的产品分类

（见图 6），同时，IEC/TC34 灯和相关产品技术委员会发布了技术规范 IEC TS 62504:2011《LED 和 LED 模块 术语》，避免了 LED 照明产品分类和定义的混淆，为照明行业的 LED 产品发展提供了技术方向的保障。

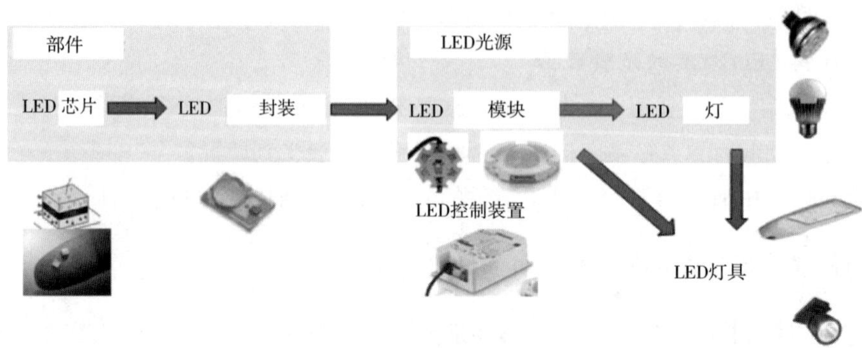

图 6　LED 照明产品示意图

IEC/TC 34 灯和相关产品技术委员会发布了包括 LED 模块和自镇流 LED 灯等 LED 产品安全标准，并发布了 LED 模块性能、自镇流 LED 灯性能和 LED 灯具性能要求等市场急需的公共可用规范（PAS），现在正在着手制定双端 LED 灯、无镇流 LED 灯等光源产品标准。

国内的照明行业和半导体行业也在研究制定各种 LED 照明产品标准。半导体行业主要注重于 LED 发光材料、LED 衬底、LED 外延片和 LED 芯片等部件产品的标准制定。照明行业侧重于 LED 照明产品，包括 LED 光源、LED 灯具的标准制定。

1. LED 光源国内外标准比较和分析

（1）LED 模块

在 LED 模块安全方面，我国已经发布国家标准 GB 24819-2009《普通照明用 LED 模块 安全要求》。GB 24819-2009 标准等同采用 IEC 62031:2008《普通照明用 LED 模块—安全要求》，因此在 LED 模块安全标准方面我国国家标准与 IEC 标准没有差别。

在 LED 模块性能方面，国际上 IEC 组织发布了 IEC/PAS 62717:2011《普通照明用 LED 模块—性能要求》，我国发布了国家标准 GB/T 24823-2009《普通照明用 LED 模块 性能要求》。我国国家标准和 IEC/PAS 文件存在技术要求差异，具体如下：

- GB/T 24823 标准增加了安全、电磁兼容、初始光效、照度均匀性和颜色不均匀性要求；
- 在寿命方面，IEC/PAS 62717 增加了耐久性试验要求；
- 在光通维持率方面，GB/T 24823 给出了具体的指标要求，IEC/PAS 62717 按照声称值进行考核。

（2）一体化灯

在一体化 LED 灯的安全方面，我国已经发布了国家标准 GB 24906-2010《普通照明用

50V 以上自镇流 LED 灯 安全要求》。GB 24906 参考了 IEC 62560《普通照明用 50V 以上自镇流 LED 灯 安全要求》，除了 IEC 标准中多了第 14 条爬电距离和电气间隙条款外，GB 24906-2010 与 IEC 62560:2011 标准的考核内容基本相同。

在一体化 LED 灯性能方面，IEC 组织在 2009 年发布了一个 PAS 技术文件 IEC/PAS 62612:2009《普通照明用自镇流 LED 灯—性能要求》。我国在 2010 年发布了国家标准 GB/T 24908-2010《普通照明用自镇流 LED 灯 性能要求》。我国国家标准和 IEC/PAS 文件存在技术要求差异，具体如下：

- GB 24908 标准增加了安全、谐波和初始光效要求；
- 在寿命方面，IEC/PAS 62612 增加了耐久性试验中的温度循环试验要求；
- 在光通维持率方面，GB 24908 给出了具体的指标要求，IEC/PAS 62612 按照声称值进行考核。

2. LED 灯具国内外标准比较和分析

我国的灯具安全标准体系等同采纳 IEC 灯具标准体系，在安全方面，LED 灯具标准是比较完善的，筒灯、路灯、平板灯、嵌入式灯具等灯具都有安全标准。

在灯具性能方面，国际上，IEC 组织已经发布了 IEC/PAS 62722-1:2011《灯具性能 第 1 部分：一般要求》和 IEC/PAS 62722-2-1:2011《灯具性能 第 2—1 部分：LED 灯具特殊要求》。国内有 GB/T 24827-2009《道路与街路照明灯具性能要求》、GB/T 29294-2012《LED 筒灯性能要求》以及 GB/T 29293-2012《LED 筒灯性能测量方法》标准已经发布。GB/T 29294 标准参考了 IEC/PAS 62722-2-1 的部分内容，并增加了色差异、色品空间不一致性、距高比和眩光控制等标准要求。

六、发展趋势及对策

产品标准化体系是产业发展的重要基础技术平台，是引导产品的生产和研究的重要条件。因此，不管在国际还是国内，都相当重视 LED 照明技术未来的发展，并制定相应的产品标准。

（一）LED 照明产品标准发展趋势

1. LED 照明产品的互换性是未来半导体照明标准发展的重点

随着核心元器件，比如 LED 衬底、外延，工艺制程等成本的下降，系统化降低 LED 照明产品的生产成本和日后维护显得非常重要。如果缺乏统一的通用接口标准，导致市场上不同厂商之间的产品不能互换、互不兼容，将严重阻碍 LED 照明产业的发展。

因此，LED 照明产品的模组化和通用接口标准化是未来半导体照明标准发展的一个重点，并受到越来越多人的关注。近年来，国际上很多发达国家和国际组织都加强了该方面的研究，例如，Zhaga 联盟，已制订了十多个界面接口标准的标准草案。

2.“智慧型照明”是半导体照明应用发展的趋势

LED 的特性决定了可以实现“智能照明”的优势，因为 LED 易于控制及调光；电子电路可增加多种新功能，如内置传感器根据环境光调整亮度来省电、无线接口无须改变开关或线缆。在照明节能控制的同时，能较好地保证照明效果的均匀性、延长灯具的使用寿命和节约能源。在节能减排的大背景下，“智能照明”越来越受到消费者的青睐。相比之下，我国在“智能照明”控制技术研究方面还相当落后，国内大部分城市的道路照明管理系统至今仍在沿用相对单一的光控、时控等传统控制方式。这些系统普遍存在着难以反馈路灯运行状态信息、难以进行远程控制等局限，节电效果不理想。

3. 产品的性能和能效越发受到关注

人们由当初的追求照明“高亮度”的同时，也开始关注照明的质量。相对于传统灯具，LED 是一个非常怕热的器件，环境温度对其性能的影响较大。如何确保这么一个怕热的器件进入灯具后的照明质量是当前研究的热点。而且，随着 LED 技术的不断提升和人们对照明感官视觉追求的进一步提高，具有调光、调色的 LED 照明产品纷纷出现，调光、调色与人体节律的影响也是国际研究的焦点。

（二）结合本专题发展趋势，建议采用以下发展对策

1. 加强 LED 照明产品的互换性研究

虽然国内在 LED 照明产品的通用性相关标准的研究制定方面还刚刚起步，比如广东省半导体照明产业联合创新中心组织“LED 照明标准光组件”项目等，但因半导体照明在技术上仍不很成熟，而参与标准制定的单位虽多，但广泛性不足，因此，在 LED 模组化和接口标准化方面仍需加强研究。

2. 智慧型照明

虽然我国在探测技术的研究上取得了一定的进步，但在探测技术和照明应用结合上仍很落后。今后应加强照明与控制系统的研究，例如，研究“智慧型照明”适用技术的集成化、新的探测装置，探索低成本、易维护的技术措施，通过适用技术的多系统集成，建立不同系统之间的匹配关系，来实现 LED 照明产品节能和照明效果的最大化。

3. 加强产品性能标准研究

现阶段，我国的照明标准制定基本上还是以参考国际标准和欧美标准为主，缺少相应的独立研究工作为标准制定提供技术支撑。所以，可以借鉴的国外先进经验，例如，美国

Caliper，产品性能标准的制定应基于积极跟踪国内市场产品的动态，定期或不定期地从市场上随机抽检固态照明产品，利用跟踪数据定期发布产品质量信息，并作为产品标准制订和评价方法研究的参考。应基于照明对生理影响研究基础上的动态照明系统研究与推广。

参考文献

[1] GB/T 10682-2010 双端荧光灯 性能要求 [S].

[2] GB/T 17262-2011 单端荧光灯 性能要求 [S].

[3] GB/T 17263-2002 普通照明用自镇流灯 性能要求 [S].

[4] JEL801:2010 带 L 形灯头的直管形 LED 灯体系（一般照明用）[S].

[5] GB 24819-2009 普通照明用 LED 模块 安全要求[S].

[6] IEC 62031:2008 LED modules for general lighting - Safety specifications Modules[S].

[7] IEC/PAS 62717:2011 LED modules for general lighting - Performance requirements[S].

[8] GB/T 24823-2009 普通照明用 LED 模块 性能要求 [S].

[9] GB 24906-2010 普通照明用 50V 以上自镇流 LED 灯 安全要求 [S].

[10] IEC 62560 Self-ballasted LED-lamps for general lighting services ≥ 50-Saftey specifications[S].

[11] IEC/PAS 62612:2009 Self-ballasted LED-lamps for general lighting services - Performance requirements[S].

[12] GB/T 24908-2010 普通照明用自镇流 LED 灯 性能要求 [S].

[13] IEC/PAS 62722-2-1:2011 Luminaire performance-Part 2-1: Particular requirements for LED luminaries[S].

[14] ANSI C78.377-2011 Specifications for the Chromaticity of Solid State Lighting Products[S].

[15] 施晓红，陈超中，李为军，等. 聚焦 LED 灯具和 LED 光源的基本概念 [J]. 中国照明电器，2010（10）.

[16] 陈超中，施晓红，杨樾，等. LED 灯具标准体系建设研究（上）[J]. 中国照明电器，2010（1）.

[17] 陈超中，施晓红，杨樾，等. LED 灯具标准体系建设研究（下）[J]. 中国照明电器，2010（2）.

[18] 陈超中，施晓红，杨樾，等. 共通标准《室内一般照明用 LED 平板灯具》解读 [J]. 中国照明电器，2012（11）.

[19] 陈超中，施晓红，王晔. 厘清 LED 光源光效与 LED 灯具效能的本质 [J]. 中国照明电器，2011（12）.

[20] 陈超中，施晓红，王晔. 厘清 LED 灯具与 LED 光效的本质 [J].《中国照明电器》，2013（2）.

[21] 王晔 陈超中 施晓红. LED 道路照明灯具光度数据的现状分析 [J]. 照明工程学报，200921（3）.

[22] 陈超中，施晓红，杨樾，等. 厘清 LED 照明电器产品及照明有关标准 [J]. 中国照明电器，2010（6）.

[23] 施晓红，杨樾，王晔，等. 建立和完善 LED 灯具的国家标准体系的研究 [J]. 照明工程学报,2011,22（6）和 2012，23（1）.

[24] 陈超中，施晓红，杨樾，等. 厘清 LED 光源光效与 LED 灯具效能的本质 [J]. 中国照明电器,2011（12）.

[25] LM-80-2008 Approved Method for Measuring Lumen Depreciation of LED Light Sources[S].

[26] LM-82-2012 Approved Method for the Characterization of LED Light Engines and LED Lamps for Electrical and Photometric Properties[S].

[27] LM-79-2008 Approved Method for the Electrical and Photometric Testing of Solid-State Lighting Devices[S].

[28] LM-21-2011 Projecting Long Term Lumen Maintenance of LED Light Sources[S].

撰稿人：陈超中　施晓红　章海骢　李为军　杨　樾　姚梦明　牟同升

ABSTRACTS IN ENGLISH

Comprehensive Report

Advances in Lighting Science and Technology

Light is very important to human's life. Human knows the world by their photoreceptor cells of eyes detecting the light from the illuminated subjects. But the human eyes are not the only one who needs light. Recently, artificial light sources such as LEDs are used in agriculture, medical treatment and so on. Those applications extend the concept of "lighting" to "non–illumination" .

There are several international organizations dedicated for lighting science such as CIE, IEC, FAST–LS. In particular, CIE plays a key role in the development of lighting and vision science. Nowadays, energy–saving and lighting quality is the focus of lighting science.

The fundamental of lighting is the light source. Electric light sources are one of the most important symbols of human civilization. Electric light sources includes thermal radiation light sources such as incandescent and halogen lamps, and gas discharge light sources such as fluorescent, high pressure mercury, high pressure sodium, metal halide lamps and so on. Solid–State–Lighting using LEDs and OLEDs light sources is the rapidest developed lighting technology in recent years. LEDs have many advantages to traditional light sources such as high efficiency, long life, small size, narrow spectrum and fast response time, which created a high degree of flexibility and wide application areas of LEDs. It is also the main reason of this report as a special edition for LEDs.

For an overview of the development of LED technology, the general report is divided into seven sections, including the LED industry chain from upstream to the downstream, LED applications, metrology and standards, etc. The structure of the general report is: introduction, the development status of Solid–State–Lighting technology, comparison between domestic and international situations, development trends and conclusions. In each chapter, the seven sections of Solid–State–Lighting technology are introduced:

1. Materials and chips

This section covers the LED epitaxy and chip manufacturing technology. The situations and development roadmaps of three substrate technology including SiC, sapphire and Si are analysed.

MOCVD is currently the most important epitaxial equipment. The MOCVD technology has got some progress in China, under support of the national research projects. But it still needs to be industrialized. In the upstream, there are now two important research areas: high efficiency green LEDs and the "Droop effect" .

2. Packaging

This section analyses the status and future development trends of various packaging technologies. The material of the substrate is very important. Ceramic substrate may be an important technology trend. Blue LED chip plus YAG phosphor is currently still the most common technology in white LED technologies.

3. Lighting systems

This section analyses the technology status and future trends of LED-system-related optical, thermal, driver and control technologies. Freeform optical design technology has wide application prospects. Thermal technology needs to be further improved. Driver is the limitation to the total system efficiency and lifetime. Intelligent control is an important technology trend.

4. Visual applications

This section analyses the application status and future trends of LEDs in the visual fields, including landscape, road, tunnel, indoor, traffic signal, display, backlight and other lighting applications. In these applications, energy-saving is not the only interest, lighting quality and reliability will be put more emphasis on.

5. Non-Visual applications

This section analyses the application status and future prospects of LEDs in the non-visual fields, including agricultural, medical treatment, optical communication and so on. Agriculture lighting is mainly for plant growth and poultry feeding. LED replacing lasers in medical applications are various. The report introduces the skin therapeutic application. The report also points out that the LED optical communication has great potential.

6. Lighting metrology

The different characteristics of LEDs from the traditional light sources require new measurement technologies. The report analyses the technology status and future trends of the LED photometric, colorimetric, thermal measurement technologies and instruments. The LED reliability measurement technology is in particular pointed out for further study.

7. Lighting standards

This section analyses the current situations of LED related local and international standards, including published standards, being developed standards and related organizations. The report also mentioned that domestic organizations have put great emphasis on standard developing, but are lack of coordination. It also pointed out that the reliability measurement method standard needs to be strengthened.

In summary, this report attempts to analyse the domestic and international status and differences of Solid-State-Lighting technology from seven sections, and finally the future development trends in various application areas.

Written by Liu Muqing, Shen Haiping

Reports on Special Topics

Report on Advances in Materials and Chip Technology on Solid State Lighting

Since the middle 1990s, when Shuji Nakamura invented the high-brightness blue LED, semiconductor lighting based on blue LED and yellow phosphor to combine white light has been widespread and rapid developed in the world.Till now, the luminous efficiency has been more than 200 lm/W for commercial white LED, and 276 lm/W for laboratory one, which is much higher than traditional incandescent lamps (15 lm/W) and fluorescent (80 lm/W) .Currently, more and more substrates have been used for GaN-based LED device, such substrates as SiC, Si and GaN have increased from 2 inch to 3 inch, 4 inch, 6 inch or 8 inch and even other large scale. In the meanwhile, MOCVD equipment for LED epitaxy has also developed for greater capacity and multi-chamber models.MOCVD equipment for large-scale production in China mainland has made a breakthrough, even if the MOCVD equipment suppliers such as Veeco in U.S.and Aixtron in Germany control the whole market.In epiaxy, the introduction of an electron blocking layer has become the conventional method to improve the luminous efficiency of LED, while p-type conductivity and efficiency droop effect with large current injection is still the top issue.In chip technology, how to improve light extraction efficiency and a better cooling solution is more important, such technique as vertical structure, surface roughening, photonic crystal and so on is also introduced.In addition, as blue LED exciting yellow phosphor to combine white light facing the fact that such solutions has lower fluorescence conversion efficiency, RGB multi-chip and single-chip without phosphor for white light become the main technology trends.As the lower efficiency of green LED which restricts the RGB multi-chip solution for white light, semi-polar or non-polar green LED maybe an important trend in the future.

Written by Wang Guohong, Jiang Fengyi, Wang Junxi,
Ma Ping, Tao Xixia, Liu Zhiqiang, Zhang Lian

Report on Advances in Packaging Technology of Solid State Lighting

As a rapidly developing lighting technology, solid state lighting is supported to take the lighting market due to the affirmative trends of cost reduction and quality improvement.Great attentions have been paid to the solid-state lighting to study the key issues affecting its performance. Packaging technology is the critical step that connects the light emitting diode (LED) chip to the final applications.The packaging technology relates to various areas including the optics, thermal management, electronics, mechanics, materials, processes and equipment.In this paper, the packaging technology will be illustrated in detail.Generally, LED packaging processes includes die-attach, electrical connection, phosphor coating, potting silicone, and curing. The materials involved in these processes are introduced.Besides, The differences between low-power LED packaging and high-power LED packaging is explained and single-chip and multi-chip packaging technology is also presented.As for the packaging substrate, we introduce different types of packaging substrate, such as printed circuit board (PCB), metal core printed circuit board (MCPCB), direct bonded copper et al.And their characteristics are described detailedly. Optical design is one of the key issues of the LED packaging.As an optoelectronic device, the optical performance is critical for the evaluation of the packaging technology.It determines whether the LED can save more energy, and whether the LED can show better illumination effects than the traditional light sources.High optical efficiency, controllable radiation pattern, and high spatial color uniformity are three key issues to realize high quality LED lighting.Here, we state that by designing freeform optics, such above purposes of the solid-state lighting can be realized.Thermal management is another one of the key issues of high-power LED packaging, which can greatly affect the luminous efficiency, brightness and reliability of LED devices.Actually, there are many factors involved in the thermal management of LED package, including LED chip structure, packaging materials (thermal interface materials and heat spreader), packaging structure and packaging processing.In this work, some factors which affected the thermal resistance of high-power LED devices are analyzed in detail, it indicating that thermal management of LED package is a systematic concept, each thermal resistance in thermal path should be considered integrated and synthetically, decreasing only one of them cannot solve the problem of thermal management of LEDs.Moreover, some newest techniques to reduce the thermal resistance of LED devices have been presented.Reliability evaluation is the third one of the key issues of high-power LED packaging.In general, even with the increasing luminous efficiency, there is still about 60% of electrical power converted into heat, junction temperature and thermal resistance have become the main bottleneck for its further application.The high heat flux density makes junction temperature of chips significantly increase, which accelerates the deterioration of electro-optical property of LEDs.Meanwhile, packaging materials will be also degraded to cause device failure because of high junction temperature.Therefore, reliability evaluation is particularly important.In this paper, different evaluation methods are introduced and compared.Moreover, organic light emitting diode (OLED) is also introduced.The OLED packaging technology is presented and flexible OLED display technology is illustrated.

Written by Liu Sheng

Report on Advances in Systematic Technology on Solid State Lighting

In the past five years, systematic technologies have been improved dramatically.First, Nonimaging optics were applied in the solid state lighting area.In order to eliminate the optical pollution and waste introduced by the conventional lamps such as HPS and so on, free-form optical surface construction method for the LED sources based on the variable-separation has been developed by professor Yi LUO and et al and a series of optical system constructs with independent intellectual property were obtained.In this method, the optical energy emitted from the LED were redirected and redistributed by the free-form optical surface to exactly cover the road surface and certain region around with certain uniformity.Therefore, the ideal and high energy-using light distribution was realized.The outdoor lamps constructed by using the novel nonimaging optical system first achieved about 60% energy-saving capacity compared with HPS under condition that the lighting effect remains almost the same.This achievement has been awarded the first class of the Guangdong Provincial Science and Technology Award in 2009.Hereafter, the study of the nonimaging optics applied in the solid state lighting has been greatly advanced.In this sense, china has leaded the development of the free form optical surface.Second, In order to decrease the weight and cost of the LED luminaires, while remain the lower junction temperature of the LEDs, a great many of enhanced cooling technology and active thermal dissipation technology have been developed.This kind of technology enhancement has made the size of the solid state lighting luminaire become smaller and its market competitiveness has been improved to some extent.Thirdly, the drive and control technology have attracted the attention of a great many enterprises.

Based on the above technology enhancement, LED down light, reflective self-ballasted LED lamps, LED road lamps and LED tunnel lights have first been listed as the government procurement catalog for the national solid state lighting demonstration project.

It is worth noting that although a great many of solid state lighting products have existed on the market, almost all products were just transitional products.In addition, there are a huge technology gaps on thermal dissipation, drive and control technology between our enterprises and the international leading companies.Therefore, some key technologies are necessary to develop, such as the novel free-form optical surfaces design with human eye comfort, environment friendly, and high optical energy using, the whole thermal dissipation design with the limited space, high reliability and efficiency smart drive system, low cost fabrication technology, novel solid state lighting luminaire design and the modularization design and fabrication technology and so on.

Written by Luo Yi, Qian Keyuan, Sun Wei, Han Yanjun,
Li Hongtao, Liang Huaxing, Zhang Xiaolin

Report on Advances in Visual Application of LED

The application of solid-state lighting covers exterior nightscape lighting, indoor and outdoor functional lighting.The outdoor work places include roadway, tunnel, plaza, harbor and port.The indoor work places include residential buildings, office buildings, commercial buildings, hotels, industrial buildings and theaters.The traffic signal applications include bus, railway and navigation. Lighting application need fix on corresponding technical requirement on the basis of visual demand and safety requirements.Solid-state lighting products should meet the visual demand by means of enhancing their strong points and avoiding weaknesses on the basis of their own characteristics. The advantages, which include energy saving, longevity, small package and directional light emission, make the solid-state lighting products have a huge potential in the future lighting application.

The future development of lighting application includes taking harmony between human and environment as the starting point, and combining the general lighting and environmental lighting, which will open a new era of green lighting application with a core idea of comfort, energy saving and intelligent.The controllability of solid-state lighting offering potential benefits in terms of controlling light levels (dimming) and color appearance is expected to be an area of great innovation in lighting providing a new visual perception a more convenient lighting management measure. Dimming, color control, and integration with occupancy and photoelectric controls offer potential for increased energy efficiency and user satisfaction.Product and design innovation will be the trend of solid-state lighting.The solid-state lighting application is a new technical revolution for human, and it will create a huge development space for luminaire and lighting design.

Written by Zhao Jianping

Report on Advances in Non-Visual Application of LED

Non-visual applications of LED are an important development direction.Adopting applicable, high efficiency and green LED light source and relying on suitable light strategy and intelligent control method, the restrictions of control agricultural production activities by light environment can be solved; plant growth and development, yield, quality, disease resistance, efficiency, pollution-free vegetable production can be promoted.At present, mechanism about effects of quality on growth and development of plant has already initially been proven.And also all kinds of LED devices for plant have been designed, manufactured and applied in many field, such as plant tissue culture, plant cultivation, horticulture, plant breeding, agricultural products storage, plant factory and space ecological system.Furthermore, the production of poultry could be improved by controlling the color, intensity and photoperiod of LEDs to affect poultry's physiology, growth, behavior, health and quality. For poultry production, the development trends are to study the multi-factors co-impaction principles and precise light control technologies especially for animal welfares, enrich the light source spectrum kinds, improve the applicability of products, and pay attention to the original works based on local poultry industry characteristics.LED light source in the future will play a key role in the development of medical and health.With in-depth cooperation between different disciplines, LED light source devices by independent research and development will be used in medical diagnosis and treatment.Moreover, LED can be modulated to realize visible light communication (VLC) . Japan, the EU, the United States and other developed countries have some VLC national projects supported.China also launched the 973 and 863 VLC research projects in 2013.VLC demonstrated the brilliant prospects of power LEDs in communication systems.

Written by Chen Hongda, Xu Zhigang, Tian Yan, Liu Xiaoying, Chen Xiongbin, Pan Jinming

Report on Advances in Measurement for Solid State Lighting

The main goal of this topic report is to study the development achieved in measurement technology relevant to Solid State Lighting (SSL) and look to its future development.

The rapid development of Solid State Lighting (SSL) has brought a new challenge for corresponding measurement and testing technology.Compared with traditional lighting sources, SSL sources generally consists of a number of discrete single Light Emitting Diode (LED), which have a relatively concentrated spectral power distribution, a strong directional light distribution, a strong dependence on the junction temperature and other notable features.

The report summarizes the associated new concepts, the corresponding reference standards and traceability chain for photometry, radiometry and colorimetry, the measurement and testing technology and the development of standards for the inspection and testing of SSL sources and their requirements for measurement technology.

New concepts have been defined especially for LED, such as averaged LED luminous intensity, partial LED flux, etc., The necessity for measurement ficilities and transfer standards specially designed for SSL light sources are widely accepted and some of them has been applied.High accuracy array spectral radiometers, gonio-spectroradiometers are developed, characterized and widely used in SSL related measurement to improve measurement accuracy.The optical parameters of LED are quite sensitive to its junction temperature, temperature stabilization is of more importance in SSL sources.The photobiological effects and safety issues are causing more and more public attention.The aging mechanism and life time predication of SSL sources are being researched, which demands high reproducibility and accuracy on its radiometric measurements. Some international comparison results are introduced.

The current status of the development of domestic and foreign is compared.In the scope of measurement system and the construction of related measurement standards, it is still evolving throughout the world.Although China has made remarkable progress, it still remained some lag compared with other countries, such as the US and Germany, or compared with the industry's rapid development.Traceability chains for photometric, radiometric and colorimetric quantities need to be established particularly for LED element, SSL lamps and luminaire instead of being disseminated by incandescent lamps or calibrated according to existing technical specifications compiled for traditional light sources.The problems of unified testing standards and consistency of measurement results still exist.There will be more and more national standards and standards come from international organizations (CIE and ISO) and domestic organizations, such as China Solid State Lighting Alliance.Coordination among the standards need more attention be paid.Although some relevant standard have been been drafted and published, there are still a lot of work to be done in the drafting and improvement of calibration specifications and measurement standards.China has made great progress in measurement and testing technology, especially in instrumentation and production of measuring facilities for SSL.It basically meet the domestic market demand and has been in the main international place except for high-end products.

The topic report concludes with the analysis of the future development of the framework and the construction of traceability system from single LED to LED luminaire, the main direction of future development of SSL lighting measurement and testing technology, the scope of standards to be drafted, which is expected to provide guidance for the field of SSL lighting measurement.

Written by Lin Yandong

Report on Advances in Semiconductor Lighting Standards

When lighting emitting diode (LED) enters the lighting field, it has been becoming the leading roles of professional meeting in the lighting industry.However, we are actively tracking international standard trends, developing national standards, industry standards, local standards and Alliance Standards also rapidly are issuing.In other words, the appearance of LED lighting products makes the development of standards being the center of attention.

First of all, semiconductor lighting standards development report analyzes the present situation of our country semiconductor lighting standards, development trends of developed countries、regions and international standards.

Secondly, for the current existing phenomenon of attention to the terminal product standards, basic standards neglect, the report put forwards that standard development of the LED lighting products should base on international standards and advanced areas considerations, and also, the development of semiconductor lighting standards should do as the characteristics of semiconductor product in our country, and actively formulate and regulates including terminology、product reliability、photoelectric and color characteristics basic standards, to avoid the appearance of duplication and inconsistency in the definitions of parameters, or test method, and thereby provide some support for the measurement and evaluation method of terminal product standard involved.

Thirdly, base on some hot point product standards formulated and issued from all parts of the country, for example, LED road luminaries standards, the report proposes that the final product standards formulation should consider the systematization and harmony, and general product standard should coordinate with special requirements specification, in order to prevent standards content cross, duplication and contradiction in standard formulation.

Finally, the reports reveals that interchangeability of LED lighting products will be one of the important fields of the further semiconductor lighting standard development, and the 'intelligent lighting' will play a Significant Role in semiconductor lighting application.

Written by Chen Chaozhong, Shi Xiaohong, Zhang Haicong,
Li Weijun, Yang Yue, Yao Mengming, Mou Tongsheng

索 引

C

D

F

G

H

J

K

L

M

N

P

Q

R

S

T

W

X

Y

Z